Sozialwissenschaftliche Forschungen

Herausgegeben von der

Sozialwissenschaftlichen Arbeitsgemeinschaft

Abteilung I — Heft 7

Berlin und Leipzig 1928

Walter de Gruyter & Co.

vormals G. J. Göschen'sche Verlagshandlung — J. Guttentag, Verlagsbuchhandlung
Georg Reimer — Karl J. Trübner — Veit & Comp.

Theorie der Indexzahlen

Beitrag zur Logik des statistischen Vergleichs

Von

Dr. phil. Paul Flaskämper

Privatdozent der Statistik an der Universität Frankfurt a. M.

Berlin und Leipzig 1928

Walter de Gruyter & Co.

vormals G. J. Göschen'sche Verlagshandlung — J. Guttentag, Verlagsbuchhandlung
Georg Reimer — Karl J. Trübner — Veit & Comp.

Angenommen auf Antrag von Professor Dr. Zizek
durch den Abteilungsleiter Professor Dr. Diehl

Vorwort.

Wenn auch die Zeit der Inflation vorüber ist, in der die Bedeutung von Indexziffern, besonders solchen der Lebenshaltungskosten auch weitesten Kreisen vertraut wurde, so wird doch kein Kundiger behaupten wollen, daß das Thema der Indexzahlen nicht mehr zeitgemäß sei. Einmal ist es natürlich nicht richtig, daß die Berechnung von Indexzahlen überhaupt erst durch die Geldentwertung veranlaßt worden ist, und wie es schon lange vor dem Kriege in Deutschland und anderen Ländern eine ganze Reihe von Versuchen gab, gewisse Phänomene des sozialen Lebens — besonders das Preisniveau — in ihrer zeitlichen Entwicklung mit Hilfe von Indexziffern zur Darstellung zu bringen, so wird auch künftig in den Zeiten stabiler Währung die Indexzifferberechnung ein unentbehrliches Werkzeug jedes Wirtschaftsbeobachters und Wirtschaftsforschers bleiben. Ja, im Zusammenhang mit der mächtigen Entfaltung der modernen Konjunkturstatistik wird sich die Anwendung der Indexziffern auf immer neue Gebiete des sozialen und Wirtschaftslebens erstrecken.

Auf der anderen Seite aber hat die ausgedehnte Anwendung der Indexziffern in der Inflationszeit zwar eine umfangreiche Literatur über die Technik und die materiellen Einzelheiten der Anwendung dieses statistischen Meßinstrumentes gebracht, die theoretischen Fragen aber wurden u. E. gänzlich unzulänglich erörtert. Die umfassendste theoretische Leistung ist das bekannte Werk von Irving Fisher, The Making of Index Numbers. So staunenswert vielseitig und so anregend dieses Werk aber auch ist, so müssen wir in diesem Buche doch zu einer Ablehnung desselben kommen. Der Streit um die „beste Indexformel" ist mit I. Fisher noch nicht entschieden. Auch was einige andere, deutsche und ausländische, Forscher — ich erwähne vor allem Weigel, Winkler, Hermberg, Bortkiewicz und den Italiener Gini — zu dieser Frage beigesteuert haben, kann noch nicht endgültig befriedigen, abgesehen davon, daß diese Autoren nur Teilprobleme behandelt haben.

Der Verfasser betrachtet es daher in diesem Buche als seine Aufgabe, die Fragen nach den verschiedenen Formen der Indexziffern und ihrer theoretischen Bedeutung und Tragweite einheitlich zu erörtern, indem das Indexproblem als Spezialproblem der Logik des statistischen Vergleichs behandelt wird: denn Indexziffern sind Hilfsmittel des statistischen Vergleichs.

Damit ist schon ausgesprochen, daß es sich in diesem Buche in Uebereinstimmung mit dem Titel nur um die Theorie oder, wenn man will, um die Logik der Indexzahlen handelt, daß also die technischen und materiellen Probleme nicht zur Darstellung gelangen. Unter letzteren verstehe ich, z. B. bei einem Lebenshaltungsindex, die Art der Gewinnung der Preisangaben, die Auswahl der zu beobachtenden Waren, die Häufigkeit der Berechnungen, die Frage, ob die Ausgaben für Steuern mitberücksichtigt werden sollen, u. a. Der Verfasser hat die Erörterung dieser Fragen in seinem Buche ausgeschaltet. Denn einmal sind dieselben schon öfters behandelt, und dann müßte die Erörterung dieser Fragen, so notwendig sie an und für sich ist, für jedes besondere Anwendungsgebiet in besonderer Weise durchgeführt werden; gibt es ja doch sehr viele Anwendungsmöglichkeiten der Indexziffern, von denen hier nur Großhandels-, Lebenshaltungs-, Lohn-, Aktien- und Frachtenindex erwähnt seien. Das würde aber die Einheitlichkeit dieses Buches beeinträchtigt haben; will es ja gerade die allen Indexzahlen — gleichgültig, auf welches Sachgebiet sie angewendet werden — zugrunde liegende Logik herausstellen.

Wie bei jedem Wissenschaftsgebiet, das in enger Fühlung steht mit Fragen des praktischen Lebens, so besteht auch bei der Methodik der Indexzifferberechnung ein Wechselspiel zwischen Theorie und Praxis. Wenn auch, wie eben erwähnt, dieses Buch sich auf die Entwicklung der Theorie der Indexziffern beschränkt und sich von der Erörterung technisch-praktischer Fragen fernhält, so tut es das doch in dem Bewußtsein, daß es einerseits Aufgabe einer jeden Theorie ist, Richtlinien und Normen zu geben für die praktische Anwendung, und daß andererseits jede Theorie von der Praxis fruchtbare Impulse und Aufgaben zur theoretischen Bewältigung empfängt. Wie es ein Zeichen weltfremden Theoretisierens ist, wenn der Forscher mit Geringschätzung auf die Bedürfnisse der Praxis herabsieht, so ist es auch ein, allerdings nicht minder häufiges Zeichen von Verkennung des Wertes theoretischer Gesichtspunkte, wenn der

Praktiker glaubt, daß seine große Wirklichkeitsnähe ihn von der Notwendigkeit befreie, die Richtlinien des Theoretikers zu beachten.

In diesem Sinne der engen Fühlungnahme zwischen Theorie und Praxis ist diese Theorie der Indexzahlen geschrieben, und in diesem Sinne möchte ich auch hier, ein Wort Kants variierend, indem ich statt Begriff Theorie und statt Anschauung Praxis setze, den Satz aussprechen: „Theorie ohne Praxis ist leer, Praxis ohne Theorie ist blind".

Dieser Auffassung von der Aufgabe und der Bedeutung einer Theorie der Indexzahlen entspricht es auch, daß das Buch sich nicht nur an statistische Fachkreise wendet, sondern ebenso an alle Theoretiker und Praktiker des Wirtschafts- und sozialen Lebens.

Frankfurt a. M., im Oktober 1927.

Der Verfasser.

Inhaltsverzeichnis.

Einleitung.

Was versteht man ganz allgemein unter einer Indexzahl oder einer Indexziffer? In bezug auf das allgemeinste Wesen und die Aufgabe dieser statistischen Hilfsmittel, die als eine Untergruppe der Verhältniszahlen zu betrachten sind, stimmen die meisten, aber durchaus nicht alle Autoren überein: Indexzahlen — in ihrem weitesten Sinne — sollen gleichartige und einander koordinierte statistische Größen miteinander vergleichen. Sie sollen also logische Instrumente des statistischen Vergleiches sein und ähneln den Verhältniszahlen, die manche Autoren Koordinationszahlen nennen.

Das ist auch die Bedeutung des Begriffes der Indexziffern, die der gebildete Laie — bewußt oder unbewußt — damit verbindet und in dem die Tageszeitungen in ihrem Wirtschaftsteil von ihnen reden. Wenn wir z. B. von einer Großhandelsindexziffer oder von einer Aktienindexziffer sprechen, so meinen wir damit eine Zahl, die angibt, wie hoch das Niveau der Großhandelspreise oder der Aktienkurse zu einem bestimmten Zeitpunkte ist, verglichen mit dem entsprechenden Niveau zu einer anderen, als Ausgang gewählten Zeit, wobei der Wert der letzteren gleich 1 oder gleich 100 gesetzt wird. Oder wenn bei Reallohnvergleichen der Reallohn von London gleich 100 gesetzt wird und darauf die Reallöhne anderer Städte bezogen werden, so sprechen wir auch hier von Indexziffern.

Und zwar pflegt die deutsche Terminologie — von Ausnahmen, auf die wir noch zurückkommen, abgesehen — von Indexziffern in gleicher Weise zu reden, ob es sich nun um eine einfache Erscheinung handelt oder um eine komplexe Erscheinung, ob wir den Preis einer einzelnen Ware, z. B. Weizen, in seiner Entwicklung verfolgen oder das gesamte Preisniveau; man unterscheidet danach allerdings gewöhnlich Einzel- und Generalindices.

Wenn auch diese eben angedeutete Begriffsbestimmung der Indexziffern dem Sprachgebrauch entspricht, so ist doch festzustellen, daß nicht alle Autoren diesen Begriff der Indexziffern verwenden. So sind nach Weigel Indexziffern Zahlen, die berechnet werden, „um prägnante, schlagwortartige Ausdrücke für Erscheinungen zu gewinnen, die zwar äußerlich — etwa ihrer Benennung nach — einheitliche Tatsachen sind, in Wirklichkeit aber die Summe einer mehr oder weniger großen Zahl von Einzelerscheinungen darstellen, die sämtlich berücksichtigt werden müssen, wenn man zu einem zusammenfassenden Urteil über die Gesamterscheinung kommen will, die aber ohne weiteres eine solche zusammenfassende Beurteilung entweder überhaupt nicht oder wenigstens sehr schwer gestatten".[1]) Indexziffern müssen also nach ihm immer zwei Bedingungen erfüllen: sie müssen 1. absolute Zahlen sein, und sie müssen 2. durch Reihenverschmelzung zustande gekommen sein, d. h. entweder Summen oder Durchschnitte darstellen. Am schroffsten lehnt Weigel die Bezeichnung einfacher Koordinationszahlen (also unsere Einzelindices) als Indexzahlen ab.

Wir haben aber trotzdem gute Gründe, die Indexzahlen in ihrem weitesten Sinne in die Nähe der Koordinationszahlen zu rücken und sie einfach und, wie wir glauben, in Uebereinstimmung mit dem überwiegenden Sprachgebrauch auf diesem Gebiete in vorläufiger, noch unbestimmter Fassung zu definieren als Instrumente zum Vergleich der Werte einer räumlichen, zeitlichen oder sachlichen Reihe von gleichartigen statistischen Größen; ob die Größen Einzelerscheinungen oder Kollektiverscheinungen darstellen, ist belanglos. Die vorliegende Arbeit selbst soll die eingehende Rechtfertigung der so weiten Fassung des Begriffs der Indexzahlen darstellen. Nur andeutungsweise und vorgreifend sei hier betont, daß die strenge Unterscheidung von Einzelerscheinungen und solchen, die eine Summe oder einen Durchschnitt von Einzelerscheinungen darstellen, gar nicht immer möglich ist, wie später eingehend begründet wird. Ich kann es deshalb auch nicht billigen, wenn das Statistische Reichsamt zwischen „Meßziffern", die zur Charakterisierung von Einzelerscheinungen dienen sollen, und „Indexziffern", die mehrere Erscheinungen zusammenfassend charakterisieren sollen, unterscheidet.

Es mag noch erwähnt werden, daß das Wort Index oder Indexziffer gelegentlich auch in ganz anderem Sinne verwendet wird, in einem Sinne, der dem Weigelschen Sprachgebrauche nahe kommt. Ich denke da vor allem an den Begriff des Mortalitätsindex. Er stellt eine fiktive Sterblichkeitsziffer dar, die in der Weise berechnet wird, daß man die nach Geschlecht und Altersstufen getrennt berechneten Sterblichkeitsziffern unter Zugrundelegung einer Standardbevölkerung zu einer Gesamtsterblichkeitsziffer, eben dem Mortalitätsindex zusammenfaßt.

---

[1]) Weigel, Indexziffern. — Jahrb. f. Nat. u. Stat., 117. Bd., 1921, S. 128.

Eine solche Ziffer hat natürlich mit unseren Indexzahlen, die das Ergebnis eines Vergleiches sind, nichts zu tun. Da der Zweck ihrer Berechnung der ist, die wegen der verschiedenen Zusammensetzung der Bevölkerung verschiedener Länder nach Geschlecht und Alter nicht vergleichbaren allgemeinen Sterblichkeitsziffern miteinander vergleichbar zu machen, kann man höchstens sagen, daß sie Voraussetzung für einen Vergleich ist. — Bisweilen nennt man sogar Saatenstandsnoten Indices.

Bei der Wichtigkeit, die die Berechnung von Indexziffern im eigentlichen Sinne in der modernen Wirtschaftsbeobachtung spielt, ist es allerdings dringend geboten, den Ausdruck Indexziffer wirklich nur auf ganz eindeutig in die oben abgegrenzte Sphäre gehörige Dinge zu beschränken und andere Tatbestände und Sachverhalte, die bisweilen auch mit diesem Namen bezeichnet worden sind, anders zu benennen. Denn es führt jedenfalls zu einer terminologischen Unklarheit und Verwirrung, wenn man denselben Ausdruck für formal so verschiedene Fälle verwendet, so wenig der sprachliche Sinn des Wortes (index = Zeiger) dem widerspricht.

Der Schöpfer völlig neuer Begriffe ist in bezug auf die Terminologie in einer glücklichen Lage; er kann dem Gehalte der Begriffe entsprechende Wortetiketten wählen und prägen. Schwierig ist die Situation aber immer, wenn für ein Gebiet schon termini — vielleicht mit verschwommener Umgrenzung — im Gebrauche sind; es ist dann eine Frage der Zweckmäßigkeit, ob völlig neue Ausdrücke geschaffen werden sollen oder die schon im Gebrauche befindlichen, neu präzisiert, weiter Verwendung finden sollen. In unserem Falle scheint es mir nun völlig aussichtslos zu sein, den Begriff Index, der in der Praxis des Alltags durch seine immer ausgedehntere Anwendung besonders in der Nachkriegszeit einen ganz bestimmten Inhalt bekommen hat — eben als Vergleichsinstrument gleichartiger sozialer und wirtschaftlicher Tatbestände — umzubenennen, etwa, wie Weigel vorschlägt, den gänzlich unpopulären Namen Koordinationszahl dafür zu gebrauchen und den Namen Indexziffer anzuwenden für gewisse absolute Zahlen, die wie die Teuerungszahlen in den seltensten Fällen Selbstzweck sind, sondern meist die Funktion einer Durchgangsgröße haben, worauf später näher eingegangen wird.

Wir verstehen also unter Indexzahlen Verhältniszahlen, und aus Gründen, die oben schon angedeutet wurden und die später noch ausführlicher behandelt werden sollen, müssen wir es auch ablehnen, zwischen Indexziffern und Meßziffern zu unterscheiden, wie es das Statistische Reichsamt tut.

Wenn nun auch über die Indexzahlen eine reiche Spezialliteratur entstanden ist, so herrscht doch in ihr nichts weniger als Einheitlichkeit und Klarheit. So vermisse ich bei fast allen Autoren, besonders aber bei I. Fisher, die Fundierung des ganzen Problems in einer Logik des statistischen Vergleichs, besonders des Vergleichs komplexer statistischer Erscheinungen wie Preisniveau oder Lohnniveau oder Lebenshaltungskosten. Auf der Basis einer solchen Betrachtung aber löst sich das Problem der Indexziffern, besonders das der Generalindexziffern, das ja das meiste Kopfzerbrechen verursacht hat — das unermüdliche Suchen nach der „besten Indexformel" beweist es — von selbst.

Unsere Aufgabe wird es daher in diesem Buche sein, zunächst in einem grundlegenden Abschnitte das Wesen des statistischen Vergleichs überhaupt zu erörtern, in einem zweiten Abschnitte die allgemeinen Eigenschaften der Indexzahlen als Hilfsmittel des statistischen Vergleichs zu besprechen, gleichgültig ob es sich handelt um einfache oder komplexe Erscheinungen, ferner in einem dritten Abschnitte im besonderen die Indexzahlen komplexer Erscheinungen, das Kernstück der Lehre von den Indexzahlen, zur Darstellung zu bringen und schließlich in einem vierten Abschnitte gewisse Probleme (Durchschnitte von Einzelindices) zu entwickeln, die sich aus unserer Auffassung des ganzen Problemkomplexes ergeben. In einem Anhang werden wir dann zusammenfassend und ausführlich Stellung nehmen zu dem großen Werke I. Fishers, dessen Name mit unserem Problem untrennbar verknüpft ist.

I. Grundsätzliches über die Logik des statistischen Vergleichs.

A. Wesen des Vergleichs überhaupt und des statistischen Vergleichs im besonderen.

Wenn man auch in der letzten Zeit gegenüber einer allzugroßen Geringschätzung der absoluten Zahlen deren selbständigen Wert besonders gern betont hat und wenn es auch richtig ist, daß das Bedürfnis des, von praktischen Gesichtspunkten ausgehenden statistischen Konsumenten sehr häufig, wenn auch nicht immer, schon mit den absoluten Zahlen befriedigt ist, so ist doch klar, daß erst eine methodische Verarbeitung der absoluten Zahlen zu Verhältniszahlen und Mittelwerten die in den statistischen Aussagen schlummernden Beziehungen, Gesetzmäßigkeiten und Regelmäßigkeiten erkennen läßt. Eine ganz besonders wichtige Rolle spielen nun jene Verhältniszahlen, die dem Vergleich (im eigentlichen Sinne) statistischer Größen dienen; hat man doch gesagt, daß der Vergleich die Seele der Statistik sei.

Es wäre sehr reizvoll, einmal die ganze Lehre von dem statistischen Vergleich systematisch zu behandeln; hier kann es sich nur darum handeln, einige Andeutungen über den Umkreis der darin zu behandelnden Probleme zu geben und dann ausführlich von den Indexzahlen zu reden, die wir in der Einleitung als die wichtigsten logischen Instrumente des statistischen Vergleichs bezeichnet haben. Diese Andeutungen aber sind notwendig und bedeuten keine Ueberschreitung des Rahmens dieser Arbeit; sie sind notwendig, um den logischen Ort des Indexproblems deutlich zu umreißen und für die spätere Behandlung der Einzelfragen desselben die grundlegenden Gesichtspunkte zu liefern.

Zunächst muß betont werden, daß das Wort Vergleich in der Statistik in verschiedenem Sinne gebraucht wird. So spricht man auch von Vergleich, wenn man die absolute Zahl der Bevölkerung in Beziehung setzt zur Fläche des von ihnen bewohnten Gebietes, mit anderen Worten die Bevölkerungsdichte berechnet. Daß es sich dabei nicht um einen Vergleich im eigentlichen Sinne handelt, also hier eine sehr ungenaue Bezeichnungsweise vorliegt, ist klar: Bevölkerungszahl und Flächengröße sind völlig ungleichartige und daher unvergleichbare Begriffe; nur Gleichartiges aber kann man vergleichen. In solchen Fällen sollte man nicht von „Vergleichen" reden, sondern von „In-Beziehungsetzen". Es ist ein besonderer Gegenstand der theoretischen Statistik, im besonderen der Lehre von den Verhältniszahlen und noch weiter im besonderen der Lehre von den Beziehungszahlen, zu untersuchen, welche Bedingungen erfüllt sein müssen, damit statistische Größen miteinander in Beziehung gesetzt werden dürfen. Die durch derartige Inbeziehungsetzung, die ganz uneigentlich „Vergleichen" genannt wird, entstandenen Beziehungszahlen als Ausdruck besonderer Erscheinungen, in unserem Beispiel der Bevölkerungsdichte, können dann allerdings ihrerseits Gegenstand eines Vergleiches werden: so wie wir die Fläche oder die Einwohnerzahl verschiedener Länder vergleichen können, so können wir auch ihre Bevölkerungsdichte vergleichen.

Im Gegensatz zu diesen uneigentlichen Vergleichen haben wir es also hier mit dem Vergleich im eigentlichen, strengen Sinne zu tun. Wie eben schon angedeutet, ist Voraussetzung für einen solchen, daß es sich dabei um gleichartige, um ähnliche Erscheinungen handelt; nur solche sind vergleichbar. Gleichartig heißt natürlich nicht gleich; denn in einem solchen Falle würde das Ergebnis des Vergleiches ja die Feststellung der völligen Uebereinstimmung der zu vergleichenden Erscheinungen bedeuten. Es ist klar, daß das ein Grenzfall des Vergleichs ist, dem der andere Grenzfall der völligen Verschiedenheit gegenübersteht. Eine kurze Besinnung auf die allgemeine Logik des Vergleichs überhaupt, nicht nur des statistischen, zeigt nämlich, daß zwei völlig heterogene Dinge, die gar nichts gemeinsam haben, auch nicht sinnvoll miteinander verglichen werden können.

Ein gewisses Ausmaß von Gleichheit — das Vorhandensein eines tertium comperationis — ist also Voraussetzung für die Vergleichbarkeit. Im übrigen können aber die verschiedenen miteinander verglichenen Erscheinungen völlig unabhängig voneinander sein. Es kann sich aber auch um den Fall handeln, daß die beiden Erscheinungen zwei zeitlich voneinander getrennte Erscheinungsformen eines und desselben Dinges sind: ich kann die Höhe des Wasserspiegels zweier verschiedener Seen miteinander vergleichen, aber auch die Höhe des Wasserspiegels eines und desselben Sees zu verschiedenen Zeitpunkten. Im zweiten Falle wird der Unterschied zur Veränderung. Mit Veränderungen, zeitlichen Entwicklungen haben wir es bei unserem Problem der Indexzahlen sehr viel, wenn auch nicht ausschließlich, zu tun.

Ohne uns in allgemeine logisch-erkenntnistheoretische Gedankengänge zu verlieren, dürfte nun so viel klar sein, daß jeder Vergleich, wenn anders er diesen Namen verdient, und vorausgesetzt, daß sein Ergebnis nicht die Feststellung der völligen Verschiedenheit oder der völligen Uebereinstimmung ist, mindestens die Feststellung des „mehr" oder „weniger" bzw. des „größer" oder „kleiner" enthalten muß. Ein Vergleich, der nicht dieses Minimum an Einsicht bietet, ist kein Vergleich im eigentlichen Sinne des Wortes: ein Vergleich von Katze und Löwe z. B. soll doch nicht nur sagen, in welchen Punkten die beiden Tiere völlig übereinstimmen oder völlig verschieden sind, sondern auch den Grad der Verschiedenheit ihrer Eigenschaften q a n t i t a t i v und zwar möglichst genau mindestens aber in der Form des „mehr" oder „weniger", ausdrücken.

Es ist klar, daß es nur eine, von der Wissenschaft natürlich erstrebte Verfeinerung des Vergleiches ist, wenn an Stelle der bloß rohen Vergleichsresultate des „mehr als" oder „weniger als" bzw. des „größer als" oder „kleiner als", genau bestimmte, zahlenmäßige Werte treten. Den Vergleich nicht nur in jener rohen Form, sondern in der eben angedeuteten zahlenmäßig bestimmten Form zu geben, ist nun der Statistiker in der Lage, sofern er für die zu vergleichenden Erscheinungen zahlenmäßige Werte zur Verfügung hat. Der statistische Vergleich erreicht also unter diesem Gesichtspunkt das Ideal des Vergleichs überhaupt.

Diese zahlenmäßig formulierten Unterschiede können nun in einer doppelten mathematischen Form auftreten. Zunächst in der Form einer a b s o l u t e n D i f f e r e n z: A ist um n Einheiten g r ö ß e r als B oder entsprechend B um ebensoviel Einheiten k l e i n e r als A. Diese Angabe genügt aber noch nicht, um die B e d e u t u n g des Unterschiedes zwischen A und B zu erkennen und noch weniger, um diesen Unterschied sinnvoll zu vergleichen mit jenem von zwei anderen Größen von gänzlich anderer Größenordnung, sagen wir C und D; denn nicht nur Größen können wir miteinander vergleichen, sondern auch Unterschiede zwischen Größen.

Eine bestimmte absolute Differenz kann nämlich eine große oder eine kleine Veränderung bedeuten je nach der Größenordnung der zu vergleichenden Größen. Der absolute Unterschied 5 zwischen 10 und 15 bedeutet selbstverständlich mehr als derselbe absolute Unterschied zwischen 100 und 105 oder gar 1000 und 1005. Um nun gewissermaßen diese i n n e r e Bedeutung des Unterschiedes oder, wenn es sich um Veränderungen handelt, die Größe des V e r ä n d e r u n g s s c h r i t t e s zu messen, berechnen wir den r e l a t i v e n Unterschied: wir sagen also: B ist n mal so groß wie A oder um p% größer als A.

In diesem Zusammenhang eine kurze Bemerkung über die sprachliche Formulierung der zahlenmäßigen Größe des relativen Unterschiedes, die sehr häufig, leider bisweilen sogar in amtlichen Veröffentlichungen, nicht einwandfrei ist. Nehmen wir an, die beiden zu vergleichenden Größen A und B verhielten sich zueinander wie 1 : 3,5, so läßt sich das sprachlich auf eine doppelte Weise ausdrücken. Man kann entweder sagen: B ist 3,5mal so groß wie A, bzw. die Größe B beträgt 350% von der Größe A oder: B ist um das 2,5fache bzw. um 250% größer als A. Aehnlich ist eine Steigerung auf das 5fache bzw. auf 500% identisch mit einer Steigerung um das 4fache bzw. um 400%. Entsprechend bedeutet eine Verminderung um ⅓ bzw. um 33,3% eine Verminderung auf ⅔ bzw. auf 66,7%.

Wir sagten, daß das Vergleichen in einem möglichst exakten, zahlenmäßigen Feststellen des Unterschiedes zwischen zwei Größen bestünde. Wenn dabei das Ergebnis in der Form von relativen Größen, also nicht von absoluten Differenzen ausgedrückt wird — und das ist der Fall, der bei den Indexziffern ausschließlich in Betracht kommt —, so können wir auch sagen, daß wir die eine Größe an der anderen messen. Die eine der zu vergleichenden Größen spielt dabei die Rolle des Vergleichsmaßstabes, der Maßeinheit. Welche Größe diese Funktion übernimmt, ist formal gleichgültig: wir können bei einem Vergleich von A und B A an B und B an A messen. Die Vergleichsresultate müssen immer miteinander harmonieren, die Zahlenwerte nämlich einandere reziprok sein. Wenn B 3mal so groß ist wie A, so ist A ⅓mal so groß wie B; wenn A $^5/_4$ von B ist, so ist B $^4/_5$ von A oder, was dasselbe besagt, wenn A um ¼ größer ist als B, so ist B $^1/_5$ kleiner als A.

Zwischen zwei bestimmten Größen gibt es also nur einen einzigen Wert — vom Vorzeichen abgesehen — für den absoluten Unterschied, unabhängig von der Richtung des Vergleichs, aber zwei verschiedene Werte für den relativen Unterschied, je nachdem die kleinere oder die größere der verglichenen Größen als Maßeinheit dient, wobei die beiden Werte, wie schon gesagt, reziprok zueinander sind.

So selbstverständlich auch diese Beziehung ist, so wird sie doch oft übersehen, namentlich wenn das Ergebnis des Vergleichs in Prozentzahlen ausgedrückt ist: einem größer um 50% (B = $^3/_2$ A) entspricht ein kleiner nicht um 50%, sondern um 33⅓% (A = ⅔ B).

Dieses Reziprozitätsverhältnis hat nun eine wichtige Konsequenz bei zeitlichen Unterschieden, also bei Veränderungen. Wenn eine Größe in einem gewissen Zeitraum um 50% zugenommen hat und wir uns vorstellen, daß sie in einem darauffolgenden Zeitraum wieder auf den ursprünglichen Wert zurückgeht, so muß auf die Steigerung um 50% folgen eine Abnahme nun nicht, wie der Ungeübte denken könnte, wieder um 50%, sondern nur um 33⅓%. Denn, wenn die Größe ursprünglich, sagen wir, 100 war, so ist sie am Ende des ersten Zeitraums 150 und, wenn sie am Ende des zweiten wieder 100 sein soll, also von 150 auf 100 zurückgegangen sein soll, muß sie um 33⅓% abgenommen haben. Während also die absolute Zunahme und die entsprechende absolute Abnahme denselben Wert, nur mit entgegengesetztem Vorzeichen haben (in unserem Falle +50 und —50), ist die Veränderung +50% gleichwertig der Veränderung —33⅓%.

Da diese Reziprozitätsbeziehung, besonders wenn die Vergleichswerte in Prozentzahlen angegeben werden, häufig nicht beachtet wird, sei es gestattet, in Anbetracht ihrer Wichtigkeit folgende Uebersicht zu bringen, wobei die unter p und p' stehenden Zahlen als in folgenden Beziehungen zueinander stehend gedacht sind: wenn A um p% größer ist als B, dann ist B um p'% kleiner als A oder: wenn eine Erscheinung von einem Zeitpunkt auf den anderen um p% zugenommen hat, dann muß sie bis zu einem dritten Zeitpunkt um p'% abgenommen haben, wenn sie den ursprünglichen Wert wiedererlangen soll:

p	p'
0	0
1	0,990
10	9,1
20	16,7
25	20
33	25
50	33,3
100	50
200	66,7
500	83,3
.	.
.	.
.	.
∞	100

Wie nun bei zwei Größen trotz eines einzigen Wertes der absoluten Differenz ein verschiedener relativer Unterschied angegeben werden kann, je nachdem in welcher Richtung verglichen wird, von der kleineren zur größeren oder von der größeren zur kleineren Größe, so können, wenn die Unterschiede mehrerer Größenpaare miteinander verglichen werden, bei gleichen absoluten Unterschieden verschiedene relative vorhanden sein und umgekehrt, auch wenn immer in derselben Richtung verglichen wird: so besteht zwischen 10 und 11, 20 und 21, 100 und 101 usw. derselbe absolute Unterschied, nämlich 1, aber ein verschieden großer relativer Unterschied (10, 5 bzw. 1%), andererseits besteht zwischen 10 und 11 derselbe relative Unterschied von 10% wie zwischen 100 und 110 oder 500 und 550 oder 1000 und 1100 usw., aber natürlich ein jeweils verschieden großer absoluter Unterschied.

Eine besondere Form nimmt diese Beziehung an, wenn es sich um den, für uns so wichtigen Fall einer zeitlichen Entwicklung handelt. Eine Größe nehme z. B. in drei aufeinanderfolgenden Zeitpunkten die Werte 100, 125, 150 an, so sind die absoluten Unterschiede im ersten und zweiten Intervall gleich groß, nämlich gleich 25, der relative Unterschied aber beträgt im ersten 25% und im zweiten 20%. Den umgekehrten Fall haben wir, wenn wir die Werte für die drei Zeitpunkte ansetzen mit 100, 110 und 121. Hier sind die absoluten Werte verschieden, aber die relativen gleich (= 10%).

Mit der relativen Veränderung nun, mit der wir es in der Lehre von den Indexzahlen ausschließlich zu tun haben und die logisch viel bedeutsamer ist als die absolute Differenz, messen wir die Veränderungswucht oder Veränderungsintensität, für die die absolute Differenz kein Maßstab ist.

Der logische Sinn des eben Gesagten ist uns allen aus dem Verlauf der Wirtschaftskurven während der Inflationszeit zur Anschauung gebracht: eine Steigerung des Dollarkurses von 100 auf 110 bedeutete einen 10mal so großen Veränderungsschritt, als eine Steigerung von 1000 auf 1010, aber einen ebensogroßen wie eine solche von 1000 auf 1100.[1])

Als Einheit für die absolute Differenz zwischen zwei zu vergleichenden Größen nehmen wir die numerische Einheit oder ein Vielfaches von ihr. Als Einheit für die relative Veränderung, für die Veränderungswucht oder Veränderungsintensität müssen wir ein bestimmtes Verhältnis zwischen den beiden Größen wählen, z. B. das Verhältnis 1 : $^{11}/_{10}$, was einer Veränderung um jeweils 10% entsprechen würde, oder 1 : 2, was einer Verdoppelung entsprechen würde. Ob wir als Einheit des Veränderungsschrittes

[1]) Dem mit der Psychologie Vertrauten dürfte hier die Aehnlichkeit mit dem sogenannten Weber-Fechnerschen Gesetze einfallen, demzufolge der Unterschied zwischen zwei aufeinanderfolgenden Sinnesreizen erst als Empfindungsunterschied wahrgenommen wird, wenn der Reiz um einen bestimmten Bruchteil gewachsen ist, ganz gleichgültig aber, wie groß der voraufgehende Reiz war: wenn eine Person erst eine Steigerung eines auf die Hand gelegten Gewichtes von 100 auf 120 g als „schwerer" empfindet, so wird sie auch erst eine Steigerung von 200 auf 240 g merken, eine solche von 200 auf 220 wird aber ohne Eindruck bleiben, während andererseits bereits eine Vergrößerung des Gewichtes von 50 auf 60 wahrgenommen werden kann. Entsprechendes gilt für andere Empfindungsgebiete (siehe z. B. R. Schulze, Aus der Werkstatt der experimentellen Psychologie und Pädagogik, Leipzig, 1913, S. 61).

eine größere oder kleinere relative Veränderung wählen, hängt von dem Ausmaße der Veränderung ab.

Nennen wir nun a den Anfangswert einer Reihe und 1 : p das als Einheit gewählte relative Verhältnis, so ergibt sich bei Annahme einer regelmäßigen Veränderung um jeweils einen Veränderungsschritt folgende Reihe:

$$a \quad ap \quad ap^2 \quad ap^3 \quad ap^4 \ldots\ldots\ldots ap^n$$

oder, wenn wir statt a, das ja als Maßeinheit dient, 1 setzen:

$$1 \quad p \quad p^2 \quad p^3 \quad p^4 \ldots\ldots\ldots p^n$$

und, wenn schließlich auch 1 und p in Potenzform ausgedrückt werden:

$$p^0 \quad p^1 \quad p^2 \quad p^3 \quad p^4 \ldots\ldots\ldots p^n.$$

Die absoluten Werte einer solchen Reihe, die durch gleiche relative Unterschiede voneinander getrennt sind, bilden also eine g e o m e t r i s c h e R e i h e, deren Quotient der Wert eben dieses relativen Unterschiedes ist. Die absoluten Differenzen werden aber, bei gleichbleibendem relativen Unterschied, immer größer und größer, vorausgesetzt, daß $p > 1$.

Um das an einem einfachen Zahlenbeispiel zu illustrieren, wollen wir $p = 2$ setzen, also den Fall einer Verdoppelung annehmen. Gleichzeitig wollen wir die Reihe nach links erweitern, wobei wir die negativen Potenzen von 2 erhalten, die dann natürlich nicht Verdoppelung, sondern Halbierung bedeuten. Wir erhalten dann folgende Reihen:

1.	2^{-3}	2^{-2}	2^{-1}	2^0	2^1	2^2	2^3	2^4	. . . . .
2.	⅛	¼	½	1	2	4	8	16	. . . . .
3.	-3	-2	-1	0	1	2	3	4	. . . . .

Die Reihe 1 und 2 bedeuten die absoluten Werte der sich verändernden Größe und die Reihe 3 stellt gewissermaßen die Veränderungsschritte gegenüber dem Ausgangswert ($2^0 = 1$) dar, wobei die Verdoppelung, z. B. der Schritt von 1 auf 2 als Einheit genommen ist. Der Sprung von 2 auf 4, von 4 auf 8 usw. stellen dann je einen Veränderungsschritt von demselben Ausmaße dar, der Sprung von 1 auf 16 z. B. 4 solcher Schritte.

Die Reihe 3 ist nun proportional den Logarithmen der ersten Reihe, also der Reihe der absoluten Werte. Es erhellt aus dieser Reihe, daß nicht nur die Veränderung von 1 auf 2 dasselbe bedeutet wie die von 2 auf 4, von 4 auf 8 usw., sondern daß auch die Veränderung von 2 auf 16 3mal so groß ist wie die von 2 auf 4, weil letztere 1, erstere 3 Veränderungsschritte umfaßt, während die absolute Differenz im ersten Falle (16 —2) 7mal so groß ist wie im zweiten (4 —2).

Wie nun z. B. die Veränderung von 2 auf 4 die Hälfte der Veränderung von 2 auf 8 ist — denn der Veränderungsschritt von 2 auf 4 ist genau so groß wie der von 4 auf 8 —, 4 aber das g e o m e t r i s c h e M i t t e l von 2 und 8 ist, so findet man ganz allgemein den unter der Voraussetzung gleichmäßiger Veränderung in der Mitte liegenden Wert zwischen zwei bekannten Werten als dessen geometrisches Mittel. Das findet eine sehr wichtige Anwendung auf die I n t e r p o l a t i o n von zeitlichen Indexzifferreihen. Wenn eine Erscheinung in monatlichen Intervallen beobachtet wurde und nun für einen genau in der Mitte gelegenen Zeitpunkt ein Wert berechnet werden soll, unter der Annahme gleichmäßiger Veränderung in dem betreffenden Zeitraum, so ist nur das geometrische Mittel am Platze.

Aus den bisherigen Darlegungen folgt nun auch, daß bei einer graphischen Darstellung zeitlicher Veränderungen, bei denen es ja fast immer auf das Ausmaß der relativen Veränderung ankommt, die l o g a r i t h m i s c h e K u r v e verwendet werden muß, bei der gleiche relative Unterschiede durch gleichgroße Ordinatenabschnitte dargestellt sind. Die Darstellung zeitlicher Veränderungen in der Form des logarithmischen Diagramms findet auch erfreulicherweise immer mehr Anwendung, in

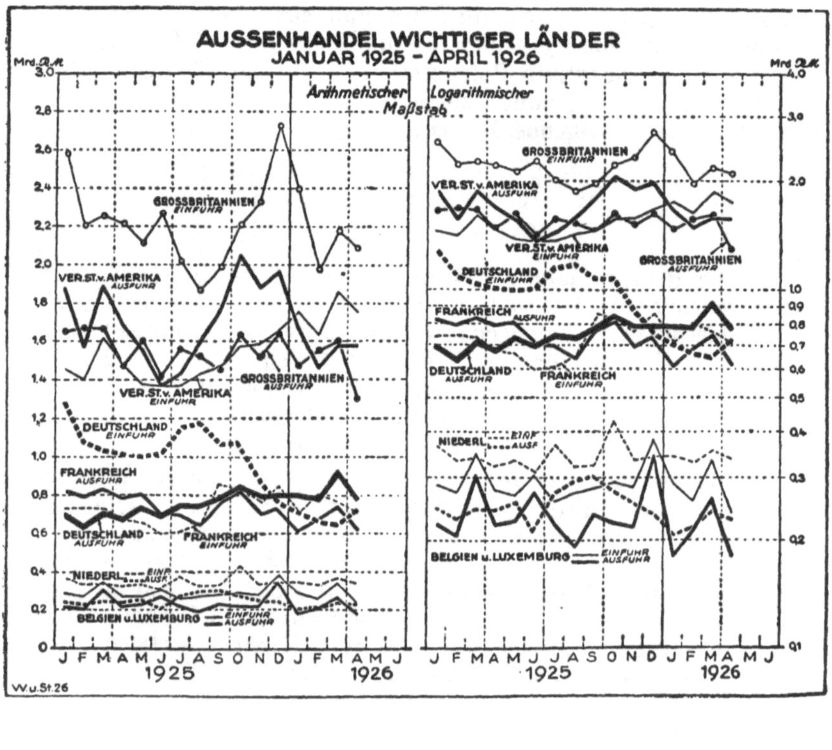

privaten und amtlichen Veröffentlichungen (siehe z. B. „Wirtschaft und Statistik" und die Veröffentlichungen des Instituts für Konjunkturforschung).

Bei der Wichtigkeit des Gebietes sei es gestattet, hier eine Gegenüberstellung von gewöhnlicher oder arithmetischer und logarithmischer Kurvendarstellung einer und derselben Erscheinungsgruppe zu bieten. Ich wähle dazu (siehe Bild auf Seite 12) die graphische Darstellung des Vergleiches des Außenhandels verschiedener Länder während eines bestimmten Zeitabschnittes, die von „Wirtschaft und Statistik" seit kurzem regelmäßig gebracht wird. (W. u. St., 1926, H. 13, S. 418.)

Der Vergleich der beiden Darstellungen ist sehr lehrreich. Die Kurve des Handels von Belgien und Luxemburg hat im Gegensatz zu der des großbritannischen Handels nach der arithmetischen Darstellung nur geringe Ausschläge aufzuweisen, während es nach der logarithmischen Darstellung genau umgekehrt ist. Es ist klar, daß eine bestimmte relative Veränderung bei arithmetischer Darstellung um so größere Ausschläge bewirken wird, je größer die absoluten Werte sind, je höher also die Kurve liegt, was bei der Kurve des großbritannischen Handels im Vergleich zu der entsprechenden von Belgien und Luxemburg der Fall ist. Die Veränderungswucht wird also nur durch eine logarithmische Kurve sinnvoll wiedergegeben.

B. Voraussetzungen und Grenzen des statistischen Vergleichs. (Die Vergleichbarkeit.)

Die allgemeinste Voraussetzung für einen Vergleich ist, wie oben (S. 6) schon ausgeführt wurde, daß die zu vergleichenden Erscheinungen gleichartig sind, daß sie ein Gemisch von Gleichem und Ungleichem darstellen. Die zu vergleichenden Erscheinungen müssen unter einen und denselben Oberbegriff fallen; sie müssen ein tertium comparationis besitzen. Je enger verwandt sie sind, um so fruchtbarer ist der Vergleich.

Zur weiteren Vertiefung der Grundfragen des statistischen Vergleichs müssen wir nun noch einige Punkte klären, zunächst die Frage: Wann ist die Voraussetzung der Gleichartigkeit zwischen den zu vergleichenden statistischen Größen erfüllt? Mit anderen Worten: Wann sind statistische Größen miteinander vergleichbar?

Auf diese Frage ist ganz allgemein zu erwidern, daß das dann der Fall ist, wenn die betreffenden Zahlen durch dieselben Grundbegriffe bestimmt werden. Ich knüpfe dabei an die lichtvollen und scharfsinnigen Ausführungen Zizeks in seiner kleinen Arbeit „Fünf Hauptprobleme der statistischen

Methodenlehre"[2]) an, wo der Verfasser darlegt, daß jede statistische Zahl bestimmt wird durch die Begriffe 1. der Erhebungseinheit, 2. der Erhebungsmerkmale, 3. der gebildeten Gruppen und 4. der sie charakterisierenden Aussagen (absolute Zahl — und zwar entweder Anzahl der Einheiten oder gruppenweise aufsummiertes quantitatives Merkmal —, irgendeine Art von Verhältniszahl oder ein Mittelwert). Diese vier Begriffe bestimmen den Sinn und die Bedeutung jeder statistischen Zahl.

Um nicht das von Zizek a. a. O. in treffender Weise Dargelegte hier zu wiederholen, verweise ich den Leser, der sich für die Lehre von den vier entscheidenden Begriffen interessiert, auf die ebengenannte Schrift dieses Autors und begnüge mich hier damit, das Ergebnis seiner Betrachtungen über die Vergleichbarkeit wörtlich anzuführen. Er sagt: „ ‚Vergleichbare' Zahlen müssen hinsichtlich aller methodologisch bestimmenden Begriffe (Erhebungseinheit usf.) übereinstimmen — natürlich mit Ausnahme des sie differenzierenden zeitlichen, geographischen oder sachlichen Momentes." (a. a. O. S. 31.) Die Notwendigkeit des Zusatzes über die differenzierenden Merkmale erhellt aus der Einsicht, daß zu vergleichende Größen ein Gemenge von Gleichem und Ungleichem darstellen.

Je nachdem das differenzierende Merkmal räumlicher, zeitlicher oder sachlicher Art ist, haben wir es mit einem r ä u m l i c h e n, z e i t l i c h e n oder s a c h l i c h e n V e r g l e i c h zu tun. (Wir stoßen hier auf jene Dreiteilung des Räumlichen, Zeitlichen und Sachlichen, die in der ganzen theoretischen Statistik eine große Rolle spielt.) Wenn wir z. B. die Zahl der Berufstätigen eines bestimmten Berufszweiges eines Landes zu einem bestimmten Zeitpunkte mit denen eines anderen Landes zu dem gleichen Zeitpunkte vergleichen wollen, so dürfen die beiden Größen sich nur hinsichtlich des räumlichen Momentes unterscheiden, müssen aber hinsichtlich des zeitlichen und sachlichen übereinstimmen. Besonders das letztere aber wird nicht immer erfüllt sein und hat zur Voraussetzung, daß die betreffende Berufsgruppe in beiden Ländern genau gleich definiert ist.

Haben wir so aus der Logik des Vergleichs überhaupt die Voraussetzung des statistischen Vergleichs entwickelt, so liegt es uns nun ob, seine Grenzen aufzuzeigen. Eine Vergleichbarkeit liegt nämlich dann nicht vor, wenn die zu vergleichenden Größen sich nicht nur hinsichtlich des differenzierenden räumlichen, zeitlichen oder sachlichen Merkmals unterscheiden. Wenn wir also z. B. die Geburtenhäufigkeit eines Landes während der einzelnen Monate miteinander vergleichen wollen, so genügt es nicht, die Summen der in den einzelnen Monaten Geborenen nebeneinander

---

[2]) F. Z i z e k, Fünf Hauptprobleme der statistischen Methodenlehre, München und Leipzig, 1922.

zu stellen; denn die verschiedene Höhe der Zahl der Geborenen in den einzelnen Monaten ist ja nicht nur bedingt durch die verschiedene Geburtenhäufigkeit, sondern natürlich auch durch die verschiedene Länge der Monate. Wenn im Juli mehr Menschen geboren werden als im Juni, so kann das mit einer größeren Geburtenhäufigkeit im Juli verbunden sein oder nur mit der größeren Zahl der Kalendertage zusammenhängen.

Aehnlich liegt der Fall, wenn wir die Produktion, sagen wir von Steinkohle in Deutschland, monatsweise miteinander vergleichen wollen. Auch hier ist die ungleiche Länge der Monate bzw. genauer die ungleiche Zahl der Arbeitstage in den einzelnen Monaten ein vergleichsstörender Faktor, der in diesem Falle sogar bei zwischenörtlichen Vergleichen eine Rolle spielen kann, insofern als katholische Gegenden eine andere Zahl von Arbeitstagen haben können als protestantische.

Da sich also in diesen Beispielen die zu vergleichenden Erscheinungen nicht nur hinsichtlich des zeitlichen (bzw. in dem letzten Beispiele des zwischenörtlichen Vergleiches hinsichtlich des örtlichen) Momentes unterscheiden, sondern auch noch hinsichtlich des Umfanges, sind sie nicht ohne weiteres vergleichbar. Wir können sie aber sofort „vergleichbar machen", indem wir den vergleichstörenden Faktor, die ungleiche Länge der Monate bzw. die ungleiche Zahl der Arbeitstage in ihnen, ausschalten oder eliminieren. Das geschieht in der bekannten Weise, daß wir die tägliche Durchschnittsziffer der Geburten bzw. die arbeitstägliche Durchschnittsziffer der Produktionsmengen für die einzelnen Monate berechnen und dann diese Ziffern vergleichen.

Soweit ist alles sehr einfach. Es wird aber gewöhnlich übersehen, daß zwei Erscheinungen, die in einer Hinsicht nicht vergleichbar sind, es in einer anderen sehr wohl sein können. Vergleichbarkeit ist keine absolute, sondern eine relative Eigenschaft zweier Erscheinungen und ist abhängig vom Vergleichsgesichtspunkt, dem Ziel und Zweck des Vergleiches. Ein paar Beispiele sollen diesen sehr wichtigen logischen Sachverhalt klarmachen.

Nehmen wir an, wir wollten die deutsche Steinkohlenproduktion des Jahres 1913 vergleichen mit jener des Jahres 1925. Gewöhnlich sagt man, diese Ziffern seien nicht vergleichbar, weil der Gebietsumfang des Deutschen Reiches zu beiden Zeitpunkten ein verschiedener gewesen sei. Man macht diese Zahlen daher vergleichbar, indem man die Produktion beider Jahre für das gleiche Gebiet berechnet, also entweder — und zwar meist — für den Gebietsumfang von 1925 oder — und zwar seltener — für den Gebietsumfang von 1913.

Wir haben also dann 2 Zahlen miteinander verglichen, die sich auf dasselbe Gebiet beziehen und sich nur hinsichtlich des Zeitpunktes voneinander unterscheiden. Dieser Vergleich mißt also die Produktivität eines bestimmten, geographisch abgegrenzten Gebietes. Das ist ein sinnvoller Vergleich. Es kann aber doch auch einen Sinn haben, die Steinkohlenproduktion der deutschen Wirtschaft von 1913 mit der der deutschen Wirtschaft von 1925 zu vergleichen, wobei es eben abgesehen ist auf die Identität nicht des Gebietes, sondern der Wirtschaft. Für diesen Vergleich ist eben der Oberbegriff, das tertium comparationis, in dem beide Erscheinungen übereinstimmen müssen: Steinkohlenproduktion der deutschen Wirtschaft. Wenn man die logische Berechtigung eines solchen Vergleichs mit dem Hinweise bestreiten wollte, daß der Unterschied in der Produktion mitbedingt sei durch die verschiedene Größe des Gebietes, da ja große Steinkohlen produzierende Gebiete jetzt nicht mehr zum Deutschen Reiche gehören, daß man diesen Unterschied also eliminieren müsse, so ist darauf zu erwidern, daß 1. auch der uneliminierte Vergleich sinnvoll ist und daß 2. auch außer der verschiedenen Größe des produzierenden Gebietes noch andere Unterschiede zwischen beiden Erscheinungen bestehen, z. B. die verschiedene Zahl der im Steinkohlenbergbau beschäftigten Arbeiter. Man kann auch diese Verschiedenheit noch eliminieren und so berechnen, wieviel 1913 im Vergleich zu 1925 im Durchschnitt auf den Arbeiter geförderte Kohle entfiel, also gewissermaßen die Produktionsintensität vergleichen.

Es ist nun nicht so, daß diese drei, eben angeführten, verschiedenen Vergleiche mit immer weiter gehender Eliminierung auch immer vollkommener würden. Es handelt sich vielmehr um drei verschiedene Vergleichsgesichtspunkte. Während für den ersten Vergleich, den der Produktion der deutschen Wirtschaft 1913 und 1925, die Elimination der verschiedenen Gebietsgröße direkt falsch wäre, genügt sie nicht einmal für den dritten Vergleich, den der Produktionsintensität.

Wie sehr die Vergleichbarkeit von den Vergleichsgesichtspunkten abhängt, ersieht man daraus, daß man an vergleichbare Produktionsziffern auch die Forderung stellen kann und gestellt hat, die Produktionsmenge statt auf dasselbe Gebiet zu berechnen, also die Gebietsveränderungen zu eliminieren, sie auf dieselbe Bevölkerung zu berechnen, also die Verschiedenheit der Bevölkerungszahl zu eliminieren. Man würde dann für 1913 und 1925 auszurechnen haben, wieviel Tonnen geförderter Steinkohle auf den Einwohner kommen.

Analog wäre zu verfahren, wenn wir die Weizenernte zweier Länder miteinander vergleichen wollen. Wir können zunächst die völlig uneliminierten Ziffern miteinander vergleichen. Das tun wir und müssen wir tun, wenn wir einfach feststellen wollen, welches Land mehr Weizen produziert als das andere und um wieviel. Wir können dann aber die verschiedene Größe der beiden Länder berücksichtigen. Wir sagen uns vielleicht, daß das eine Land mehr Weizen hervorbringt als das andere, hängt einfach damit zusammen, daß es größer ist. Wir berechnen also die Menge produzierten Weizens pro ha Gesamtfläche. Wir können ferner — in Erwägung, daß nicht aller Boden landwirtschaftlich benutzbar ist — eine entsprechende Umrechnung auf den ha landwirtschaftlich benutzten Bodens vornehmen und schließlich sogar umrechnen auf den ha mit Weizen bebauter Fläche, mit anderen Worten, die Hektarerträge miteinander vergleichen. Wir können aber schließlich aus dem Vergleich der Gesamtproduktion auch die verschiedene Bevölkerungszahl ausschalten und so die Versorgung der Bevölkerung mit Weizen aus eigener Produktion vergleichen.

Also — um es zusammenzufassen —, ob zwei Größen oder eine ganze Reihe von Größen miteinander vergleichbar sind oder nicht, hängt ab von dem Zweck des Vergleiches, von dem Vergleichsgesichtspunkt. Die Elimination vergleichstörender Faktoren muß also um so weiter getrieben werden, je enger der Begriff ist, in dem beide zu vergleichende Größen miteinander übereinstimmen müssen.

Auf den ersten Blick könnte es nun scheinen, daß die Gleichartigkeit als Voraussetzung und damit Grenze des statistischen Vergleichs in solchen Fällen nicht erfüllt sei, wo zwei Entwicklungen oder Bewegungen miteinander verglichen werden, z. B. die Entwicklung der Getreidepreise mit der der Verbrechen (Georg von Mayr) oder die Entwicklung der, an irgendwelchen Symptomen (etwa an der Zahl der Arbeitslosen) gemessenen Wirtschaftslage mit der Zahl der Eheschließungen. Aber in diesen Fällen wird ja gar nicht die Höhe der Getreidepreise mit der Zahl der Verbrechen oder die Zahl der Arbeitslosen mit der der Eheschließungen verglichen, was allerdings unvergleichbare Erscheinungen wären, sondern die Veränderung der einen Erscheinung mit der Veränderung der anderen. Man kann eben — und das ist wichtig — nicht nur statische Erscheinungen, wozu in diesem Falle auch die nach Zeitabschnitten zusammengefaßten Fälle von Bewegungserscheinungen gehören, miteinander vergleichen, sondern auch dynamische, d. h. Veränderungen: wenn zwei Erscheinungen, mögen sie selbst noch so heterogen sein, in demselben Zeitabschnitt eine gleich große relative Zunahme oder Abnahme erfahren, so ist die Veränderung beider gleich groß; analog können wir natürlich auch feststellen, daß die eine Erscheinung stärker zunimmt als die andere und um wieviel. Vergleichbar sind die beiden Veränderungen im allgemeinen dann, wenn es sich um durch dieselben Zeitpunkte begrenzte Zeitabschnitte handelt. In einem späteren Zusammenhange werden wir hierauf zurückkommen.

Nur ganz kurz streifen wollen wir die Frage, ob in solchen Fällen, in denen eine völlige Vergleichbarkeit nicht erreichbar ist — und wie oft ist das der Fall! —, nicht eine gewisse Ersatzlösung oder Teillösung möglich ist. In der Tat ist das meist möglich. Wenn z. B. die Nachweisungen über zwei Erscheinungskomplexe hinsichtlich ihrer Zerlegung in Teilmassen nicht vollständig übereinstimmen, wenn die eine Erscheinung vielmehr in einer weiter ins Einzelne gehenden Unterteilung nachgewiesen ist als die andere, so ist klar, daß zwar ein Vergleich hinsichtlich sämtlicher Gruppen der am weitesten unterteilten Masse nicht möglich ist, wohl aber hinsichtlich jener umfassenderen Gruppen, die beiden gemeinsam sind.

Schwieriger liegt die Sache, wenn die Gliederung in beiden zu vergleichenden Massen nach Größenklassen geschieht, die in beiden Fällen verschiedene Grenzpunkte haben; Interpolation und Schätzung können vielleicht Annäherungsresultate liefern.

Diese Andeutungen mögen genügen, da dieser Punkt im Gegensatz zu den übrigen in diesem Abschnitt behandelten für unser Problem der Indexzahlen nicht wichtig ist (wohl aber für eine allgemeine Logik des statistischen Vergleichs) und da außerdem Zizek in seiner obengenannten Schrift von den „Fünf Hauptproblemen" sehr Anregendes und Aufschlußreiches hierüber gesagt hat.

C. Die Fälle verschiedener Vergleichsmaßstäbe.

Sehr häufig hört man, daß eine Reihe statistischer Erscheinungen, die in irgendeiner Hinsicht nach ihrer Größe geordnet werden sollen, eine verschiedene Ordnung aufweisen, je nach dem verwandten Vergleichsmaßstab, daß also, wenn es sich nur um zwei Erscheinungen handelt, bald die eine, bald die andere die größere sein könne. Zizek spricht hier von „scheinbaren Widersprüchen", die sich aufhöben, wenn man die verschiedenen Vergleichsmaßstäbe berücksichtige. So fruchtbar und klärend einerseits der von Zizek mit Vorliebe gebrauchte Ausdruck der „scheinbaren Widersprüche" ist, so scheint es mir doch anderseits verwirrend zu sein, wenn man in gewissen Fällen von verschiedenen Vergleichmaßstäben redet, wo es sich m. E. tatsächlich um etwas anderes handelt.

Eine Aenderung des Vergleichsmaßstabes — den Begriff im eigentlichen Sinne gebraucht — bedingt keine Aenderung der Größenordnung der gemessenen und verglichenen Erscheinungen.

Das zeigt eine Besinnung auf ein paar einzelne Beispiele: ob wir Flächen nach Hektar oder nach Ar, nach Morgen oder sonst irgendwelchem Flächenmaß messen und ob wir Gewichte in Tonnen, Doppelzentnern, Pfund oder einem anderen Gewichtsmaß ausdrücken: nicht nur die Reihenfolge der gemessenen und verglichenen Größen bleibt dieselbe, sondern auch die Werte der mit Hilfe eines Maßes gewonnenen Zahlen sind genau proportional denen, die mit Hilfe eines anderen Maßes gewonnen sind. Wenn eine Größe A hinsichtlich einer bestimmten Eigenschaft zehnmal größer ist als eine andere Größe B, so bleibt das Verhältnis dasselbe, gleichgültig welchen Vergleichsmaßstab oder, was dasselbe ist, welche Maßeinheit wir nehmen.

Das ist auch bei statistischen Erscheinungen und Größen selbstverständlich nicht anders. Die Beispiele, die man gewöhnlich anführt, um die Verschiedenheit des Vergleichsresultates bei verschiedener Wahl des Vergleichsmaßstabes zu beweisen, liegen aber in Wirklichkeit anders. Tatsächlich handelt es sich dabei gar nicht um eine Verschiedenheit des Vergleichmaßstabes, sondern um verschiedene Seiten derselben Erscheinungen. Nehmen wir an, wir wollten auf Grund der Ergebnisse einer gewerblichen Betriebszählung die einzelnen Gewerbezweige nach ihrer Bedeutung ordnen. Dazu können wir die Zahl der Betriebe in den verschiedenen Gewerbezweigen oder die Zahl der in sämtlichen Betrieben dieser einzelnen Gruppen beschäftigten Personen oder die Gesamtzahl der in ihnen verwendeten motorischen Kräfte nehmen. Selbstverständlich erhalten wir dabei in den meisten Fällen jeweils eine andere Reihenfolge der einzelnen Gewerbezweige. Aber jede Reihenfolge ordnet ja die Erscheinungen nach anderen Merkmalen, und wir können dabei ebensowenig erwarten, daß sich die gleiche Reihenfolge wiederholt — das wäre im Gegenteil eine überraschende, aber natürlich zutreffendenfalls auch interessante Ausnahme —, wie wenn wir eine Anzahl chemischer Verbindungen einmal ordnen nach ihrem spezifischen Gewicht, dann nach ihrer Leitungsfähigkeit für Wärme oder für Elektrizität oder ihrem Verhalten gegenüber Sauerstoff usw. Die verschiedenen Vergleiche zielen in Wirklichkeit auf verschiedene Eigenschaften (Gewicht, Leitungsvermögen, chemisches Verhalten usw.), die sich nur auf dieselben Dinge beziehen.

Genau analog liegt der Fall bei sozialen Erscheinungen. Die Zahl der in den Betrieben beschäftigten Personen schildert eine ganz andere Seite der gewerblichen Betriebe wie die Zahl der motorischen Kräfte. Beides sind allerdings Symptome für die Bedeutung der Betriebe, an denen letztere gemessen werden kann, die aber jede allein doch nicht die Bedeutung erschöpfend zum Ausdruck bringen. Die Bedeutung eines Gewerbezweiges ist eben nicht eine eindeutige Erscheinung, die durch eine Messung zum Ausdruck gebracht werden könnte, sondern eine sehr komplizierte Erscheinung.

Dasselbe gilt — um ein Beispiel aus dem Gebiete der Indexzahlen komplexer Erscheinungen zu wählen — für das Phänomen der Teuerung. Wenn für verschiedene soziale Schichten verschieden zusammengesetzte Teuerungszahlen berechnet werden, wie es z. B. in Indien und in der Schweiz geschieht, so werden diese verschiedenen Teuerungszahlen eine verschiedene zeitliche Entwicklung zeigen; sie sind aber nicht als einander, wenn auch nur „scheinbar", widersprechende Maßstäbe einer und derselben Erscheinung, der Teuerung, aufzufassen, sondern betreffen verschiedene Seiten derselben.

Die Einsicht, daß es sich in solchen Fällen, wo sich bei verschiedenen Messungen verschiedene Ergebnisse zeigen, in Wirklichkeit gar nicht um verschiedene Maßstäbe, sondern eben um verschiedene Seiten der betreffenden verglichenen Erscheinungen handelt, ist unseres Erachtens eine für die Logik des statistischen Vergleichs wichtige Feststellung.

Aus ihr folgt auch, daß es nicht erlaubt ist, zwei derartige Meßziffern etwa durch Mittelwertbildungen zu einer einzigen zu verschmelzen, wie es Engel mit seiner Eisenbahnausstattungsziffer versucht hat, die ein geometrisches Mittel aus der auf die Einheit der Fläche und der auf die Einheit der Bevölkerung berechneten Dichteziffer darstellt. Denn hier handelt es sich um zwei charakteristische Aussagen, die zu einer nichtssagenden verschmolzen sind. Aber auch hier liegen selbstverständlich nicht zwei verschiedene Maßstäbe für eine und dieselbe Sache vor, sondern die Messungsergebnisse von zwei verschiedenen Seiten eines und desselben Erscheinungskomplexes.

D. Gliederungszahlen und Indexzahlen als Hilfsmittel des statistischen Vergleichs.

In zwei Formen treten uns nun in der Statistik die Ergebnisse von Vergleichen entgegen: sie können sein Gliederungszahlen oder Indexzahlen. Bei den Gliederungszahlen werden bekanntlich eine oder sämtliche Teilmassen in Beziehung gesetzt zur übergeordneten Gesamtmasse, gewöhnlich in der Form, daß erstere in Prozenten oder Promille der letzteren ausgedrückt werden. Die Gleichartigkeit ist hier ja ohne weiteres gewährleistet: die Teilmassen unterscheiden sich von der Gesamtmasse nur hinsichtlich eines differenzierenden Merkmales, das bekanntlich räumlicher, zeitlicher oder sachlicher Art sein kann.

Bei den Indexzahlen hingegen vergleichen wir Massen miteinander, zwischen denen nicht ein Verhältnis der Subordination besteht, sondern der Koordination, der Gleichordnung: Löhne einzelner Berufsgruppen oder Preise einzelner Waren zu verschiedenen Zeitpunkten oder an verschiedenen Orten oder Preise bzw. Löhne verschiedener Waren- bzw. Berufsgruppen am selben Ort und zum selben Zeitpunkt. Man spricht deshalb auch vielfach von Koordinationszahlen, obgleich dieser Begriff in der gewöhnlichen Terminologie sich mit dem der Indexzahlen nicht vollständig deckt, wie wir später noch sehen werden.

Von den beiden Fällen des Vergleiches ist der von Massen, die im Verhältnis der Subordination stehen, der also durch Gliederungszahlen zur Darstellung kommt, theoretisch am einfachsten. Gliederungszahlen sind eine durchaus durchsichtige logische Angelegenheit und wohl auch noch nie Gegenstand erheblicher Meinungsverschiedenheiten gewesen. Mit Recht hat man ja gesagt, daß die Gliederungszahlen nur Veranschaulichungsmittel seien ähnlich einer graphischen Darstellung. Sie sollen unübersichtliche Zahlen durch Beziehung auf 100 überschaubar machen. Sie bieten aber keine wesentlich neuen Einblicke in den darzustellenden Sachverhalt.

Daß die Indexzahlen nicht in demselben Maße problemlos sind, erhellt schon aus der ungeheuer großen Literatur über sie. Gewöhnlich denkt man beim Hinweis auf die Problematik dieser Zahlen aber in erster Linie an die bei uns meist Generalindexziffern genannten Indexziffern komplexer Gebilde, die manche Autoren, so auch I. Fisher, auch einzig und allein Indexziffern nennen, während sie bei den einfachen Indexzahlen nur von Verhältniszahlen oder Koordinationszahlen reden. Aber auch die Einzelindices bieten Probleme genug und sind, wenigstens zu einem großen Teile, nicht von jener durchsichtigen und einfachen logischen Natur wie die Gliederungszahlen. Das werden wir gleich erkennen, wenn wir im nächsten Abschnitt die allgemeine Natur der Indexzahlen behandeln.

Zunächst noch ein paar Worte über die Arten des statistischen Vergleichs, die für Gliederungszahlen ebenso wie für Indexzahlen gelten.

Man kann soviel Arten des Vergleichs unterscheiden, als es Formen der Verschiedenheit gibt; und hier haben wir wieder jene, schon oben erwähnte, Dreiteilung, die sich durch die ganze Theorie der Statistik zieht: die Dreiteilung der zeitlichen, räumlichen und sachlichen Gesichtspunkte.

Unter einem zeitlichen Vergleich verstehen wir einen Vergleich gleichartiger statistischer Größen, die sich nur hinsichtlich eines zeitlichen Merkmales unterscheiden, hinsichtlich der räumlichen und sachlichen Merkmale aber (innerhalb der Definition der zugrunde liegenden Erhebungseinheit) übereinstimmen, z. B. — wenn wir jetzt nur indexmäßige Vergleiche ins Auge fassen und die Gliederungszahlen außer Betracht lassen — einen Vergleich zwischen dem Weizenpreis von Berlin 1913 und dem von Berlin 1923, 1924 usw.

Wenn wir aber den Weizenpreis in Chicago zu einem bestimmten Zeitpunkt gleich 100 setzen und den Weizenpreis zum selben Zeitpunkt in Berlin, Hamburg usw. dazu in Beziehung bringen oder wenn wir, wie es das Internationale Arbeitsamt tut, den nach einer bestimmten Methode berechneten Reallohn in London gleich 100 setzen und die Reallöhne anderer Weltstädte damit vergleichen, so haben wir Indexzahlen für einen räumlichen Vergleich.

In ähnlicher Weise müssen wir von einem sachlichen Vergleich und entsprechenden Indexzahlen reden, wenn wir z. B. die Löhne einer bestimmten Arbeitergruppe oder auch den Durchschnittslohn aller Arbeitergruppen eines und desselben Gebietes zu einem und demselben Zeitpunkt gleich 100 setzen und die Löhne der anderen bzw. der einzelnen Arbeitergruppen (desselben Ortes und zum gleichen Zeitpunkt) damit vergleichen. Aehnliches gilt von einem Vergleich der Sterblichkeit verschiedener Berufe untereinander oder mit der Gesamtsterblichkeit.

II. Die allgemeine Natur der Indexzahlen.

A. Die Basis des Vergleichs.

Jeder Vergleich, gleichgültig, ob es sich um einen größenmäßig unbestimmten Vergleich handelt (A ist „größer als“ oder „kleiner als“ B) oder um einen größenmäßig bestimmten (z. B. A ist 10% größer als B), hat zur Voraussetzung mindestens zwei Glieder, von denen eins mit oder an dem anderen gemessen wird. Das letztere Glied, mit dem oder an dem gemessen wird, nennen wir das Bezugsglied des Vergleichs; in der Lehre von den Indexzahlen sprechen wir von der Basis oder dem Basiswerte einer Vergleichsreihe. Zu diesem Bezugsglied setzen wir ein anderes Glied, eine andere statistische Größe in Beziehung, die wir Beziehungsgröße oder Beziehungsglied nennen, und geben dann an, wieviel mal so groß das zweite Glied ist wie das erste. Diese Beziehung kann auch in Prozenten oder Promille ausgedrückt werden; entsprechend setzen wir dann die Basis gleich 100 oder gleich 1000.

In der Statistik haben wir es nun gewöhnlich nicht nur mit zwei Größen zu tun, sondern mit einer mehr oder weniger großen, zum Teil sogar theoretisch unbegrenzten (das gilt für die zeitlichen Reihen) Reihe zu tun. Dies und ein gewisser anderer Gesichtspunkt, von dem erst weiter unten ausführlich gesprochen werden kann, bedingt eine Einteilung der verschiedenen Formen, die eine Basis annehmen kann, in 1. feste Basis, 2. Kettenbasis und 3. periodische Basis.

1. Die feste Basis.

Von einer festen Basis wollen wir dann sprechen, wenn alle Glieder der Reihe auf ein und dasselbe Glied, auf eine und dieselbe Größe bezogen werden. Von ihr gehen dann gewissermaßen logische Fäden aus zu allen einzelnen betrachteten Größen. Diese Form der Basis ist die weitaus geläufigste und bekannteste. Auch sie kann wieder in verschiedenen Unterformen auftreten; die feste Basis kann sein a) ein reeller Einzelwert bzw. ein Durchschnitt mehrerer reeller Einzelwerte oder aber b) ein fiktiver (idealer oder normaler) Wert.

a) Der Fall eines reellen Einzelwertes oder eines Durchschnittes mehrerer reeller Einzelwerte als Basiswert.

Bei einer zeitlichen Reihe kann es sich um den Anfangs- oder um den Endwert der Reihe handeln, je nachdem man die Entwicklung von einem bestimmten Zeitpunkt oder auf einen bestimmten Zeitpunkt hin verfolgen will. Der Endpunkt wird seltener in Betracht kommen, schon weil die Entwicklung als immer weiter laufend betrachtet werden muß. Es kann sich auch um einen außerhalb der Reihe liegenden, ihr zeitlich voraufgehenden Wert handeln; z. B. bei der zeitlichen Reihe der Großhandels- oder Teuerungsindices, die gewöhnlich mit einem Nachkriegsstichtag beginnen, liegt der Zeitpunkt des Vergleichswertes vor dem Beginn dieser Reihe, in der Vorkriegszeit.

Bei der Wahl des Basiswertes hat man zu bedenken, daß die einzelnen Werte der Indexzifferreihe verschieden groß werden, je nachdem, ob man einen hohen oder niedrigen Wert der zu untersuchenden Erscheinung als Basiswert nimmt. Daß hier eine Möglichkeit tendenziöser Darstellung gegeben ist, ist oft betont worden. Sachlich gerechtfertigt ist nur ein solcher Ausgangspunkt, der einen Normalpunkt oder Wendepunkt bedeutet.

Allerdings kann man, um verschiedenen möglichen Gesichtspunkten des Vergleiches gerecht zu werden, verschiedene Indexreihen mit verschiedenen Basiswerten nebeneinander berechnen, was auch bisweilen geschieht.

Uebrigens darf nicht vergessen werden, daß natürlich zwar die Höhe des Index je nach Wahl der Basis eine verschiedene ist, daß aber das Verhältnis der einzelnen Stichtagswerte untereinander dasselbe bleibt. Hier haben wir ja tatsächlich ein echtes Beispiel von verschiedenen Vergleichsmaßstäben, und von solchen Fällen wissen wir, daß die gewonnenen Vergleichswerte einander proportional sein müssen.

Wenn wir die Werte 4, 6, 5 beziehen auf die Basis 2, so erhalten wir die Indices 200, 300 und 250; wenn wir nun statt der Basis 2 einen Basiswert von der Größe 3 nehmen, so erhalten wir entsprechend 133⅓, 200 und 166⅔, also kleinere Indexwerte, deren ganze Reihe aber proportional der ersteren verläuft. Bei einer graphischen Darstellung von Indexreihen mit verschiedener Basis, aber für dieselbe Erscheinung würden wir parallel verlaufende Kurven erhalten.

Da aber auch die größte Objektivität in der Auswahl des geeigneten Zeitpunktes nicht immer eine eindeutige Fixierung erlaubt, wählt man vielfach nicht den Wert eines einzigen Zeitpunktes als Basiswert, sondern den Durchschnittswert einer — kürzeren oder längeren — Zeitstrecke. Besonders bei Preisen mit ihren zufälligen Schwankungen ist das geboten; so verwendet das Statistische Reichsamt in seiner Teuerungsstatistik den Durchschnittswert der Preise von 1913/14. In der Erntestatistik, wo aus natürlichen Gründen mehr oder weniger beträchtliche Schwankungen die Regel sind, nimmt man gewöhnlich einen mehrjährigen, meist fünfjährigen Durchschnitt als Vergleichsgrundlage.

Während in den eben angeführten Fällen der Durchschnitt gewonnen wurde aus im strengen Sinne außerhalb der Reihe oder mindestens an ihrem Anfange liegenden Werten, kommt auch der Fall vor, daß der Durchschnitt gebildet wird aus allen Werten einer (natürlich in sich abgeschlossenen) Reihe selbst oder eines Abschnittes derselben. So kann man z. B. den Jahresdurchschnitt der monatlichen Geburtenzahlen oder Produktionszahlen gleich 100 setzen und die einzelnen Monatsziffern dazu in Beziehung bringen, wobei man evtl. die ungleiche Zahl der Kalendertage oder Arbeitstage in den einzelnen Monaten, wie schon oben erwähnt, ausschalten kann durch Berechnung der entsprechenden täglichen oder arbeitstäglichen Durchschnittsziffern für die einzelnen Monate bzw. für das ganze Jahr. Die Indexzahlen spiegeln dann den jahreszeitlichen Rhythmus der Erscheinung wider.

Bei räumlichen Vergleichen wird die Basis in den meisten Fällen der Durchschnitt aller Werte der Reihe sein, allerdings wohl meist der gewogene Durchschnitt. Wenn wir die örtlichen Teuerungszahlen (Preissumme für ein in bestimmter Weise zusammengesetztes Ausgabenbudget) in eine räumliche Indexreihe verwandeln wollen,[1]) so können wir den Durchschnitt, am besten den gewogenen Durchschnitt (unter Verwendung der

---

[1]) Das würde selbstverständlich voraussetzen, daß diese Teuerungszahlen tatsächlich räumlich vergleichbar sind, was aber, wie ausdrücklich betont werden soll, in der amtlichen deutschen Lebenshaltungsstatistik nicht der Fall ist. Jene absoluten Werte sind zwar zeitlich vergleichbar, aber nicht räumlich, und zwar aus dem Grunde, weil keine Gewähr dafür vorhanden ist, daß die Erhebung in allen, in die Lebenshaltungsstatistik einbezogenen Orten nach genau denselben Gesichtspunkten vorgenommen wird. Die Erhebungsvorschriften lassen im Anbetracht der verschiedenen örtlichen Verbrauchsgewohnheiten einen gewissen Spielraum für Verschiedenheiten, indem für gewisse Waren jeweils die marktgängigste Sorte eingesetzt werden kann und soll. So wenig das eine intertemporale Vergleichbarkeit der Teuerungszahlen eines und desselben Ortes behindert, so sehr schließt es eine strenge interlokale Vergleichbarkeit aus. Das Statistische Reichsamt veröffentlicht deshalb auch, um nicht Sachunkundige zu falschen Vergleichen zu verleiten, die abloluten Teuerungszahlen überhaupt nicht mehr. — Bei dem oben angeführten zwischenörtlichen Vergleichsbeispiel kam es uns aber nur auf das Grundsätzliche an, und das Gesagte gilt natürlich nur für den, in der amtlichen deutschen Statistik nicht verwirklichten Fall, daß die Teuerungszahlen tatsächlich zwischenörtlich vergleichbar sind.

Einwohnerzahlen als Gewichtszahlen) gleich 100 setzen und dann zusehen, wieviel und welche Orte mit ihren Teuerungszahlen unter diesem Durchschnitte stehen und welche darüber und um wieviel in jedem Falle.

Aber auch die Verwendung eines Einzelwertes hat bei einer räumlichen Indexreihe Sinn. Bleiben wir bei unserem Beispiel der Teuerungszahlen. Da eine räumliche Reihe ebenso wie eine sachliche im Gegensatz zu einer zeitlichen Reihe kein Ordnungsprinzip enthält, hat sie natürlich auch kein natürliches Anfangs- oder Endglied, das sich ohne weiteres als Basis anbietet. Aber jedes beliebige Glied kann Basisglied werden. Wir können z. B. die Absicht haben, die Teuerung einer bestimmten, durch die Zwecke der Untersuchung gegebenen Stadt als Vergleichsmaßstab bzw. Vergleichsgrundlage zu nehmen, um zuzusehen, wieviel andere darüber oder darunter stehen und um wieviel.

War in diesem Falle die Wahl eines einzelnen Gliedes als Basis durch von außen an die Reihe herangetragene Gesichtspunkte bestimmt, so gibt es auch eine durch die formale Natur der Reihe selbst bedingte Wahl von Einzelgliedern als Vergleichsbasis. Denn, wenn auch eine räumliche Reihe zunächst kein Ordnungsprinzip hat, so lassen sich doch die Glieder einer solchen Reihe nach dem Werte ihrer statistischen Charakterisierung, ordnen, einfach der Größe nach. So können wir z. B. die Orte nach der Höhe ihrer Teuerungszahl ordnen und dann die niedrigste oder die höchste Teuerungszahl als Basis verwenden.

Hier ergeben sich dann sofort folgende formale Charakterisierungsmöglichkeiten der betreffenden Reihe: wir können den niedrigsten Wert gleich 100 setzen und den höchsten Wert darauf beziehen oder umgekehrt den niedrigsten in Prozenten des höchsten ausdrücken, zwei Methoden, die Spannung einer Reihe zu messen.

Hierbei möge — in Anknüpfung an oben (S. 8 f.) Dargestelltes — kurz daran erinnert werden, daß die beiden als Ausdruck für die Spannung gewählten Methode natürlich nicht miteinander übereinstimmende Werte ergeben können. Wenn der höchste Wert 25% über dem niedrigsten liegt, so liegt der niedrigste 20% unter dem höchsten. Eine allgemeine Angabe der Spannung in Prozenten ohne Angabe der Richtung, in der sie gemessen ist, wie es aber häufig geschieht, ist natürlich unzulässig. Selbstverständlich läßt sich die Spannung in einer bestimmten Richtung berechnen, wenn diejenige in der entgegengesetzten Richtung gegeben ist; der Wert des Vergleiches in der Richtung vom niedrigsten zum höchsten Wert ist das Reziproke des Vergleiches in der umgekehrten Richtung.

Man kann schließlich — eine dritte Möglichkeit die Spannung zu messen — von dem Durchschnittswerte der Reihe ausgehen und sowohl den höchsten als auch den niedrigsten Wert der Reihe in Prozenten von ihm ausdrücken. Aus diesen beiden Angaben läßt sich dann natürlich wieder die Spannung in der Richtung vom niedrigsten zum höchsten Werte und umgekehrt berechnen: wenn z. B. der niedrigste Wert 10% unter und der höchste Wert 20% über dem Durchschnitte liegt, die drei Werte, der niedrigste, der Durchschnitts- und der höchste Wert sich also wie 90 : 100 : 120 verhalten, so liegt der höchste Wert natürlich 33⅓% über dem niedrigsten und umgekehrt der niedrigste 25% unter dem höchsten.

Aehnlich wie bei räumlichen Reihen liegen die Verhältnisse bei s a c h l i c h e n. Im allgemeinen wird auch hier gewöhnlich der Durchschnitt sämtlicher Werte der Reihe als Basis in Frage kommen. So kann man die Löhne einzelner Berufsgruppen in Beziehung setzen zu dem Durchschnittslohn sämtlicher Berufsgruppen, dem allgemeinen Lohnniveau.

Aber auch hier kann natürlich ein beliebiger Einzelwert die Funktion des Basiswertes ausüben, wenn die Gesichtspunkte sachlicher Art, die für den betreffenden Vergleich in Betracht kommen, dies erfordern. So kann man z. B. den Lohn einer bestimmten Arbeitergruppe, deren Verhältnisse beleuchtet werden sollen, als Vergleichsmaßstab nehmen und zusehen, wieviele der übrigen Arbeitergruppen mit ihren Löhnen darüber oder darunter stehen und um wieviel.

Und schließlich kann man auch hier wieder die Spanne zwischen niedrigstem und höchstem Wert bzw. zwischen dem Durchschnittswerte und jenen beiden Werten auf die eben angegebene Weise berechnen.

b) D e r F a l l e i n e s f i k t i v e n (i d e a l e n o d e r n o r m a l e n) W e r t e s a l s B a s i s w e r t.

Der Basiswert kann aber auch ein Wert sein, der weder als Einzelwert noch als Durchschnitt mehrerer Einzelwerte, weder innerhalb noch außerhalb der Reihe vorkommt, der in keiner Weise der Wirklichkeit zu entsprechen braucht, der vielmehr f i k t i v e n Charakter hat. Hier werden die einzelnen konkreten Werte der Reihe mit einem Werte verglichen, den die Erscheinung auf Grund irgendwelcher Normen haben sollte, also mit einem fiktiven Werte, der ihrem Normal- oder Idealzustand entspricht, man will die einzelnen konkreten Werte an jenem Idealwerte messen und sehen, wie weit sie nach unten oder oben von ihm abweichen.

Wenn dieser Fall auch nicht allzuhäufig vorkommt, verdient er seiner logischen Eigenart wegen doch besonders hervorgehoben zu werden. Einige Beispiele werden deutlicher zeigen, was gemeint ist.

Wenn z. B. Höchstpreise für einzelne Waren oder Mindestlöhne festgesetzt sind, so kann man die tasächlich gezahlten Preise oder Löhne statt an konkreten Werten irgendeines bestimmten Zeitpunktes an jenen Normalwerten messen und zusehen, wie oft und wie weit die einzelnen konkreten Werte unter oder über ihnen liegen.

Ebenso wie wir die Produktionsleistung eines Betriebes zu verschiedenen Zeitpunkten vergleichen können mit der Leistung zu einem bestimmten Zeitpunkte oder der Durchschnittsleistung einer bestimmten Periode, können wir sie vergleichen mit der Leistungsfähigkeit bei voller Ausnutzung der Produktionskapazität des betreffenden Betriebes; das letztere ist ein Normal- oder Idealwert, der vielleicht noch nie erreicht wurde. Je nach der begrifflichen Konstruktion der normalen Produktionskapazität kann es natürlich auch vorkommen, daß dieser Wert überschritten wird.

Aehnlich liegt der Fall, wenn wir bei einer Krankenhausstatistik die Zahl der Krankentage eines Jahres messen an der Normalzahl, die wir erhalten, wenn wir die Zahl der Betten mit der Zahl der Kalendertage multiplizieren.

Von besonderem Interesse sind solche Fälle, wo der Umfang gewisser Erscheinungen gemessen werden soll an einer gesetzlich festgelegten Norm, wobei es darauf ankommt, zu erkennen, wie weit die betreffenden Erscheinungen der Norm genügen oder noch von ihr entfernt sind oder sie übertreffen. Ein hübsches Beispiel hierfür ist die Zusammenstellung der Sport- und Spielplätze, Turnhallen und Schwimmbadeanstalten in Danzig und 17 anderen europäischen Städten, die sich in einem Aufsatz der Danziger Statistischen Mitteilungen findet.[3]) Hier wird für die einzelnen Städte der Flächeninhalt der Sport- und Spielplätze, der Turnhallen und der Schwimmbadeanstalten, der auf einen Einwohner entfällt, festgestellt und diese Zahlen dann verglichen mit den im deutschen Spielplatz-Gesetzentwurf vorgesehenen pro-Kopf-Anteilen.

Wie man nun bei diesem zwischenörtlichen Vergleiche die einzelnen Werte für die verschiedenen Orte, die für einen bestimmten Zeitpunkt gelten, in Beziehung setzt zu jenem Normalwert, also gewissermaßen ein Querschnittsbild entwirft, so könnte man natürlich ebensogut für jeden einzelnen Ort einen zeitlichen

---

[3]) Danziger Statistische Mitteilungen, 5. Jg., 1925, Nr. 19/20, S. 126.

Vergleich anstellen, also untersuchen, wie allmählich die in jenem Gesetzentwurf verlangte Normalziffer erreicht und schließlich vielleicht überschritten wird.

Aehnlich könnte man bei einer Wohnungsstatistik den Rauminhalt der Wohnungen in Kubikmeter — vorausgesetzt, daß solche Ziffern überhaupt vorliegen — in Beziehung setzen zu der von der Hygiene geforderten Mindestgröße der Wohnräume.

Es ist nicht nötig, noch weitere Beispiele anzuführen. Es mag nur noch kurz erwähnt werden, daß es sich um einen ähnlichen logischen Sachverhalt handelt, wenn wir bei einer Statistik der Effenktenkurse nicht den reellen Wert zu einem bestimmten Zeitpunkt bzw. den Durchschnittswert für eine längere Zeitstrecke als Vergleichsbasis wählen, sondern die zu vergleichenden Werte auf den Nennwert beziehen.

Einen besonders wichtigen Fall von fiktivem Basiswert werden wir bei der Besprechung der Indexzahlen für komplexe statistische Erscheinungen kennenlernen.

2. Die Kettenbasis.

Während bei der festen Basis für alle Glieder der Reihe derselbe Basiswert gilt, hat beim System der Kettenbasis jedes Glied eine andere Basis, und zwar ist das jeweils voraufgehende Glied der Reihe Basis für das folgende. Bei dem System der festen Basis sind alle Glieder durch ein logisches Band verknüpft mit jenem einen Basiswert, bei dem System der Keftenbasis aber ist jedes Glied nur mit seinem voraufgehenden verbunden.

Da, wie oben schon betont, bei räumlichen und sachlichen Reihen ein eigentliches Ordnungsprinzip nicht vorhanden ist, lassen sich Kettenindexzahlen bei diesen Reihen nur gezwungen berechnen und ohne großen Gewinn an Einsicht. Eine um so größere Bedeutung haben sie aber bei zeitlichen Reihen. Allerdings ist man sich ihrer logischen Natur und ihrer Bedeutung viel zu wenig bewußt.

Allein, ohne gleichzeitige Berechnung von. auf eine feste Basis bezogenen Indexziffern werden sie selten gebraucht. Aber in Verbindung mit diesen sind sie eigentlich eine ständige Charakterisierung der Werte einer Reihe. Die Mitteilung einer neuen Stichtagsindexziffer, Großhandels- oder Lebenshaltungsziffer, geschieht gewöhnlich in der Weise, daß man z. B. sagt: „Die Reichsindexziffer für die Lebenshaltungskosten . . . stellte sich im Durchschnitt des Monats Juni 1926 auf 140,5; sie ist gegen Mai (139,9) um 0,4 v. H. gestiegen" (Wirtschaft und Statistik, 1926, Nr. 13, S. 425). Wenn wir statt der Erhöhung um 0,4% die Zahl 100,4 setzen, so haben wir eine Kettenindexzahl. Denn, ob wir den absoluten Juniwert, also die Teuerungszahl, zu dem absoluten Maiwert in Beziehung setzen oder, wie oben, die entsprechenden auf eine und dieselbe Basis bezogenen relativen Werte, ist rechnerisch gleichgültig, da die Reihe der absoluten Zahlen und die der Indexzahlen bei fester Basis parallel laufen.

Aber neben solcher kurzen Charakterisierung der Veränderung der Indexziffern von Stichtag zu Stichtag findet sich eine Berücksichtigung der Kettenindexziffern seltener, und in eine ganze Reihe, so daß man zwei zeitliche Reihen von Indexziffern nebeneinander hätte, werden sie kaum zusammengefaßt. Aber gerade das wäre für manche Fälle sehr wichtig und interessant.

Ehe wir aber etwas näher auf die Bedeutung der Kettenindexzifferreihen eingehen, noch einige Vorbemerkungen über ihre logische Struktur.

Während wir es bei einer, auf eine feste Basis bezogenen Indexzifferreihe mit einem einzigen Vergleichsmaßstab zu tun haben — alle Einzelwerte werden ja mit dem als Basis angenommenen Werte gemessen —, haben wir bei einer Reihe von Kettenindexziffern, bei der jeweils das vorhergehende Glied die Funktion der Basis hat, einen ständigen Wechsel des Maßstabes. Daraus folgt aber, daß wir aus einer einzigen Kettenindexzifferreihe soviel Indexzifferreihen mit fester Basis machen können, als sie Glieder hat.

Folgendes Schema soll das Gesagte verdeutlichen. Dabei soll a_0 den gleich 1 oder 100 zu setzenden festen Basiswert einer Reihe bedeuten, a_1, a_2, . . . a_n die entsprechenden Werte der betreffenden Erscheinung zu den Zeitpunkten 1, 2, . . . n. Unter $i_{0,1}$, $i_{0,2}$ . . . wollen wir dann die Indexziffer für die Größe a zum Zeitpunkt 1, 2 usw. bezogen auf die Basis a_0 verstehen und unter $i_{1,2}$, $i_{2,3}$ . . . . $i_{(n-1),n}$ die Reihe der Kettenindexziffern. Das Symbol $i_{4,7}$ z. B. oder allgemein $i_{h\,l}$ bedeutet dann natürlich den Wert der Größe a zum Zeitpunkt 7 bezogen auf den als Basiswert genommenen Wert zum Zeitpunkt 4 bzw. zum Zeitpunkt l bezogen auf den als Basiswert genommenen Wert zum Zeitpunkt h.

In dem folgenden Schema bedeutet dann Reihe 1 die Reihe der absoluten Werte, Reihe 2 die Reihe der Indices[3]), bezogen auf die feste Basis a_0 und Reihe 3 die Reihe der Kettenindices:[3])

[3]) In diesen und in den meisten folgenden Formeln dieses Buches ist der Einfachheit halber angenommen, daß der Basiswert gleich 1 gesetzt ist; für den in der Praxis häufigeren Fall, daß die Basis gleich 100 gesetzt wird, lassen sich die Formeln mühelos verändern, z. B.

$$i_{0,1} = \frac{a_1}{a_0} \cdot 100 \;.$$

$$
\begin{array}{llllll}
1. & a_o & a_1 & a_2 & \ldots\ldots & a_n \\[2ex]
2. & & i_{o,1} = \dfrac{a_1}{a_o} & i_{o,2} = \dfrac{a_2}{a_o} & \ldots\ldots & i_{o,n} = \dfrac{a_n}{a_o} \\[2ex]
3. & & i_{o,1} = \dfrac{a_1}{a_o} & i_{1,2} = \dfrac{a_2}{a_1} & \ldots\ldots & i_{(n\ 1),n} = \dfrac{a_n}{a_{(n-1)}}
\end{array}
$$

Reihe 3 können wir nun in folgender Weise in eine ganze Gruppe von n Indexzifferreihen mit fester Basis erweitern:

Reihe

$$
\begin{array}{llllll}
1: & \underline{i_{0,1} = \dfrac{a_1}{a_o}} & i_{0,2} = \dfrac{a_2}{a_o} & i_{0,3} = \dfrac{a_3}{a_o} & \ldots & i_{o,n} = \dfrac{a_n}{a_o} \\[2ex]
2: & \left(i_{1,1} = \dfrac{a_1}{a_1} \right) & \underline{i_{1,2} = \dfrac{a_2}{a_1}} & i_{1,3} = \dfrac{a_3}{a_1} & \ldots & i_{1,n} = \dfrac{a_n}{a_1} \\[2ex]
3: & i_{2,1} = \dfrac{a_1}{a_2} & \left(i_{2,2} = \dfrac{a_2}{a_2} \right) & \underline{i_{2,3} = \dfrac{a_3}{a_2}} & \ldots & i_{2,n} = \dfrac{a_n}{a_2} \\[2ex]
\vdots & \vdots & \vdots & \vdots & & \vdots \\[2ex]
n. & i_{(n-1),1} = \dfrac{a_1}{a_{(n-1)}} & i_{(n-1),2} = \dfrac{a_2}{a_{(n-1)}} & i_{(n-1),3} = \dfrac{a_3}{a_{(n-1)}} & \ldots & \underline{i_{(n-1),n} = \dfrac{a_n}{a_{(n-1)}}}
\end{array}
$$

Anmerkung: Die durch Unterstreichung hervorgehobenen Werte der verschiedenen Reihen bilden die Glieder der Kettenindexzifferreihe.

Aus dieser Entfaltung einer solchen Reihe von Kettenindexziffern in eine ganze Gruppe von Reihen mit fester Basis geht hervor, daß es sich hier um einen besonderen Fall dafür handelt, daß man eine Erscheinung auf verschiedene Basiswerte beziehen oder, anders ausgedrückt, gleichzeitig mit verschiedenen Maßstäben messen kann. Ein Sonderfall aber, der uns ganz besonders wertvolle Einblicke in die Struktur einer Entwicklung verschafft, Einblicke, um derentwillen es sich in vielen Fällen lohnen wird, diese Reihe zu berechnen.

Besonders in solchen Fällen wird es lehrreich und aufschlußreich sein, Kettenindices neben solchen, die auf eine feste Basis bezogen sind, zu berechnen, wo die Entwicklung einen regelmäßigen Verlauf zeigt, also eine ständige Zunahme oder Abnahme vorhanden ist; der Sonderfall der Konstanz kann, weil er nichts besonderes bietet, außer Betracht bleiben.

Eine ständige Zunahme sowohl, als auch eine ständige Abnahme, kann nämlich ganz verschiedene Gestalt annehmen. Eine Erscheinung kann z. B. ständig zunehmen, der Grad der Zunahme, die Intensität der Steigerung aber kann 1. immer gleich bleiben, 2. zunehmen, 3. abnehmen und 4. sich unregelmäßig ändern. Davon sind natürlich die Fälle 1 bis 3 besonders interessant.

Die Kettenindices aber sind es gerade, die den Grad der Steigerung von einem Zeitpunkt der Beobachtung zum anderen messen und zwar um so feiner und wirklichkeitsgetreuer, je enger dieselben aufeinander folgen.

Wenn eine Erscheinung ständig zunimmt, der Grad der Zunahme aber konstant bleibt, die Erscheinung also nach jedem der gleichgroßen Intervalle um einen gleichen Bruchteil wächst, so wird der auf eine feste Basis bezogene Index selbstverständlich immer größer werden, der Kettenindex aber bleibt gleich. (Fall 1.)

Wenn eine Erscheinung ständig zunimmt, der Grad der Zunahme aber immer größer wird, die Erscheinung also nach jedem der gleichgroßen Intervalle um einen immer größeren Bruchteil wächst, so werden die auf eine feste Basis bezogenen Indexziffern selbstverständlich erst recht zunehmen, aber ebenfalls werden es die Kettenindices tun. (Fall 2.)

Wenn schließlich eine Erscheinung ständig zunimmt, der Grad der Zunahme aber immer kleiner wird, die Erscheinung also nach jedem Intervall um einen immer kleineren Bruchteil wächst, so werden die auf eine feste Basis bezogenen Indexziffern zwar auch noch wachsen, die Reihe der Kettenindices aber wird abnehmen. (Fall 3.)

Entsprechendes würde für den Fall gelten, daß eine Erscheinung ständig abnimmt.

Wir haben also in den Kettenindices ein Mittel zur feineren Analyse von zeitlichen Regelmäßigkeiten und zwar von Entwicklungstendenzen, von „evolutorischen Reihen". Wir können daher die beiden Hauptformen der Entwicklungstendenz, Zunahme und Abnahme, die man gewöhnlich in der Statistik unterscheidet,[4]) untergliedern

---

[4]) Siehe F. Zizek, Grundriß der Statistik, 2. Aufl., München und Leipzig, 1923, S. 170.

in 1. gleichmäßige Zunahme, 2. beschleunigte Zunahme oder Abnahme und 3. verzögerte Zunahme oder Abnahme.

Graphisch würde sich das so auswirken, daß bei Verwendung des hier unbedingt gebotenen logarithmischen Diagramms bei Fall 1 die Reihe der über eine feste Basis berechneten Indexziffern eine je nach der Stärke der immer gleichbleibenden Zunahme mehr oder weniger steile Gerade bilden würde, die Reihe der Kettenindices aber eine horizontale Gerade, bei Fall 2 erstere eine gekrümmte, nach oben konkave, also immer steiler sich aufrichtende Linie und die zweite Reihe eine aufsteigende Linie (gerade oder gekrümmt) und schließlich bei Fall 3 die erstere Linie eine gekrümmte, nach unter konkave, also immer flacher aufsteigende Linie und die Kettenindices eine fallende Linie.

Es ist ja klar, daß diese reinen Formen einen idealtypischen Charakter tragen und in der Wirklichkeit selten unvermischt auftreten werden. Immerhin könnte es in vielen Fällen lohnend sein, zum Zwecke solcher Untersuchungen die Kettenindices zu benutzen.

Wir wir oben darlegten, bestehen die Reihen von Kettenindices eigentlich aus Bruchstücken von verschiedenen Reihen, deren Werte sich je auf einen bestimmten Wert als feste Basis beziehen. Und wie wir damit die Kettenindices auf die gewöhnlichen Indices zurückgeführt hatten, so können wir auch aus einer Reihe von Kettenindices die entsprechenden auf eine feste Basis bezogenen Indices berechnen, sofern nur die Reihe der Kettenindices bis zu jenem festen Basiswerte zurückreicht, und zwar durch Multiplikation der aufeinderfolgenden Kettenindices.

So ist:

$$i_{o,1} \times i_{1,2} \times i_{2,3} \times \ldots\ldots\ldots i_{(n-1),n} = i_{o,n}.$$

Denn:

$$\frac{a_1}{a_o} \times \frac{a_2}{a_1} \times \frac{a_3}{a_2} \times \ldots\ldots\ldots \frac{a_n}{a_{(n-1)}} = \frac{a_n}{a_o}.$$

Ganz allgemein ist, was ohne weiteres verständlich ist:

$$i_{h,k} \times i_{k,m} = i_{h,m}.$$

Diese Formeln über den Zusammenhang der beiden Arten von Indexziffern sind von besonderer Wichtigkeit für jenen Fall der Anwendung von Kettenindices, dem wir uns nun zuwenden. War bisher von ihrer Bedeutung für theoretische Zwecke, vor allem zur feineren Analyse von evolutorischen Reihen, die Rede, so handelt es sich jetzt um einen Fall, wo das Interesse eigentlich gerichtet ist auf einen Vergleich mit einer festen Basis, dieser aber mangels ausreichender Grundlage nicht möglich ist.

Und zwar fehlt es in solchen Fällen an vergleichbarem Material für alle Stichtage.

Ein Beispiel möge das Gesagte verdeutlichen. Die vom Reichsarbeitsamt berechnete Indexzahl der Krankenkassenmitglieder, die als Maßstab für den Beschäftigungsgrad der Industrie dienen soll, beruht auf den Meldungen der einzelnen Krankenkassen zum ersten jeden Monats. Da aber die Zahl der berichtenden Kassen stets unvollständig ist und von Monat zu Monat schwankt, würden die Bewegungen der von diesen gemeldeten Mitgliederbestände kein zutreffendes Bild von den wirklichen Bewegungen der Mitgliederzahlen, worauf es ja doch ankommt, bieten. Um trotzdem zum Ziele zu kommen, geht man in der Weise vor, daß man von allen Kassen die Zahlen für den betreffenden Stichtag sowohl, als auch für den jeweils voraufgehenden Stichtag verlangt. Aus diesen beiden Mitgliederzahlen, die sich in jedem Fall auf dieselbe Zahl von Kassen beziehen, also vergleichbar sind, wird dann eine Kettenindexzahl berechnet. Durch Multiplikation dieser Kettenindexzahlen mit allen voraufgehenden bis zu einem bestimmten Termin, dessen Wert als feste Basis dient, erhält man dann die gesuchte Indexzahl jenes Termins.

Schematisch läßt sich das so darstellen. Wenn wir durch die Reihe der aufeinander folgenden Zahlen die Reihenfolge der Stichtage bezeichnen wollen, so erfahren wir z. B. am Stichtage 6 die Mitgliederzahl der an diesem Tage berichtenden Kassen für den gleichen Zeitpunkt 6 — wir wollen sie mit m_6 bezeichnen — und gleichzeitig die Mitgliederzahl derselben Kassen am voraufgehenden Stichtag 5 — wir wollen sie mit m'_5 bezeichnen —. Am nächsten Stichtag, dem Zeitpunkt 7, erhalten wir die Mitgliederzahlen von einer größeren oder kleineren Zahl von Kassen und zwar wieder für 2 Zeitpunkte, 7 und 6, die wir entsprechend m_7 und m'_6 nennen wollen.

An jedem Stichtage werden also zwei Zahlen geliefert, m_n und $m'_{(n-1)}$, die sich auf zwei verschiedene Stichtage, aber auf dieselbe Zahl von Kassen beziehen. Demzufolge liegen auch für jeden Stichtag zwei Zahlen vor, m_n und m'_n, die sich zwar auf denselben Stichtag beziehen, aber auf eine verschieden große Zahl von Kassen. Nur das erste Paar ist miteinander vergleichbar.

Wir erhalten also folgende Reihe:

.... 5	6	7	8 ....
m'_5 ———	m_6		
	m'_6 ———	m_7	
		m'_7 ———	m_8

Die entsprechenden Kettenindices lauten dann:

$$\frac{m_6}{m'_5}, \frac{m_7}{m'_6}, \frac{m_8}{m'_7}$$

Der Index, der die Veränderung der Mitgliederzahl zum Zeitpunkt n mißt an jener als Basiswert angenommenen Größe, ist dann:

$$i_{o,n} = \frac{m_1}{m'_o} \times \frac{m_2}{m'_1} \times \frac{m_3}{m'_2} \times \ldots \frac{m_{(n-1)}}{m'_{(n-2)}} \times \frac{m_n}{m'_{(n-1)}} .$$

Voraussetzung für die Anwendbarkeit dieses Verfahrens ist natürlich, daß 1. immer eine genügend große Zahl von Kassen berichten, daß das Gesetz der großen Zahlen also einigermaßen in Kraft treten kann, und daß 2. die nichtberichtenden Kassen nicht gerade besonders extreme Verhältnisse, besonders große oder geringe Mitgliederzahlen, aufweisen.

3. Die periodische Basis.

Diese Form der Basis tritt seltener auf. Da sie aber von großer theoretischer und praktischer Wichtigkeit (besonders für die Konjunkturstatistik) ist, wird sie mit der Zunahme der Rolle, die die Konjunkturbeobachtung und Konjunkturstatistik in unserem wissenschaftlichen und praktischen Leben spielt, immer mehr beachtet und durchdacht werden müssen.

Es handelt sich dabei um Erscheinungen, die normalerweise eine als Periodizität zu bezeichnende zeitliche Gesetzmäßigkeit aufweisen („undulatorische“ Reihen), wie die Zahl der Geburten, die Arbeitslosenzahl (mit ihrer regelmäßigen Zunahme im Winter), die Preise gewisser Waren, z. B. Gemüse mit ihren jahreszeitlichen Schwankungen und natürlich die meteorologischen Elemente (Temperatur, Niederschläge usw.) mit ihrem jahreszeitlichen und täglichen Rhythmus.

Wie gesagt, handelt es sich um die normalen, d. h. durch regelmäßig wiederkehrende Faktoren bedingten Schwankungen einer Erscheinung, neben denen andere vorhanden sein können,[5]) deren Ausmaß wir, wie gleich auseinandergesetzt werden soll, gerade durch die Anwendung einer „periodischen Basis“ berechnen wollen; bei einer Erscheinung des Wirtschaftslebens interessieren wir uns im allgemeinen in erster Linie für das durch die Konjunktur bedingte Auf und Ab, zu dem wir aber erst gelangen, wenn wir aus dem Verlauf der rohen Zahlen u. a. die

---

[5]) Siehe Seite 36 [7]).

durch die normale Periodizität bedingten Schwankungen herauslösen.[6])

Wir wollen ein Beispiel etwas näher ins Auge fassen. Wenn von einem Monat auf den anderen die Zahl der Arbeitslosen zunimmt, so braucht das nicht ohne weiteres ein im Sinne der Konjunkturbetrachtung ungünstiges Symptom zu sein, also ein Symptom für eine Verschlechterung der Wirtschaftslage zu bedeuten; es kann rein saisonmäßig bedingt sein. Grundsätzlich sind dabei drei Möglichkeiten denkbar: 1. die Zunahme entspricht genau der durchschnittlichen saisonmäßigen Zunahme (das bedeutet ein Gleichbleiben der Wirtschaftslage, von diesem Teilgebiet aus gesehen) oder 2. die Zunahme ist größer als der saisonmäßige Einfluß (Verschlechterung) oder endlich 3. sie ist geringer als der saisonmäßige Einfluß (Besserung). Besonders der Fall 3 ist wichtig, da hier eine auf den ersten Blick als Verschlechterung erscheinende Bewegung in Wirklichkeit eine Besserung bedeutet.

Will man nun die Werte derartiger Erscheinungen mit ausgesprochener Periodizität vergleichen, so ist es notwendig, den durch die Phasenverschiedenheit bedingten Unterschied zu trennen von dem anderen, der konjunkturmäßig oder sonstwie bedingt ist.[7]) Es ist klar, daß wir es hier

---

[6]) Die Ursachen dieser normalen Periodizität können klimatische sein oder mit dem allgemeinen Rhythmus des sozialen und Wirtschaftslebens zusammenhängen. Im letzteren Falle darf nicht übersehen werden, daß mit einer Aenderung in der Struktur des Wirtschaftsleben auch eine Aenderung in der Periodizität gewisser Erscheinungen eintreten kann (Abhängigkeit des Ausmaßes und der Art der Schwankungen des Geldmarktes von gewissen Zahlungsterminen z. B. für Steuern und Beamtengehälter).

[7]) Das Harvard-Institut in Amerika führt die Schwankungen zeitlicher Reihen wirtschaftlicher Vorgänge auf vier Ursachenkomplexe zurück, die es, wie folgt, benennt:

1. seasonal variation (unsere jahreszeitlichen Schwankungen),
2. secular trend (säkulare Entwicklungstendenzen),
3. cyclical fluctuation (rein konjunkturmäßige Schwankungen) und
4. residual factors.

Hiervon können 1. und 2. mit Hilfe besonderer Methoden eliminiert werden, während 3., auf dessen Beobachtung es ja in der Konjunkturstatistik ankommt, kaum zu trennen ist von Einflüssen der restlichen Faktoren (4.), die durch Krieg, Revolution, Streik, Naturkatastrophen usw. bedingt sein können (siehe auch: H. Hennig, Die Ausschaltung von saisonmäßigen und säkularen Schwankungen aus Wirtschaftskurven, Vierteljahrshefte zur Konjunkturforschung, I. Jahrg. 1926, Ergänzungsheft 1).

Vgl. zu diesem Punkte noch den Aufsatz „Wirtschaftsbarometer" in: Intern. Rundschau der Arbeit, 3. Bd., 1925, 5. Heft.

wieder mit einem Fall von Elimination vergleichstörender Faktoren zu tun haben, um ein Vergleichbarmachen, von dem wir schon oben (S. 15 f.) ganz allgemein gesprochen haben.

Es können natürlich auch hier wie in den oben (S. 16) angeführten Beispielen die uneliminierten Zahlen Vergleichswert besitzen. So ist es für einen Vergleich der Arbeitslosenzahlen zweier Monate im Hinblick auf die Höhe der zu gewährenden Unterstützungen gleichgültig, wie weit eine Zunahme saisonmäßig und wie weit sie konjunkturmäßig bedingt ist.

Voraussetzung für die Anwendbarkeit der nun gleich zu besprechenden Verfahren der Elimination durch Berechnung von Indexziffern mit periodischer Basis ist natürlich das zweifelsfreie Vorhandensein von echter Periodizität, die nach Art und Ausmaß während längerer Zeiträume gleichbleibt. Ob sie in einem bestimmten Falle vorhanden ist, ist nicht immer leicht festzustellen.

Wenn man nun die Saisonschwankungen ausschalten will, so muß man für jede Phase des Entwicklungszyklus einen eigenen Basiswert berechnen, diese machen zusammen die periodische Basis aus. Ob man als Phasenabschnitt, wie gewöhnlich, Monate wählt oder kleinere oder größere Zeitabschnitte, also Wochen oder Vierteljahre, hängt von der Eigenart der betreffenden Erscheinung ab und läßt sich nur von Fall zu Fall entscheiden. Die Bewegung dieser Gesamtheit von Basiswerten spiegelt dann den normalen jahreszeitlichen Rhythmus der betreffenden Erscheinung wider.

Wie gewinnt man aber die verschiedenen zu einer periodischen Basis gehörigen Werte? Zwei Methoden sind hierfür angewendet worden, die eine, verhältnismäßig einfache von dem Londoner und Cambridger Wirtschaftsdienste und die andere, wesentlich kompliziertere von dem Harvard-Institut in Amerika. Die letztere Methode benutzt jetzt auch in unwesentlich veränderter Form das Deutsche Institut für Konjunkturforschung in Berlin. Betrachten wir zunächst die erstere.

Nehmen wir an, wir wollten die Periodizität in monatliche Phasen zerlegen, müßten also für jeden Monat einen eigenen Basiswert haben, so berechnen wir für einen Zeitraum von, sagen wir, 10 Jahren die Durchschnitte der 10 Januar-, 10 Februar- usw. Monate und benutzen diese dann als die Basiswerte, mit denen wir die entsprechenden Monatswerte des Beobachtungsjahres vergleichen. Wir haben so in der Basis gerade die zufälligen und konjunkturmäßigen Schwankungen eliminiert und die jahreszeitlichen Schwankungen isoliert.

Daneben kann man noch einen 10jährigen Gesamtdurchschnitt berechnen (unter Zugrundelegung sämtlicher 120 Monate) und als feste Basis verwenden, so daß man in der Lage ist, neben einem Index über eine periodische auch einen solchen über eine feste Basis zu berechnen. Denn neben jenen periodischen Indices können ja auch die über eine feste Basis berechneten interessieren, wie schon oben dargetan wurde.

Natürlich können wir, statt die verschiedenen uneliminierten Stichtagswerte auf eine periodische Basis zu beziehen, die ersteren auch selbst berichtigen oder besser bereinigen, sie also umrechnen in solche Ziffern, die ausdrücken, wie groß die betreffende Erscheinung zu jenem Zeitpunkte sein würde, wenn keine Saisonschwankungen vorhanden wären. Das kann in der Weise geschehen, daß wir, wenn eine Erscheinung, sagen wir die Arbeitslosigkeit, in einem Monat, z. B. im Januar, im Durchschnitt einer größeren Reihe von Jahren 38,1% über dem Jahresdurchschnitte steht, die für diese Monate gültige absolute Zahl im Verhältnis 138,1 : 100 verkleinern. Wenn wir diese bereinigte absolute Zahl auf eine feste Basis beziehen, so erhalten wir natürlich dieselben Indexziffern wie wenn wir die unbereinigten auf eine entsprechende periodische Basis beziehen.

Bei der zweiten, von dem Harvard-Institut begründeten Methode geht man aus von dem Verhältnis, in dem die Werte für die betreffenden Erscheinungen in je zwei aufeinander folgenden Monaten stehen. Und zwar vollzieht sich die Berechnung der Periodizität in 5 Denkschriften. Ich schließe mich in der folgenden Beschreibung dieser Methode der in der ersten Veröffentlichung des Instituts für Konjunkturforschung[8]) gegebenen Darlegung an:

1. Man bildet die Durchschnitte der Januar-, Dezember-, Februar/Januar- usw. Verhältnisse der betreffenden Erscheinung. Wenn es sich um einen Zeitraum von 15 Jahren handelt, so hat man also für jedes Verhältnis 15 einzelne Werte, die sich, wenn eine Saisonschwankung nicht vorhanden ist, alle um 1 oder 100% gruppieren werden. Ist aber eine Periodizität vorhanden, so müssen

2. aus diesen einzelnen Werten Mittelwerte gebildet werden. Das Harvard-Institut benutzt einfach den Medianwert, das Institut für Konjunkturforschung den von ihm sogenannten erweiterten Median, indem eine gewisse Zahl der extremen Werte, z. B. die drei höchsten und die drei niedrigsten, weggestrichen werden und aus dem Rest das arithmetische Mittel gebildet wird.

---

[8]) Die weltwirtschaftliche Lage Ende 1925, herausgegeben vom Statistischen Reichsamt und vom Institut für Konjunkturforschung, Berlin 1926, S. 217 f.

3. Diese Medianwerte müssen nun zu einer Kette verbunden werden, d. h. für jeden Monat muß der Wert gefunden werden, der die relative Größe der betreffenden Erscheinung ausdrückt mit Bezug auf eine und dieselbe Basis. Das geschieht in der Weise, daß der Wert für Dezember gleich 100 gesetzt wird. Dabei ist der Januarwert natürlich identisch mit dem Januar-Dezember-Median. Der Februarwert wird dann erhalten durch Multiplikation des Februar/Januar-Median mit dem voraufgehenden Januar/Dezember-Median usw. Die erhaltenen Werte nennt das Institut für Konjunkturforschung „Kettenziffern". (Sie haben natürlich nichts mit unseren Kettenindexziffern zu tun, wohl aber könnte man die noch nicht zu „Kettenziffern" verbundenen Werte Kettenindices nennen.)

Der schließlich für Dezember erhaltene Wert müßte dann gleich 100 sein, weil wir vom Dezember ausgingen und für diesen Monat die Kette geschlossen ist. Aus verschiedenen Gründen — z. B. Vorhandensein einer säkularen Tendenz — wird diese Uebereinstimmung jedoch nie völlig erreicht. Es ist daher

4. nötig, die erhaltene Differenz gleichmäßig auf die sämtlichen Werte für die einzelnen Monate zu verteilen. In dem unten mitgeteilten Zahlenbeispiel beträgt dieselbe 3,4.

5. Da die so errechneten, korrigierten Werte erst das Verhältnis der einzelnen Monatsziffern zum Dezemberwert angeben, müssen sie noch umgerechnet werden, indem sie auf den Jahresdurchschnitt bezogen werden.

Folgendes Zahlenbeispiel, das wir einer Veröffentlichung des Instituts für Konjunkturforschung[9]) entnehmen, möge das Gesagte verdeutlichen. Die Tabelle bezieht sich auf den Marktdiskont Berlin; die absoluten Werte und die Berechnung der Verhältnisse der aufeinanderfolgenden Monate in den einzelnen Jahren (1900—1914), also der Januar/Dezember-, Februar-Januar- usw. Verhältnisse, die Berechnung der „Gliedziffern", wie in jener Veröffentlichung gesagt ist, lassen wir hier weg:

Berechnung der Saisonindexziffer für den Marktdiskont Berlin.

	Jan. / Dez.	Febr. / Jan.	März / Febr.	April / März	Mai / April	Juni / Mai	Juli / Juni	Aug. / Juli	Sept. / Aug.	Okt. / Sept.	Nov. / Okt.	Dez. / Nov.
„Erweiterte Mediane" . .	73,1	92,3	118,6	86,5	105,8	105,0	85,9	104,4	116,7	104,3	108,4	105,7
„Kettenziffern"	73,1	67,5	80,1	69,3	73,3	77,0	66,1	69,0	80,5	84,0	91,1	96,3
Korrektur der	0,3	0,6	0,9	1,2	1,5	1,9	2.2	2,5	2,8	3,1	3,4	3,7
„Kettenziffern"	73,4	68,1	81,0	70,5	74,8	78,9	68,3	71,5	83,3	87.1	94,5	100,0
Durchschnitt . .						79,3						
„Saisonindexziffern"	92,6	85,9	102,1	88,9	94,3	99,5	86,1	90,2	105,0	109,8	119,2	126,1

[9]) a. a. O., S. 218.

Wir haben in dieser Tabelle absichtlich die vom Institut für Konjunkturforschung gebrauchten Ausdrücke beibehalten, sie aber zur Kennzeichnung in Anführungszeichen gestellt. Besonders über die Berechtigung der Bezeichnung „Saisonindexziffern“ läßt sich streiten. Der Name läßt sich insofern verteidigen, als jeder einzelne Monatswert dieser Saisonindexziffern den durchschnittlichen Monatswert der Erscheinungen in Prozenten des durchschnittlichen Jahreswertes ausdrückt. Er ist aber doch irreführend und jedenfalls nicht identisch mit dem, was wir Indexziffern mit periodischer Basis nennen. Andererseits stellen sie auch nicht die periodischen Basiswerte selbst dar. Diese entstehen aus jenen erst, wenn wir mit ihrer Hilfe den absoluten Wert des Jahresdurchschnittes einer längeren Zeitperiode umrechnen auf absolute Basiswerte für die einzelnen Monate.

Es mag hier noch erwähnt sein, daß das adäquate graphische Veranschaulichungsmittel für die einzelnen periodischen Basiswerte, sei es der eigentlichen absoluten Werte oder der vom Institut für Konjunkturforschung „Saisonindexziffern“ genannten relativen Werte, das Polar- oder Kreisdiagramm ist. Es ist das Abbild des normalen jahreszeitlichen Rhythmus einer Erscheinung, an dem der empirische Ablauf gemessen werden soll.

Bei der Besprechung der ersten Methode zur Berechnung einer periodischen Basis erwähnten wir schon, daß man statt die uneliminierten Werte einer Reihe auf eine periodische Basis zu beziehen, auch die berichtigten oder bereinigten Werte auf eine feste Basis beziehen können. Dasselbe gilt natürlich auch hier bei der zweiten Methode. Aber hier ist noch eine andere Methode der Bereinigung denkbar, und sie wird vom Institut für Konjunkturforschung auch tatsächlich ausgeführt.

Man kann nämlich ausgehen von jenen Medianwerten der Verhältnisglieder. Wenn wir z. B. wissen, daß die Arbeitslosigkeit saisonmäßig im Januar 9,3% über der des Dezember liegt, tatsächlich aber, wie es im Januar 1924 der Fall war, diese Zahl 6,0% unter jener lag, so ergibt sich eine konjunkturmäßige Besserung durch Abnahme um 15,3%.

Es ist nun nicht gleichgültig, welche von den beiden Methoden der Berichtigung wir nehmen; denn wir erhalten in beiden Fällen verschiedene Ergebnisse. Es ist hier aber, wie in allen Fällen, in denen verschiedene logisch gleich sinnvolle Wege zu verschiedenen Ergebnissen führen, so, daß die Ergebnisse nicht nur zahlenmäßig, sondern auch bedeutungsmäßig voneinander abweichen.

Die Berichtigung durch Umrechnung auf den durchschnittlichen Wert, den die Erscheinung also haben müßte, wenn sie

Saisonschwankungen nicht unterworfen wäre, bedeutet natürlich etwas anderes als jene, die wir vornehmen, wenn wir einen Monatswert umrechnen auf jene Größe, die die Erscheinung erreicht haben würde, wenn die normale, saisonmäßige Steigerung oder Abnahme gegenüber dem Vormonat in Abzug gebracht würde. Es ist klar, daß auch eine übernormale Steigerung von einem Monat zum nächsten nur einen unternormalen absoluten Wert erzeugt, wenn der Vormonat noch tiefer unter dem Normalwert stand.

Wie weit die beiden bereinigten Zahlen voneinander abweichen können, möge folgendes Zahlenbeispiel[10]) zeigen.

Wagenstellung der Eisenbahnen:

	Nov.	Dez.
absolut 1925 (in 1000) . .	130,8	111,4
tatsächl. Veränderung	— 14,8 %	
saisonm. Veränderung	— 10,6 %	
konjunkturm. Veränderung	— 4,2 %	
berichtigter absoluter Wert	.	125,3
„Saisonindexziffer" . . .	109,2	98,7
berichtigter absoluter Wert	119,8	112,9
konjunkturm. Veränderung	— 5,8 %	

Wie nun die zweite Methode, die des Harvard-Instituts, eine doppelte Art der Bereinigung der absoluten Zahlen erlaubt, so führt sie uns auch zu einer neuen Art von periodischen Indexziffern. Wir gelangen so zu einer Gesamtheit von Basiswerten, die nicht, wie im ersten Falle, den normalen Rhythmus der betreffenden Erscheinung selbst widerspiegeln, sondern den normalen Rhythmus der Veränderung der betreffenden Erscheinung von Monat zu Monat oder, allgemeiner, von Phase zu Phase. Wir haben es hier also bei dieser Gesamtheit von Basiswerten mit einer Normalserie von Kettenindices zu tun, auf die wir die empirischen beziehen.

Welche von beiden Formen der Bereinigung der absoluten Zahlen sowohl, als auch der periodischen Basis in einem gegebenen Falle anzuwenden ist, wird auf den Zweck der Untersuchung und die Art der zu untersuchenden Erscheinung an-

[10]) Unter Verwendung von Zahlen aus „Die weltwirtschaftliche Lage Ende 1925", S. 217 ff.

kommen. Für die Konjunkturstatistik sind solche Betrachtungen von entscheidender Wichtigkeit.

Anhangsweise mag noch erwähnt werden, daß das deutsche Institut für Konjunkturforschung die Saisonschwankungen u. a. berücksichtigt bei der Produktion (Steinkohle, Koks, Roheisen), der Wagenstellung der Eisenbahn, der Arbeitslosenzahl, der Ein- und Ausfuhr, den Indexziffern für reagible Warenpreise, den Einzelpreisen für Baumwolle, Kupfer, Roggen, Weizen, Kartoffeln, Zucker, Brot, Ochsen, Schweine, den Auftriebszahlen für Rinder und Schweine, schließlich dem Marktdiskont Berlin und dem Aktienindex.

Daß Saisonschwankungen oder jahreszeitliche Periodizität und damit die Möglichkeit der Bildung von Indexziffern mit periodischer Basis, die also diese Schwankungen ausschalten, auch auf anderen Gebieten vorkommen, zeigen die teils schon oben erwähnten Beispiele aus der Bevölkerungstatistik (Geburten, Eheschließungen, Todesfälle) und der Meteorologie. Aber auch auf dem Gebiete der betriebswirtschaftlichen Statistik können derartige Indexziffern eine große Rolle spielen; ein Beispiel dafür ist die Absatzstatistik. Daß der Warenabsatz z. B. eines Warenhauses je nach den einzelnen Abteilungen ganz bestimmten jahreszeitlichen Schwankungen ausgesetzt ist, wobei fast in allen Abteilungen in der Zeit vor Weihnachten ein Höhepunkt ist, ist ohne weiteres klar. Wünschenswert ist es nun, bei einer statistischen Beobachtung der getätigten Umsätze die saisonmäßigen Aenderungen von den konjunkturmäßigen zu scheiden, um so sagen zu können, ob z. B. eine Zunahme der Umsätze vor Weihnachten dem normalen Anstieg entspricht, hinter ihm zurückbleibt oder ihn übertrifft. Auch hier ist die Berechnung von Indexziffern mit periodischer Basis am Platze.

B. Anwendungsbereich der Indexzahlen.

Es soll sich hier um die Erörterung des formellen Anwendungsbereiches handeln. Daß materiell keine Einschränkung irgendwelcher Art besteht, bedarf keiner näheren Begründung: Der Statistiker muß auf allen Gebieten, die statistischer Erfassung überhaupt zugänglich sind, Vergleiche anstellen, und braucht daher Indexzahlen (im weitesten Sinne); denn diese sind Hilfsmittel des statistischen Vergleiches. Vergleiche indexmäßiger Art können wir anstellen nicht nur in den verschiedensten Zweigen der Wirtschaftsstatistik (Preis-, Lebenshaltungs-, Lohn-, Aktien-, Fracht- usw. Index), sondern auch in der Bevölkerungs- und der Moralstatistik und in den übrigen

Anwendungsgebieten der statistischen Methode außerhalb der Sozialwissenschaften.

Aber auch der formelle Anwendungsbereich der Indexzahlen, dem wir uns nun etwas eingehender widmen wollen, ist unbegrenzt, ganz im Gegensatz zu den übrigen Verhältniszahlen, den Gliederungs- und Beziehungszahlen. Jede Reihe gleichartiger und koordinierter statistischer Aussagen kann, gleichgültig, um welche Art von Aussagen es sich handelt — absolute Zahlen, Verhältniszahlen oder Mittelwerte — in Indexzahlen umgewandelt werden. Um die Richtigkeit und die Tragweite dieser Behauptung zu erkennen, wollen wir uns die verschiedenen Formen, in denen eine statistische Aussage auftreten kann, vergegenwärtigen.

Die übliche Einteilung der statistischen Aussagen in absolute Zahlen, Verhältniszahlen und Mittelwerte wollen wir beibehalten, aber eine bestimmte und, wie ich glaube, notwendige und fruchtbare Unterteilung der absoluten Zahlen vornehmen. Und zwar entsprechen die verschiedenen Formen der absoluten Zahlen verschiedenen Arten der statistischen Erscheinungen.

Wir können zwei oder drei verschiedene Arten von zahlenmäßigen, quantitativen Erscheinungen unterscheiden, zwei Hauptformen und eine Mischform. Die zwei Hauptformen wollen wir bezeichnen als die extensive und die intensive.

Extensive statistische Größen geben den Umfang der zu beobachtenden Erscheinungen an. Es ist die Form absoluter Zahlen, an die man bei diesem Begriff zunächst denkt; Beispiele hierfür sind die Zahl der Einwohner oder die Zahl der gewerblichen Betriebe eines Landes, die während eines Monats eröffneten Konkurse usw.[11])

Dagegen messen intensive statistische Größen immer eine Eigenschaft bzw. den Grad einer Eigenschaft. Einige Beispiele werden das klar machen. In der Meteorologie, einem alten Anwendungsgebiet der statistischen Methode, spielen als Elemente statistischer Massen eine Rolle z. B. Temperatur und Luftdruck. Aus ihnen werden Mittelwerte und typische Ver-

---

[11]) So elementar und durchsichtig die extensiven absoluten Zahlen auch sind, so ist doch darauf aufmerksam zu machen, daß sie wieder in zwei bedeutungsvollen Unterformen auftreten können. Es kann sich nämlich um den Umfang kontinuierlicher oder diskontinuierlicher Größen bzw. Erscheinungen handeln. In den oben angeführten Beispielen handelt es sich um diskontinuierliche Erscheinungen. Wenn wir aber die Anbauflächen oder die Länge des Eisenbahnnetzes ins Auge fassen, so handelt es sich um kontinuierliche Erscheinungen. Der Umfang der ersteren beruht auf Zählung, der Umfang der letzteren auf Messung.

laufskurven der täglichen und jahreszeitlichen Schwankungen dieser Elemente berechnet. Diese Größen sind doch aber logisch von einer ganz anderen Struktur als die extensiven Größen. Hierbei wird auch sofort klar, daß intensive Größen immer kontinuierlich sein müssen. Intensive Erscheinungen kommen nun nicht nur in den Naturwissenschaften vor, sondern auch in den Sozialwissenschaften. Wir rechnen hierzu z. B. Preise, Löhne, Zinssätze oder Wertpapierkurse. Jede einzelne derartige Angabe ist eine absolute Zahl, und zwar für eine intensive Erscheinung, deren zeitliche Entwicklung statistisch verfolgt werden kann.

Als besonders interessante Form derartiger absoluter Zahlen für intensive Erscheinungen wollen wir noch hinweisen auf die Noten, die ja bisher hauptsächlicih in der Saatenstandsberichterstattung eine Rolle spielen; Noten kommen allerdings gelegentlich auch in anderen Gebieten der Statistik vor, z. B. bei Konjunkturberichten,[12]) und schließlich gehören auch die Prüfungsnoten wissenschaftlicher Prüfungen, die ja auch statistisch bearbeitet werden können, hierher.

Die weitere Verfolgung der logischen Eigenart dieser beiden Grundformen absoluter Zahlen gehört in die allgemeine Theorie der Statistik; hier muß nur noch auf einen grundlegenden Unterschied hingewiesen werden, der für unser Indexproblem von entscheidender Wichtigkeit ist. Während nämlich die typische Art der Zusammenfassung extensiver Größen die Summenbildung ist (z. B. die Einwohner eines Landes als Summe der Einwohner der einzelnen Bezirke) und Mittelwerte nur eine untergeordnete Rolle spielen, aber immerhin auch vorkommen (z. B. durchschnittliche Besucherzahl einer Universität), ist die typische, ja die einzig mögliche Art der Zusammenfassung intensiver absoluter Größen die Mittelwertbildung (Durchschnittspreis oder häufigster Preis bzw. Lohn); Summenbildung ist hierbei logisch sinnlos.

Es ist nun ohne weiteres klar, daß beide Arten von absoluten Zahlen sich in Indexzahlen umwandeln lassen; es gibt sowohl Indexzahlen, die die Entwicklung der Bevölkerungszahl einer Großstadt schildern, als auch solche, die die Entwicklung der Preise und Löhne verfolgen. Gliederungszahlen aber — und das ist interessant — kann es natürlich nur von extensiven Größen geben.

Von besonderer Wichtigkeit für das Indexproblem wird nun aber jene dritte Art von absoluten Zahlen, die wir oben andeuteten und die einen Mischtypus aus den beiden eben be-

[12]) Siehe S. 68.

sprochenen Typen darstellt. Es handelt sich um absolute Zahlen, die zunächst von extensivem Charakter sind, die sich aber auflösen lassen in eine extensive und eine intensive Komponente.

Hierher gehören alle Wertsummen. Die Wertsumme des in einem Jahre in ein Land eingeführten Weizens z. B. ist zunächst eine extensive (und zwar kontinuierliche) Größe, die den Umfang einer Erscheinung mißt. Wir können sie aber ohne weiteres auflösen in die zwei Komponenten: die Menge, gemessen in Tonnen — das ist eine extensive Erscheinung — und in den Preis oder besser Durchschnittspreis — das ist eine intensive Erscheinung —; das Produkt aus beiden ergibt die Wertsumme. Ein ähnliches Beispiel sind die Lohnsummen, die sich auflösen lassen in die Zahl der bezahlten Arbeiter oder geleisteten Arbeitsstunden (je nach dem Aufbau der Lohnstatistik) und den durchschnittlichen Lohnsatz.

Welche große Bedeutung dieser Mischtypus von absoluten Zahlen, die sich also in eine extensive und eine intensive Komponente zerlegen lassen, für das Indexproblem hat, werden wir bei der Erörterung der Indexzahlen komplexer Erscheinungen erkennen. Daß Reihen von absoluten Zahlen dieses Typus indexmäßiger Darstellung zugänglich sind, bedarf ja keiner weiteren Begründung.

Die universelle Anwendbarkeit von Indexzahlen — im Gegensatz zu den übrigen Verhältniszahlen — ergibt sich nun weiterhin daraus, daß auch Reihen von Verhältniszahlen in Indexzahlen umgewandelt werden können. (Zur Bildung von Gliederungszahlen und Beziehungszahlen müssen wir immer von absoluten Zahlen ausgehen.)

So lassen sich Indexzahlen bilden von Häufigkeitsziffern (z. B. Sterblichkeitsziffern) und Dichteziffern (z. B. Bevölkerungsdichte), sowohl in zeitlichen, wie räumlichen und sachlichen Reihen.

Aber auch Gliederungszahlen können zu Indexzahlen umgebildet werden: so gibt die zeitliche Entwicklung der Anteilsquote der Geschiedenen in der Gesamtbevölkerung (oder der Verheirateten oder einer anderen Teilgruppe), in Indexziffern ausgedrückt, ein Bild von der Zu- oder Abnahme der Bedeutung jener Gruppe in der übergeordneten Gesamtheit, während eine Reihe von Indexziffern, gewonnen aus den absoluten Zahlen jener Bevölkerungsgruppe uns zunächst nur Aufschluß gibt über das Ausmaß der Zu- und Abnahme selbst. Beide Indexzifferreihen können nun in ihrer Entwicklung ein verschiedenes Ausmaß und sogar eine verschiedene Richtung aufweisen: eine Erscheinung kann absolut zunehmen, relativ aber abnehmen oder umgekehrt („scheinbare Widersprüche" in der Ausdrucksweise von Žižek).

War jetzt die Rede von der zeitlichen Entwicklung einer Gliederungszahl, die indexmäßig dargestellt werden kann — und dasselbe würde von einer räumlichen Gegenüberstellung von Gliederungszahlen vergleichbarer Erscheinungen bzw. Teilerscheinungen gelten —, so können natürlich auch räumliche oder sachliche Reihen von Gliederungszahlen, die sich auf Teilmassen derselben Gesamtmasse beziehen, zu Indexziffern umgebildet werden. Aber das Ergebnis fällt zusammen mit der Berechnung, die von den absoluten Zahlen ausgeht. Wie wir z. B. die Besucherzahl einer bestimmten Universität gleich 100 setzen und die Besucherzahlen der übrigen Universitäten dazu in Beziehung setzen können, können wir natürlich auch die entsprechenden Gliederungszahlen verwenden, also die Prozentsätze, die die Besucherzahlen der einzelnen Universitäten von der Gesamtzahl der Studierenden sämtlicher deutscher Universitäten bilden, miteinander vergleichen, indem wir einen von ihnen gleich 100 setzen und die anderen darauf beziehen. Es ist klar, daß das rechnerische Ergebnis im zweiten Falle dasselbe sein muß wie im ersten.

Handelt es sich nur um zwei Gruppen, so tritt der Charakter der Indexzahl zurück und Winkler[13]) spricht hier sogar von zwei Möglichkeiten, eine Gliederungszahl zu berechnen, von denen aber eine, streng genommen, eine Indexzahl ist. In dem bekannten Fall der Sexualproportion der Geborenen pflegt man heutzutage im allgemeinen die Zahl der Knabengeburten auf je 100 Mädchengeburten zu berechnen (umgekehrt wie bei der Altersgliederung der Bevölkerung überhaupt, wo man gewöhnlich die Zahl der weiblichen Personen auf 1000 männliche angibt), was eigentlich eine Indexzahl ist. Man könnte aber ebensogut Knaben- und Mädchengeburten in Prozenten aller Geburten angeben. Beide Zahlen lassen sich natürlich leicht ineinander umrechnen:

Wenn — ich benutze dabei die von Winkler a. a. O. angewendeten Abkürzungen — M und W die absoluten Zahlen der Geborenen männlichen und weiblichen Geschlechts bedeuten, m und w die entsprechenden Gliederungszahlen und m' die Zahl der Knabengeburten, die auf 100 Mädchengeburten kommen, also in unserem Sinne eine Indexzahl, so ist natürlich:

$$m = \frac{M}{M+W} \cdot 100 \text{ und}$$

$$m' = \frac{M}{W} \cdot 100 = \frac{m}{w} \cdot 100 = \frac{m}{(100-m)} \cdot 100 .$$

Damit ist die Gliederungszahl in eine Indexzahl übergeführt.

---

[13]) Statistik, S. 89.

Von Wichtigkeit ist nun, daß auch jede Reihe von Durchschnittswerten in Indexzahlen umgewandelt werden kann: Durchschnittspreise einer Ware, Durchschnittslöhne verschiedener Arbeitergruppen usw. In Abschnitt III wird davon viel die Rede sein.

Aber auch Reihen von Indexziffern selbst können wieder zu neuen Indexziffern gewissermaßen höherer Ordnung umgeformt werden. Wenn wir für eine Reihe von Waren die Veränderung ihrer Preise in Form von Indices angegeben haben, so können wir diese für einen bestimmten Stichtag gültige Indexreihe in sich studieren und entweder den Durchschnitt aller Indices oder den niedrigsten oder den höchsten Wert oder irgendeinen anderen Einzelwert derselben zur Basis nehmen und die anderen Indices darauf zurückführen. Während die Einzelwerte der ursprünglichen Indexreihe das Ergebnis des Vergleiches der Warenpreise zu verschiedenen Zeitpunkten darstellen, also ein Maß für die Preisveränderungen der einzelnen Waren sind, bedeutet die zweite Indexreihe einen Vergleich der Veränderungen der verschiedenen Waren. Hieran wird in Abschnitt IV anzuknüpfen sein.

C. Bestimmungsstücke einer konkreten Indexzifferreihe.

Es wird gut sein, an dieser Stelle unserer Arbeit eine endgültige Definition der Indexzahlen zu geben. Sie wird in einer genaueren Fassung der oben (S. 2) gegebenen vorläufigen Definition bestehen.

Wir können sagen: Indexzahlen sind Verhältniszahlen, die dem Vergleich koordinierter, gleichartiger statistischer Größen, und zwar meist ganzer Reihen von solchen (zeitlicher, räumlicher und sachlicher) dienen, wobei die Basis des Vergleiches ein einzelnes Glied der Reihe selbst sein kann, aber nicht sein muß.

Wir glauben uns mit dieser Definition eng an den Sprachgebrauch angeschlossen zu haben, auf den bei einem Begriff, der so in das Sprachbewußtsein weitester Kreise eingedrungen ist, wie es bei dem der Indexzahlen der Fall ist, die größte Rücksicht zu nehmen, dringendstes Gebot terminologischer Zweckmäßigkeit ist.

Daß wir den Indexbegriff nicht auf die Fälle komplexer Erscheinungen beschränkt haben, wie es einige Autoren wollen, begründen wir einerseits damit, daß — wie in Abschnitt III eingehend bewiesen werden soll — der Unterschied zwischen einfachen und komplexen Erscheinungen nicht so eindeutig ist, wie es zunächst scheinen möchte, und andererseits damit, daß der Sprachgebrauch auch bei einfachen Erscheinungen von Indexzahlen spricht. Aus ähnlichen Gründen wird von uns die Unterscheidung von Meßziffern und Indexzahlen, wie sie jetzt vom Statistischen Reichsamt geübt wird, verworfen und werden beide Worte als gleichbedeutend betrachtet. Der von einigen Statistikern, z. B. Weigel, empfohlene Ausdruck Koordinationszahlen wird von uns nicht gebraucht, da er — ganz abgesehen von seiner geringen Verbreitung in weiteren Kreisen, aber auch in Fachkreisen — doch nur den Fall der Umwandlung einer Reihe von Zahlen treffen würde, bei dem ein einzelnes Glied der Reihe selbst zur Vergleichsbasis gewählt wird, also nicht die oben erwähnten Fälle, wo ein Durchschnittswert oder ein fiktiver Wert Vergleichsbasis ist.

Ehe wir nun zu dem übergehen, was ich die Bestimmungsstücke eines bestimmten Index nennen möchte, zuvor eine sprachliche Bemerkung: das Wort „Indexziffer", besonders aber das Wort „Index" wird in einem doppelten Sinne gebraucht. Einmal verstehen wir darunter einen konkreten Zahlenwert, z. B. wenn wir sagen: die Großhandelsindexziffer oder der Großhandelsindex des Statistischen Reichsamtes hatte am 25. August 1926 den Wert 128,2. Zum anderen aber verstehen wir darunter den Aufbau, die Struktur der ganzen betreffenden Indexzifferreihe, oder, wie wir jetzt sagen wollen, die allen empirischen Einzelwerten zugrunde liegenden logischen und sachlichen Bestimmungsstücke, z. B. wenn wir sagen: der deutsche Großhandelsindex oder die deutsche Großhandelsindexziffer des Statistischen Reichsamtes berücksichtigt die Preise von 38 Waren.[14])

In dem letzteren Fall sollte man vielleicht richtiger von Index reden und die konkreten Werte für die einzelnen Stichtage dann Indexziffern nennen. Während die konkrete Indexziffer also für einen bestimmten Zeitpunkt oder (bei räumlichen Reihen) Ort gilt, gelten die Bestimmungsstücke, die den Begriff des betreffenden Index ausmachen, für die ganze Reihe.

Wir wollen bei der folgenden Erörterung den Fall einer zeitlichen Reihe ins Auge fassen. Das Gesagte gilt entsprechend auch für örtliche und sachliche Reihen bzw. Vergleiche, die aber, wie wir wissen, praktisch eine geringere Rolle spielen.

Die Bestimmung eines Index hat zu erfolgen:

1. in gegenständlicher Hinsicht, und zwar
   a) in sachlicher (im engeren Sinne) und
   b) in räumlicher Hinsicht und

---

[14]) Ueber den neuen Großhandelsindex des Stat. Reichsamtes der 400 Waren berücksichtigt, siehe S. 184[8]).

2. in formaler Hinsicht, und zwar
   a) in bezug auf die Vergleichsbasis und
   b) in bezug auf die zeitliche Charakterisierung der einzelnen Werte der Indexzifferreihe.

ad 1. Die gegenständliche Charakterisierung ist sehr einfach bei den Einzelindices, bei jenen Indexziffern also, die sich auf eine einzelne Erscheinung oder, wie wir besser sagen werden, statistische Größe beziehen. Beispiele, bei denen das sachliche Moment im engeren Sinne und das räumliche gleichzeitig berücksichtigt sind, sind: der Großhandelspreis für Weizen in Hamburg oder der Tariflohn für Buchdrucker in Berlin.

Bei den komplexen statistischen Größen, von denen bald ganz ausführlich gesprochen werden soll, ist die gegenständliche Definition des Index wesentlich schwieriger, aber auch ganz besonders wichtig. Was zunächst die Definition in sachlicher Hinsicht im engeren Sinne anlangt, so genügt es nicht, Niveau der Großhandelspreise oder Lohnniveau zu sagen. Denn bei der unübersehbar großen Mannigfaltigkeit der Preise und Löhne handelt es sich ja praktisch immer um einen Teilausschnitt aus dem Gesamtbereich der betreffenden Erscheinung, gewissermaßen um eine Teilerhebung, deren Wert um so größer ist, je mehr diese Teilerhebung repräsentativen Charakter hat. Um das beurteilen zu können, muß der betreffende Ausschnitt aus der Gesamterscheinung in qualitativer und quantitativer Hinsicht charakterisiert werden. Am eingehendsten kann das natürlich durch eine vollständige Aufzählung der verwerteten Einzelnotierungen geschehen, für die meisten Fälle aber ist auch schon die Angabe der Gesamtzahl der Notierungen und der Notierungen in den einzelnen Teilgruppen ausreichend.

Wie wichtig die Angabe dieser sachlichen Bestimmungsstücke eines Index ist, ersieht man aus der Gegenüberstellung der konkreten Ziffern der verschiedenen deutschen Großhandelsindices z. B. des vom Statistischen Reichsamtes[15]) und des von der Frankfurter Zeitung berechneten Index. Die Unterschiede in der tatsächlichen Höhe der Einzelwerte dieser beiden Indexzifferreihen für dieselben Zeitpunkte sowohl, als auch der unterschiedliche Verlauf der beiden Reihen (Steigen der einen bei gleichzeitigem Fallen der anderen) trotz ungefähr gleichem Basiszeitraum erklärt sich in erster Linie aus der verschiedenen Zusammensetzung der berücksichtigten Waren, vor allem daraus, daß bei dem Index des Statistischen Reichsamtes die Agrarprodukte eine größere Rolle spielen, die

---

[15]) Siehe Anm. S. 48.

Preisbewegung der letzteren diesen Gesamtindex also stärker beeinflußt als den der Frankfurter Zeitung.

Bei den sich auf die Gesamterscheinungen beziehenden Indices spielt nun auch die räumliche Charakterisierung der zu beobachtenden Erscheinung eine Rolle, d. h. die Angabe des Gebietes, auf das sich der Index bezieht. Es kann dabei sein, daß die betreffende Gesamterscheinung nur sachlich zusammengesetzt ist (Preisniveau einer Stadt) oder nur räumlich (Preisniveau für Weizen in Deutschland) oder — und das wird meist der Fall sein — räumlich und sachlich (Großhandelspreisniveau in Deutschland).

Die Charakterisierung einer zusammengesetzten Erscheinung in räumlicher Hinsicht ist von ähnlicher Bedeutung wie die genaue Angabe des sachlichen Ausschnittes aus der Gesamterscheinung; denn auch in räumlicher Beziehung handelt es sich wohl immer um einen Ausschnitt. Auch hier wieder ist die nähere Angabe der berücksichtigten Orte oder Gebiete in vollständiger Aufzählung derselben oder wenigstens ihrer Zahl nach notwendig.

Natürlich braucht bei einer sachlich und räumlich zusammengesetzten Erscheinung die Zahl der Orte nicht für jede sachliche Teilerscheinung dieselbe zu sein.

Für räumliche und sachliche Durchschnitte gilt dann noch die Forderung der Angabe, auf welche Art aus den einzelnen Elementen die Durchschnitte gebildet sind, die dann ihrerseits indexmäßig verglichen werden sollen, und ob es sich um einen gewogenen oder ungewogenen Durchschnitt handelt und welches die Gewichtszahlen sind.

ad 2. Neben der sachlichen Bestimmung eines Index hat aber nun auch die formale stattzufinden. Sie bezieht sich zunächst

a) auf die Basis. Es ist selbstverständlich, daß eine Indexziffer als eine Relativzahl nur verstanden werden kann, wenn die Basis bekannt ist, und daß zwei Indexzifferwerte für dieselbe Erscheinung und für denselben Zeitpunkt nur vergleichbar sind bei gleicher Basis. Daß hier die verschiedenen, oben (S. 39 ff.) besprochenen Basistypen eine Rolle spielen, braucht hier nur erwähnt zu werden.

b) Die zeitliche Charakterisierung eines Index, also einer ganzen Indexzifferreihe, nicht eines einzelnen Reihenwertes besteht 1. in der Angabe, ob es sich um Stichtagswerte oder um Durchschnitte für kürzere oder längere Zeiträume handelt und 2. in der Angabe des zeitlichen Intervalls, in dem Indexzifferwerte berechnet werden sollen.

In den meisten Fällen wird es sich ja um Stichtagswerte handeln, aus denen sich dann natürlich Durchschnittswerte für kürzere oder längere Zeiträume berechnen lassen, während in dem umgekehrten Falle, daß die Indexziffern auf Durchschnittswerte für längere oder kürzere Zeiträume zurückgehen, Werte für einzelne Zeitpunkte nachträglich natürlich nicht berechnet werden können.

Das zeitliche Intervall kann die Woche sein (z. B. beim Großhandelsindex des Statistischen Reichsamtes) oder der Monat (z. B. beim Lebenshaltungsindex des Statistischen Reichsamtes) oder irgendein anderer Zeitabschnitt. Im allgemeinen wird man die Forderung aufstellen müssen, daß das Intervall um so kürzer sein muß, je veränderlicher die betreffende Erscheinung ist: so berechnete das Statistische Reichsamt die Lebenshaltungsindexziffer ursprünglich monatlich, später mit Zunahme der Geldentwertung halbmonatlich, und dann wöchentlich, jetzt jedoch, bei stabileren Wirtschaftsverhältnissen, wieder nur monatlich.

Nicht zu verwechseln mit der zeitlichen Charakterisierung der Grundlagen eines Index, die also für alle Einzelwerte der Indexzifferreihe gelten, ist natürlich die Angabe des konkreten Zeitpunktes bzw. Zeitraumes, für den eine einzelne Indexziffer gilt. Die Zeitangabe in diesem letzteren Sinne ermöglicht erst im Zusammenhang mit den oben geschilderten sachlichen und formalen Grundlagen die restlose Bestimmung eines einzelnen Wertes.

Der Leser wird vielleicht unter den Bestimmungsstücken eines Index, wenigstens soweit es sich um zusammengesetzte Erscheinungen handelt, die Angabe der Formel, nach der die Indexziffern berechnet sind, vermissen. Bei I. Fisher spielt ja die Erörterung der verschiedenen Indexformeln eine sehr große Rolle, und dieser Autor weist empirisch die mehr oder weniger große Abweichung der zahlenmäßigen Ergebnisse bei Verwendung verschiedener Formeln nach. Daß die Formel hier unter den Bestimmungsstücken nicht aufgeführt ist, ist eine Konsequenz der Anschauung des Verfassers, die in den folgenden Abschnitten eingehend bewiesen werden soll, daß sich aus den oben genannten Bestimmungsstücken die Formel mit eindeutiger Notwendigkeit ergibt. Die Mannigfaltigkeit der Indexformeln bei einem und demselben Tatbestand beruht auf einer Verkennung des Indexproblems.

Aehnlich wie Zizek[16]) die Bedeutung der für die ganze Statistik grundlegenden Begriffe der Erhebungseinheit und der Erhebungsmerkmale umschreibt, können wir es hier für die Bestimmungsstücke eines Index tun. Ihre Kenntnis ist notwendig 1. zur kritischen Würdigung der Ergebnisse einer Indexzifferberechnung (siehe das obige Beispiel der Gegenüberstellung des Großhandelsindex des Statistischen Reichsamtes und

[16]) Z. B. Grundriß, 2. Aufl., S. 85.

der Frankfurter Zeitung), 2. bei Vergleichen: wir können natürlich die Großhandelsindexziffern oder Lebenshaltungsindexziffern verschiedener Länder nur vergleichen, wenn sie in bezug auf die sachlichen (Zahl und Art der berücksichtigten Elemente) und die formalen (besonders die Basis) Bestimmungsstücke völlig oder annähernd übereinstimmen und 3. bei Zusammenfassungen: nur gleich oder wenigstens weitgehend ähnlich aufgebaute Indices lassen sich zusammenfassen zu einer durchschnittlichen Bewegung, z. B. der Preisniveaus mehrerer Staaten oder mehrerer Gebiete eines Landes.

In Anbetracht der Wichtigkeit der Kenntnis der den verschiedenen Indices zugrunde liegenden sachlichen und formalen Bestimmungsstücke einerseits und der überaus großen Mannigfaltigkeit derselben für die sehr zahlreichen Indices eines und desselben Sachgebietes, die in den verschiedenen Ländern und zum Teil auch in einem und demselben Lande berechnet werden (so gibt es in Deutschland neben der vom Statistischen Reichsamt berechneten Großhandelsindexziffer eine solche der Frankfurter Zeitung bzw. der Wirtschaftskurve, des Berliner Tageblattes und der Industrie- und Handelszeitung), erscheint die Herausgabe eines Kataloges der Indexziffern mit übersichtlicher Angabe eben jener Bestimmungsstücke als ein dringendes Bedürfnis. Für die praktisch wichtigsten und verbreitetsten Indexziffern, die Großhandelsindices, plant I. Fisher einen solchen; hinzuweisen ist hier auch auf die Zusammenstellung der Berechnungsweisen der wichtigsten Großhandelsindices, die das vom Völkerbund herausgegebene „Memorandum sur les monnaies, 1913—1923“ bietet. Für die Lebenshaltungsindices ist eine solche, wenn auch nicht vollständige Zusammenstellung vom Internationalen Arbeitsamt unternommen: „Méthodes d'établissement des nombres-indices du coût de la vie“, Etudes et Documents, Série N, Nr. 6. Auch die bekannte Arbeit von E. Hofmann, „Indexziffern im In- und Auslande“, Karlsruhe, 1921, gehört hierher. — Analoges wäre aber auch zu leisten für die Lohnindices, Frachtenindices, Aktienindices usw.

In einem solchen Indexzifferkatalog wären neben den bisher erwähnten, gewissermaßen logischen Angaben noch aufzuführen die mehr technischen über die Gewinnung der zugrunde liegenden absoluten Werte (ob die Preise z. B. durch Befragung von Käufern oder Verkäufern gewonnen werden oder durch „Schaufensterkontrolle“ oder ob es sich um Börsennotierungen handelt usw.), über die bearbeitende Stelle und über die Quellen, in denen die Ergebnisse veröffentlicht werden.

Nicht alles, was als Indexziffer bezeichnet wird, stellt in strengem Sinne eine solche dar; viele so bezeichneten Größen werden, teils in Ermangelung der zur Berechnung einer echten Indexziffer erforderlichen Unterlagen, teils in Unkenntnis ihrer formal-logischen Natur, als Durchschnitte von Einzelindices berechnet. Zu ihnen gehört auch, wie später näher dargetan wird, die Großhandelsindexziffer des Statistischen Reichsamtes im Gegensatz zur Lebenshaltungsindexziffer desselben Amtes. Derartige Pseudoindexziffern müssen natürlich in einem solchen Indexkatalog ebenfalls aufgenommen werden, dann natürlich mit der Angabe der bei ihrer Berechnung benutzten Formeln, die ja oben bei den Bestimmungsstücken einer echten Indexziffer keine Rolle spielte.

Eine weitere Aufgabe, die sich an die Zusammenstellung eines solchen Indexkataloges schließen würde, wären Bemühungen nach möglichst einheitlicher Gestaltung der Indexzifferberechnung, die ja Voraussetzung völliger Vergleichbarkeit ist. Es leuchtet ein, daß hier eine große und wichtige Aufgabe für die internationale Statistik vorliegt.

D. Die Grundeigenschaften der Indexzahlen.

Unter einer Einzelindexziffer verstehen wir eine Indexzahl, die dem Vergleich einer einfachen statistischen Erscheinung dient (Preis einer bestimmten Ware, Lohn einer bestimmten Berufsgruppe usw.), unter einer General-, Gesamt- oder Kollektiv-Indexziffer aber eine solche, die den Vergleich komplexer statistischer Erscheinungen dient Preisniveau, Lebenshaltungsniveau, Lohnniveau usw.). Mit der letzteren, theoretisch und praktisch ungleich wichtigeren Form der Indexziffern werden wir uns im folgenden Abschnitt im besonderen zu beschäftigen haben. Jetzt wollen wir jene Eigenschaften, die allen Indexziffern gemeinsam sind und die aus dem Wesen des statistischen Vergleichs, dem die Indexziffern ja dienen sollen, und damit aus der Definition der Indexzahlen mit logischer Notwendigkeit fließen, übersichtlich zusammenstellen.

Indem wir bisher Gesagtes zusammenfassen und es teilweise ergänzen, gelangen wir zur Formulierung von drei Grundeigenschaften **aller** Indexziffern, denen wir eine vierte zufügen, die aber nur für einen, allerdings sehr wichtigen Sonderfall gilt, für den Fall nämlich, daß es sich um Indexziffern solcher Erscheinungen handelt, die durch eine absolute Zahl dargestellt sind, die sich in eine extensive und eine intensive Komponente auflösen läßt.

Die drei allgemeinen Grundeigenschaften wollen wir nennen: 1. Relativität, 2. Interkalierbarkeit und 3. Umkehrbarkeit und ihnen hinzufügen 4. den Multiplikationssatz.

1. Relativität.

Eine Indexzahl gibt natürlich als eine Verhältniszahl ebensowenig wie eine Gliederungszahl Aufschluß über den absoluten Wert der zugrunde liegenden Größe: 5% einer bestimmten Größe können mehr sein als 10% einer anderen, nämlich dann, wenn die erste Größe mehr als doppelt so groß ist wie die zweite.

Wie man nun aus einer Gliederungszahl auf die absolute Größe der betreffenden Teilmaße nur schließen kann, wenn man die Gesamtmasse, die die Rolle der Bezugsgröße spielt, kennt, so kann man auch aus dem Werte einer Indexzahl auf die absolute Höhe der zugrunde liegenden Größe nur schließen, wenn man die Basis kennt, die eben hier die Funktion einer Bezugsgröße des Vergleichs hat.

Diese so elementare Beziehung, die sich aus der Logik des statistischen Vergleichs und des Vergleichs überhaupt ohne weiteres ergibt, wird aber doch von weniger Geübten vielfach übersehen. Wenn in einem gegebenen Zeitpunkt der Lebenshaltungsindex im Orte A höher ist als im Orte B, so besagt das nicht — auch wenn es sich in beiden Fällen um nach demselben Schema aufgebaute Indices mit demselben Basiszeitpunkt handelt —, daß der Ort A teurer sei als der Ort B. Das k a n n so sein, aber auch das Gegenteil kann zutreffen. Es hängt davon ab, wie hoch der Basiswert in beiden Orten war. Wenn zum Basiszeitpunkt B viel teurer war als A, so kann auch in dem gegebenen Zeitpunkt B immer noch teurer sein als A, auch wenn der Teuerungsindex in A höher ist als in B, mit anderen Worten, wenn die Lebenshaltungskosten in A mehr gestiegen sind als in B.

Die Reihe der Indexzahlen für einen bestimmten Zeitpunkt aber für verschiedene Orte, geordnet nach ihrer Höhe, braucht also nicht übereinzustimmen — und wird es auch praktisch nie tun — mit der Reihe der absoluten Zahlen, die die Höhe der Lebenshaltungskosten messen, den sog. Teuerungszahlen.[17])

Wenn die Ausgabenkosten für das der Teuerungsstatistik zugrunde gelegte Budget in den Orten A und B zum Basiszeitpunkt mit a und b bezeichnet werden und die relative Veränderung dieser Kosten vom Basiszeitpunkt bis zum gegebenen Zeitpunkt, die Lebenshaltungsindices also, mit α und β, so besagt $\alpha > \beta$, daß die Lebenshaltungskosten in A stärker gestiegen sind als in B und erst $a\alpha > b\beta$ besagt, daß die Lebenshaltungskosten selbst in A höher sind als in B.

Aehnliches gilt für Lohnindices: diejenige Gruppe, die bei einem zeitlichen Vergleich den höchsten Lohn i n d e x hat, braucht

---

[17]) Siehe aber Seite 25 [1]).

nicht den höchsten Lohn zu haben. Gerade für die unmittelbare Nachkriegszeit ist es charakteristisch, daß die am niedrigsten bezahlten Berufsgruppen die größte Steigerung ihres Nominallohnes aufzuweisen hatten und die am höchsten bezahlten die geringste; das hatte natürlich zur Folge, daß die Spannung zwischen höchstem und niedrigstem Lohne verringert wurde.

Ebenso ist klar, daß das Niveau der Großhandelspreise in Deutschland, England und Amerika sich nicht wie die entsprechenden Großhandelsindices verhält, sondern daß hier ebenso das Verhältnis der Preisniveaus zur Basiszeit eine Rolle spielt. (Hierbei ist natürlich ganz abgesehen von den Vergleichsschwierigkeiten zwischen den Indices verschiedener Länder, die u. a. aus dem verschiedenen Aufbau derselben resultieren.)

Trotzdem hat das Nebeneinanderstellen von derartigen parallelen Indexzifferreihen natürlich einen Sinn und gewährt wichtige Aufschlüsse. Wenn es auch nichts auszusagen vermag über die vergleichsweise Höhe der absoluten Zahlen, so gewinnen wir daraus doch Aufschlüsse über das Ausmaß der Veränderungen der betreffenden Größe gegenüber einem bestimmten Zeitpunkt (die Uebereinstimmung des letzteren bei allen verglichenen Reihen ist natürlich Voraussetzung) und über das Ausmaß der Veränderung von Zeitpunkt zu Zeitpunkt, das in den verschiedenen Ländern größer oder kleiner sein, ja auch entgegengesetztes Vorzeichen haben kann (in dem einen Land Zu-, in dem anderen Abnahme).

Während wir also mit einer einzelnen Indexziffer den absoluten Wert einer Erscheinung mit irgendeinem festen Basiswert vergleichen, vergleichen wir, wenn wir zwei Indexziffern für verwandte Erscheinungen und für denselben Zeitpunkt und natürlich auch bezogen auf denselben Basiszeitpunkt, aber für verschiedene Gebiete gegenüberstellen, Veränderungen miteinander.

Zur Orientierung für den weniger geübten Benutzer derartiger Statistiken pflegt man auch auf diese beschränkte Vergleichsmöglichkeit aufmerksam zu machen; so wird den regelmäßigen Veröffentlichungen der internationalen Großhandelsindices in „Wirtschaft und Statistik“ der Zusatz beigefügt: „Sie (d. h. die Indexziffern) sind untereinander nur in ihrer Bewegung vergleichbar“.

Aber auch bei einer und derselben sachlichen Reihe von Erscheinungen offenbart sich die Relativität der Indexzahlen und zwar in der Weise, daß die Höhe des Indexzifferwertes von der Höhe des Basiswertes abhängt, die wir ja bis zu einem gewissen Grade willkürlich wählen können. Wir können hier auf oben (S. 24) Gesagtes verweisen und erinnern bloß daran, daß bei verschiedener Wahl der Basis zwar die zahlenmäßigen Werte der Indexzahlen verschieden ausfallen, das Verhältnis der Werte untereinander aber gleichbleibt, die Kurven der so gewonnenen Indexzifferreihen also parallel laufen.

2. Interkalierbarkeit.

Nur eine spezielle Anwendung des letzten Gedankens ist die Interkalierbarkeit einer Indexzifferreihe. Die Bezeichnung für den in Rede stehenden Sachverhalt entnehme ich Bortkiewicz.[18]) Hierbei handelt es sich um eine Veränderung der Basis in der Weise, daß statt der bisherigen Basis ein bestimmter Zeitpunkt (einer zeitlichen Reihe, für örtliche und sachliche Reihen gilt natürlich das Entsprechende) der Indexzifferreihe zur künftigen Basis gemacht wird. Interkalierbar nennen wir nun Indexzifferreihen deshalb, weil ein solcher Einschnitt in die Reihe durch Bildung einer neuen Basis ohne Einfluß auf das Verhältnis der Indexzahlen zueinander ist. Das folgt schon aus der Eigenschaft der Relativität. Im Grunde genommen handelt es sich um den ganz einfachen Sachverhalt, daß, wenn C zweimal so groß ist wie B und B dreimal so groß wie A, C $2 \times 3 = 6$ mal so groß wie A ist.

So elementar wiederum diese Beziehung ist, so wichtig ist sie doch in der Diskussion der Generalindexziffern geworden, von denen wir allerdings erst in einem späteren Kapitel sprechen werden. Nicht alle Reihen von Meßziffern komplexer Größen, die mit dem Anspruch auftreten, echte Indexziffern zu sein, sind nämlich interkalierbar. Bortkiewicz hat deshalb auf der Interkalierbarkeit einer echten Indexzifferreihe ein Kriterium, einen Test aufgebaut — näher kommen wir hierauf weiter unten (S. 127 f.) zu sprechen —: nur solche Indexziffern, die ihm entsprechen, sollen echte Indexziffern sein. Diese Wichtigkeit rechtfertigt es jedenfalls, wenn wir die Interkalierbarkeit als eine Unterform der Relativität besonders herausheben.

Schematisch kann die Interkalierbarkeit durch folgende Zeichnung dargestellt werden:

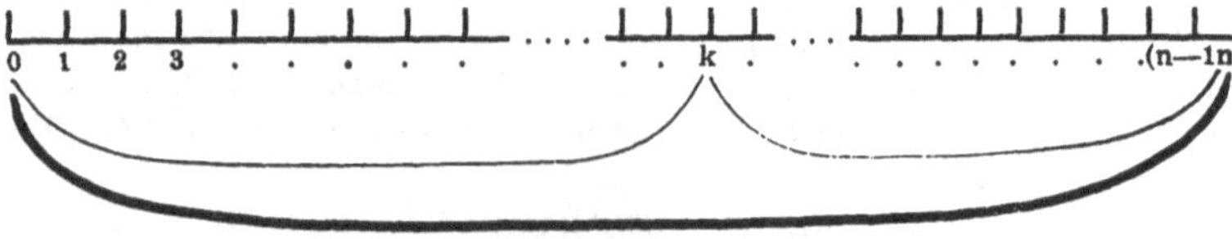

Die gerade Linie möge den Zeitverlauf darstellen, die einzelnen Querstriche die Zeitpunkte, zu denen irgendeine Erscheinung beobachtet wird und zwar 0 die ursprüngliche Basis und 1, 2, 3 . . . k . . . (n-1), n die folgenden Zeitpunkte. Das Inter-

---

[18]) Zweck und Struktur einer Preisindexzahl in Nordisk Statistisk Tidskrift, Bd. 2 u. 3, 1923 u. 1924.

kalationsprinzip besagt nun, daß bei einem Uebergang von der Basis 0 zu einer anderen k, die zwischen 0 und dem Beobachtungszeitpunkt n liegt, folgende Beziehung der über die alte und der über die neue Basis berechneten Indexzahlen gelten muß:

$$i_{0,n} = i_{o,k} \times i_{k,n} \text{ und}$$

$$i_{k,n} = \frac{i_{o,n}}{i_{o,k}}.$$

Der Kettenindex, von dem oben schon die Rede war, ist nur ein Sonderfall der Anwendung der Interkalierbarkeit: hier wird die Basis fortgesetzt geändert, von Zeitpunkt zu Zeitpunkt, und zwar jeweils der voraufgehende Wert als Basiswert genommen. Wir können auf oben (S. 29 ff.) Gesagtes verweisen.

Zu einem besonderen Ergebnis gelangen wir, wenn wir uns eine begrenzte Indexzifferreihe kreisförmig in sich geschlossen vorstellen, also an den letzten Wert wieder den Basiswert anschließen. Dann muß natürlich der Indexwert für dieses letzte Glied 1 sein; denn hier wird ja ein Glied auf sich selbst bezogen. Oder wenn wir uns eine in sich geschlossene Reihe von Kettenindexziffern vorstellen, so muß das Produkt aller Kettenindices (bis zu jener Basis zurück) gleich 1 sein.

Das Interkalationskriterium nimmt dann die Form des cyklischen Kriteriums an (circular test I. Fishers). Daß ihm jede Indexziffer entsprechen muß, die den logischen Forderungen des Vergleichs gerecht werden will, ist eigentlich ebenso klar wie die Notwendigkeit ihrer Interkalierbarkeit, um so merkwürdiger ist es, daß I. Fisher dieses Kriterium ebenso wie das Interkalationskriterium ablehnt; wir kommen darauf noch zurück.

Wenn wir uns auch diesen wichtigen Sachverhalt wieder durch eine schematische Zeichnung klarmachen wollen, so wählen wir einen Ring, der in eine Anzahl von Abschnitten zerlegt ist, die wir mit a, b, ... i bezeichnen wollen.

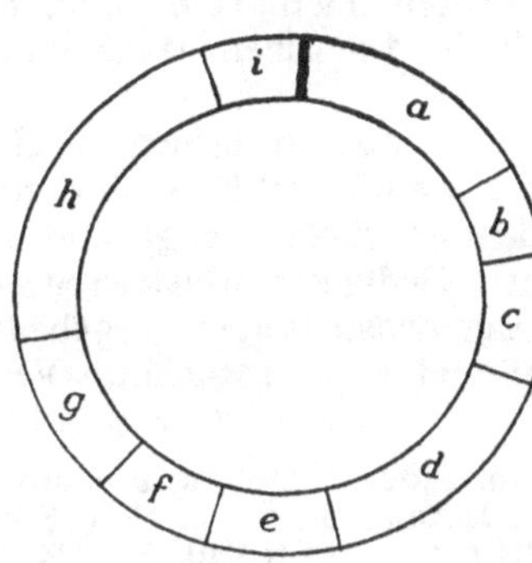

Wenn wir nun die Größenverhältnisse der aufeinanderfolgenden Ringglieder bilden $\left(\frac{b}{a}, \frac{c}{b} \ldots \frac{i}{h}, \frac{a}{i}\right)$ und diese, die unseren Kettenindices entsprechen, dann miteinander multiplizieren, also alle Verhältnisse auf die Basis a zurückführen, so ist klar, daß das Produkt $\frac{b}{a} \times \frac{c}{b} \times \ldots \times \frac{i}{h}$ gleich sein muß $\frac{i}{a}$ und daß dann das nächste Verhältnis, $\frac{a}{i}$, das Reziproke des bis dahin angewachsenen Produktes sein muß und beide miteinander multipliziert 1 ergeben müssen.

Die Logik dieses Sachverhaltes ist so zwingend, daß es Wunder nehmen muß, daß I. Fisher, wie oben schon erwähnt, die Notwendigkeit bestreitet, daß eine Indexziffer dem „circular test“ oder, was ja damit zusammenhängt, dem Interkalationskriterium entsprechen müsse. Dabei handelt es sich natürlich nur um Generalindexziffern, von denen tatsächlich manche, die aber eben nach unserer strengen Auffassung gar keine echten Indexziffern sind, diesem Kriterium nicht entsprechen; denn daß ein Einzelindex ihm entsprechen muß, ist ja auch für I. Fisher selbstverständlich. Wenn wir auf die Bedeutung der Tests oder Kriterien für die Indexzahlen klomplexer statistischer Größen — denn hierbei spielen sie ja ihre entscheidende Rolle — auch erst im nächsten Kapitel eingehen können, so wollen wir doch hier die Argumente erwähnen, mit denen I. Fisher die Notwendigkeit bestreitet, daß eine Indexziffer diesem Kriterium entsprechen müsse; ihre Erörterung ist von allgemeiner Bedeutung.

I. Fisher sagt,[19]) daß es sogar vom Standpunkt der reinen Logik gar nicht erwartet werden könnte, daß der circular test bzw. das Interkalationskriterium zutreffe und begründet das wie folgt: zwei Menschen können einem dritten ähnlich sein, ohne untereinander ähnlich zu sein. Das trifft zweifellos zu und ist ein interessanter logischer Sachverhalt. Wenn zwei Größen einer dritten gleich sind, sind sie untereinander gleich; wenn aber zwei Größen einer dritten ähnlich sind, brauchen sie nicht oder wenigstens nicht in demselben Maße untereinander ähnlich zu sein.

Bortkiewicz bringt in seinem Aufsatz über „Zweck und Struktur einer Preisindexzahl“[20]) ein noch elementareres Beispiel hierfür, indem er wörtlich sagt: „Man könnte auch wie folgt den Fisherschen Gedanken illustrieren: es seien drei verschiedene Farbenzusammenstellungen gegeben: A — schwarzweiß, B — weiß-rot und C — rot-grün. Verabredet man sich

---

[19]) The Making of Index Numbers, a Study of their Varieties, Tests and Reliability, 2. Aufl., Boston u. New York 1923, S. 270 ff.

[20]) Nordisk Statistisk Tidskrift, Bd. 3. 1924, H. 2/3, S. 212 Anm.

das höchste Maß der Aehnlichkeit (die Identität) mit 1 und das niedrigste (die gänzliche Unähnlichkeit) mit 0 zu bezeichnen, so wäre es das nächstliegende, die Aehnlichkeit zwischen A und B, sowie die zwischen B und C, mit ½ einzuschätzen; aber es wäre verkehrt, hieraus zu schließen, daß A und C etwa zu ¼ einander ähnlich seien; die Aehnlichkeit zwischen ihnen ist vielmehr gleich Null."

Hiergegen ist an und für sich gar nichts einzuwenden, wohl aber gegen die Uebertragung dieser Beispiele auf den Fall der Indexzahlen. Denn hier handelt es sich um eine durchaus andere logische Situation:

1. Bei den Indexzahlen wird eine Erscheinung oder eine ganze Reihe von solchen mit einer anderen derselben Art (Basiswert der Reihe) nur hinsichtlich einer[21]) Eigenschaft verglichen oder, was dasselbe ist, an ihr gemessen; die Aehnlichkeit aber ist ein Ausdruck der Uebereinstimmung zwischen zwei Erscheinungen hinsichtlich möglichst sämtlicher Eigenschaften. Theoretisch müßte es nun vielleicht in vielen Fällen möglich sein, eine Maßzahl für die Aehnlichkeit der Gesamterscheinung zu gewinnen, vielleicht als Mittelwert der Maßzahlen für die Aehnlichkeiten der einzelnen Eigenschaften, wobei diese Maßzahlen in Uebereinstimmung mit Bortkiewicz zwischen 0 (völlige Verschiedenheit) und 1 (völlige Uebereinstimmung) liegen würden. Praktisch wird die Aehnlichkeit ja meist intuitiv geschätzt.

Daß aber eine solche Maßzahl für die Aehnlichkeit bzw., im Falle einer reihenweisen Verknüpfung analoger Erscheinungen, eine Reihe solcher nicht nach Art von Indexziffern das Kriterium der Interkalierbarkeit und das cyklische Kriterium erfüllen, dürfte aus den obigen Beispielen von Fisher und Bortkiewicz hervorgehen. Wenn zwischen A und B hinsichtlich der einen Hälfte der Eigenschaften eine weitgehende Aehnlichkeit herrscht, hinsichtlich der anderen Hälfte aber völlige Verschiedenheit und zwischen B und C umgekehrt gerade hinsichtlich der jeweils anderen Hälfte Aehnlichkeit bzw. Verschiedenheit, so ist klar, daß zwischen A und C völlige Verschiedenheit, also gar keine Aehnlichkeit besteht.

---

[21]) Auch bei einem Vergleich komplexer, also zusammengesetzter statistischer Größen, von dem in Abschnitt III eingehend gesprochen werden soll, liegt die Sache grundsätzlich nicht anders. Wie hier vorgreifend schon gesagt werden mag, ist der Unterschied zwischen einfachen und komplexen statistischen Größen überhaupt ein relativer. Jedenfalls kommt auch bei letzteren, wenn es sich um indexmäßige Vergleiche handelt, nur eine einzige, das Kollektivum als Ganzes charakterisierende Eigenschaft in Betracht, die statistisch durch eine einzige Kennziffer ausgedrückt werden kann, z. B. Durchschnittslohn, Durchschnittspreis usw.

2. Die Indexzahl ist aber auch hinsichtlich einer Eigenschaft nicht eigentlich eine Maßzahl für die Aehnlichkeit; denn eine solche kann ja, wie eben gesagt, nur zwischen 0 und 1 schwanken. (Ich glaube allerdings, daß es logisch zulässig wäre, die Indexzahlen ohne weiteres in solche Meßziffern der Aehnlichkeit umzuwandeln, in der Erwägung, daß ein Unterschied bzw. bei zeitlichen Entwicklungen eine Veränderung von 1 auf 2 denselben Grad von Aehnlichkeit bedeutet wie eine solche von 1 auf ½. Wenn man auf diese Weise die Indexzahlen in Maßzahlen der Aehnlichkeit umwandelt, indem man für die Werte über 1 die reziproken Werte setzt und die Werte zwischen 0 und 1 unverändert läßt, erhält man eine Reihe von Ziffern, für die natürlich das Merkmal Interkalierbarkeit nicht zutrifft.)

Wir haben diesen Exkurs in das Gebiet der formalen Logik unternommen, weil wir es für wichtig halten, die Notwendigkeit und Stringenz des Interkalationskriteriums nicht durch pseudologische Betrachtungen zerstören zu lassen. Die Analogie mit der Aehnlichkeit irgendwelcher komplexer Gebilde ist völlig verfehlt. I. Fisher hat sich hier in verhängnisvolle Widersprüche verwickelt. So ist es logisch sehr bedenklich, wenn er einerseits sagt, daß das zyklische Kriterium nicht zuzutreffen brauche, daß es sogar ein schlechtes Zeichen sei, wenn es zutrifft, daß aber doch eine annähernde Uebereinstimmung mit ihm erwünscht sei, so wie sie bei seiner Formel stattfinde: entweder völlige Uebereinstimmung mit jenem Kriterium oder völlige Unabhängigkeit.

Befremdend ist weiter, daß I. Fisher hier jenes Argument gar nicht heranzieht, das er als erstes zur Verteidigung der beiden von ihm einzig und allein berücksichtigten Kriterien, auf die wir noch zurückkommen werden, anführt, nämlich, das es ja auf Einzelindices auch zutreffe, ein Argument, daß unseres Erachtens auch völlig richtig und entscheidend ist.

3. Umkehrbarkeit.

Bei I. Fisher und bei Bortkiewicz spielt eine große Rolle der Zeitumkehrtest (time reversal test) oder das Zeitumkehrkriterium; seine Anwendung hat natürlich erst bei den sogenannten Generalindexziffern größere Bedeutung. Aber auch dieses Kriterium beruht wie das Interkalationskriterium auf einem ganz elementaren Sachverhalt, der mit dem Begriff des statistischen Vergleichs ohne weiteres gegeben ist: wenn B zweimal so groß ist wie A, dann ist A ½mal so groß wie B.

Wir brauchen hier von diesen, in dem Abschnitt über das „Wesen des Vergleichs überhaupt und des statistischen Vergleichs im besonderen“ (S. 5 ff.) ausführlicher besprochenen Zusammenhängen nicht viel zu sagen, möchten nur betonen, daß die Zeitumkehrbarkeit zu einer Umkehrbarkeit überhaupt wird, wenn wir nicht nur zeitliche, sondern auch räumliche und sachliche Reihen ins Auge fassen. Es handelt sich einfach um die Umkehrbarkeit der Vergleichsrichtung. Die entsprechende Formel würde lauten: $i_{h,k} = \frac{1}{i_{k,h}}$.

Ohne daß wir uns bisher mit dem indexmäßigen Vergleich komplexer Größen beschäftigt haben, können wir schon jetzt, rein a priori, sagen, daß auch bei einem Vergleich solcher Größen diese Umkehrbarkeitsforderung erfüllt sein müsse. Ob wir in dem oben erwähnten Beispiel für A und B Weizenpreis oder gesamtes Preisniveau zu verschiedenen Zeitpunkten setzen, die Reziprozität der Vergleichswerte muß in beiden Fällen erfüllt sein.

Dem Kenner des Gebietes ist natürlich bekannt, daß viele Indexziffern komplexer Größen, z. B. die bisherige Großhandelsziffer des Statistischen Reichsamtes,[22]) dieser Umkehrbarkeitsforderung nicht gerecht werden. Wir können diese Ziffern deswegen natürlich nicht als echte Indexziffern ansprechen und wollen sie, wie schon oben, Pseudoindexziffern nennen. Die Abschnitte III und IV werden sich hiermit eingehend beschäftigen.

4. Der Multiplikationssatz.

Eine vierte Grundeigenschaft, die mit dem logischen Wesen der Indexzahlen und des Vergleichs überhaupt zwangsläufig verknüpft ist, kommt nur in besonderen Fällen in Betracht, nämlich nur dann, wenn es sich um jenen dritten von uns aufgestellten Typus absoluter Zahlen handelt, jenen Mischtypus, der sich in eine extensive und eine intensive Komponente zerlegen läßt.

Ein Beispiel möge den Sachverhalt klarmachen: die Wertsumme des in einem bestimmten Zeitraume eingeführten Weizens (eine extensive absolute Zahl) läßt sich zerlegen in die Gewichtsmenge, ausgedrückt in Tonnen (ebenfalls eine extensive absolute Zahl) und in den Preis (eine intensive absolute Zahl). Wenn die Wertsumme nun steigt, so kann das zurückzuführen sein auf eine Steigerung der Menge oder des Preises oder beider Komponenten; es kann auch eine Komponente abnehmen, während die andere um so mehr zunimmt. Immer aber ist die Veränderung der Wertsumme ein Produkt der Veränderung der Menge und der Veränderung des Preises.

Es handelt sich bei diesem Multiplikationssatz wiederum um einen höchst einfachen Sachverhalt: wenn A' zweimal so groß ist wie A und B' dreimal so groß ist wie B und $A \times B = P$ und $A' \times B' = P'$ gesetzt wird, so ist natürlich P' sechsmal so groß wie P.

[22]) Siehe jedoch S. 184[8]).

In unserer symbolischen Ausdrucksweise würde das heißen, daß, wenn wir mit p die Preise und mit q die Mengen bezeichnen und mit $(i)_p$ den Preis-, mit $(i)_q$ den Mengenindex und mit $(i)_w$ den Index für die Wertsumme:

$$(i)_p = \frac{p_n}{p_o} \text{ und } (i)_q = \frac{q_n}{q_o} \text{ und } (i)_w = \frac{w_n}{w_o}$$

oder:

$$(i)_w = (i)_p \times (i)_q \,.$$

p und q müssen natürlich nicht unbedingt Preise und Gewichtsmengen bedeuten, sondern können irgendwelche anderen intensiven und extensiven Größen, die in analoger Weise verbunden sind, darstellen.

Diese logische Beziehung ist von I. Fisher zu seinem factor reversal test verwendet worden. Wir werden später darauf zurückkommen und an seiner Anwendung dieses Test Kritik zu üben haben.

Man kann ja schwanken, ob man jene Größen, die wir hier im Auge haben, überhaupt zu den einfachen statistischen Größen rechnen soll oder ob es sich hier nicht bereits um komplexe Erscheinungen handelt. Jedenfalls bilden sie einen Uebergang zu den komplexen Größen im eigentlichen Sinne, von denen nun im besonderen gesprochen werden soll.

Da es die Meinung des Verfassers ist, daß die allgemeine Logik des statistischen Vergleichs und, auf ihr ruhend, die Erörterung der allgemeinen Natur aller Indexzahlen nicht nur das Fundament für die Diskussion der soviel umstrittenen Probleme der Generalindexziffern ist, sondern daß die letzteren sich nach einer gründlichen Darstellung eben dieser Grundlagen verhältnismäßig leicht bewältigen lassen, ist ihnen hier ein so breiter Raum gewidmet worden. Sie bilden für die jetzt zu behandelnden Probleme, die im Mittelpunkt der Erörterung des Indexproblemes stehen, das unentbehrliche logische Rüstzeug. Von den Einzelindices, die keine besonderen Probleme weiter bieten, braucht nicht weiter gesprochen zu werden.

III. Die Indexzahlen von komplexen statistischen Größen.

A. Summen und Durchschnitte als die beiden Grundformen der komplexen statistischen Größen.

1. Allgemeines.

Der Begriff der zusammengesetzten oder komplexen Erscheinungen im Gegensatz zu den einfachen, den wir jetzt im Auge haben, ist ein lediglich formal-statistischer. Jede von der Wissenschaft betrachtete Erscheinung ist von zusammengesetzter Art, nirgends dringt die Wissenschaft — wenigstens nicht die Tatsachenwissenschaften; von den formalen Wissenschaften der Logik und Mathematik möchte vielleicht anderes gelten — bis zu den echten Atomen vor. Das gilt natürlich ganz besonders von den überaus verschlungenen und komplizierten Tatbeständen der Sozialwissenschaften.

Wenn wir den Lohn eines bestimmten Gewerbes an einem bestimmten Orte (z. B. den tarifmäßig gezahlten Lohn der höchsten Stufe im Buchdruckgewerbe in Berlin) ins Auge fassen und seine Entwicklung mit Hilfe von Indexzahlen verfolgen, so sprechen wir von Einzelindices; wenn wir dagegen das gesamte Lohnniveau in seiner zeitlichen Entwicklung betrachten, indem wir den gewogenen Durchschnitt der Tariflöhne sämtlicher Berufsgruppen bilden und in Indexzahlen umwandeln, so nennen wir diese Zahlen Generalindexzahlen. Damit bringen wir zum Ausdruck, daß wir jene Erscheinung als eine einfache, diese als eine zusammengesetzte betrachten. Daß damit aber nicht geleugnet werden soll, daß bereits der Lohn eines einzelnen Gewerbes das Produkt unzähliger kausaler Faktoren ist, die seine Höhe bestimmen, ist klar. Die Berechtigung zu der Bezeichnung „einfache" Erscheinungen und Einzelindices leitet sich von dem formalen Umstand ab, daß jene Erscheinung mit einer einzigen statistischen Größe charakterisiert werden kann, im Gegensatz zur zusammengesetzten Erscheinung, deren Wert erst aus einer rechnerischen Zusammenfassung (hier Durchschnittsbildung) einer ganzen Reihe von Größen gebildet werden muß.

Eine kurze Besinnung lehrt nun, daß die zusammengesetzten statistischen Erscheinungen oder Größen in einer zweifachen

Form auftreten können: als Summen und als Durchschnitte. Und zwar deckt sich diese Zweiteilung im wesentlichen mit der Einteilung der absoluten Zahlen in extensive und intensive; die Form der Zusammenfassung von extensiven Größen sind die Summen, die der Zusammenfassung von intensiven Größen die Durchschnitte. (Siehe S. 44.)

Eine summenhafte Gesamterscheinung stellt z. B. die Wertsumme der während eines Jahres eingeführten Waren dar; sie läßt sich zerlegen in einzelne Summanden nach den verschiedenen Warengruppen und Warengattungen oder — ein anderer Gesichtspunkt — nach den verschiedenen Einfuhrländern. Ein Beispiel einer Gesamterscheinung von Durchschnittscharakter haben wir oben schon in dem Durchschnittslohn kennengelernt.

Ein wichtiger formaler Unterschied zwischen beiden Formen zusammengesetzter Größen ist der, daß die Summe ebenso wie ein Einzelwert eine reale statistische Größe ist, während der Durchschnitt eine rechnerische Abstraktion darstellt zur Charakterisierung einer sozialen Erscheinung, die direkt nicht meßbar ist (Lohnniveau, Preisniveau, Frachtenniveau usw.).

Ehe wir uns nun die formale Natur der Summen und Durchschnitte, soweit sie für unser Indexproblem in Betracht kommt, näher ansehen, wollen wir als allgemeinste Voraussetzung, die für beide Typen gilt, die Gleichartigkeit der Komponenten aussprechen. Die Voraussetzung dafür, daß wir statistische Größen zusammenfassen können, zu Summen oder Durchschnitten, ist also dieselbe wie die für eine Vergleichbarkeit verschiedener Größen. Wir erinnern daran, daß Gleichartigkeit nicht bedeutet Gleichheit, sondern nur begriffliche Uebereinstimmung in einem engeren oder weiteren Sinne je nach dem Zwecke oder Gesichtspunkt, dort des Vergleiches, hier der Zusammenfassung, und daß sie neben dieser Uebereinstimmung einschließt ein differenzierendes Merkmal, das räumlich, zeitlich oder sachlich sein kann.

2. Die formale Natur der komplexen statistischen Größen mit summenhaftem Charakter.

Die Zahl der in einem Jahre und in einem Lande Geborenen stellt eine Summe dar, die nach verschiedenen Gesichtspunkten in Summanden zerlegt werden kann, in räumliche Gruppen (nach einzelnen Gebietsteilen), in zeitliche (nach einzelnen Monaten) und in sachliche (nach Ehelichkeit oder Vitalität). Es ist klar, daß die einzelnen Summanden wieder als Summen aufgefaßt und noch weiter zerlegt werden können, wobei räumliche, zeitliche und sachliche Einteilungsprinzipien kombiniert werden können.

Wichtig ist nun für uns die Erkenntnis, daß die Auffassung einer statistischen Erscheinung als Einzelerscheinung oder als

Summe von Einzelerscheinungen relativ ist und von dem Gesichtspunkt der Untersuchung abhängt, daß es also keine Erscheinungen oder statistische Größen gibt, die an sich, ohne Beziehungen zu anderen schon als Einzelgrößen oder Summen zu betrachten wären. Einige Beispiele werden das verdeutlichen.

Die Studierenden sämtlicher Hochschulen Deutschlands stellen eine Summe dar, die wir nach räumlichen (nach einzelnen Ländern oder Universitäten) oder sachlichen Gesichtspunkten (nach Studienfächern, Staatsangehörigkeit usw.) in Summanden zerlegen können, die wir aber in ihrer Gesamtheit auch als Glied z. B. der Gesamtzahl der Studierenden sämtlicher europäischen Hochschulen betrachten können. Dieselbe Erscheinung bzw. statistische Größe — die Studierenden sämtlicher Hochschulen Deutschlands — kann also einerseits als Summe, also als komplexe Größe, und andererseits als vergleichsweise einfache Größe, als Summand betrachtet werden.

Oder ein anderes Beispiel. Die Ausgaben für den Lebensunterhalt (Teuerungszahl) stellen eine Summe statistischer Einzelgrößen dar, nämlich der Ausgabenteile für die einzelnen Lebensbedürfnisse, die wir wieder zu Gruppen zusammenfassen können (gewöhnlich fünf: Ernährung, Heizung und Beleuchtung, Wohnung, Bekleidung und Verschiedenes). Die Wertsummen für die einzelnen Ausgabegruppen stellen aber nun einerseits Summen dar und andererseits Summanden, je nach dem Gesichtspunkt der Betrachtung. Begnügt man sich mit der Zerfaserung bis zu den Gruppen, so stellen sie Einzelgrößen dar; treibt man die Filiation aber weiter bis zu den „Elementen", so sind sie selbst wieder Summen, also Gesamterscheinungen. Diese Elemente sind die Preise für die einzelnen Lebensbedürfnisse (Brot, Mehl, Fleisch usw.). Aber auch sie stellen bei näherem Zusehen ebenfalls eine Summe dar, die sich in einzelne Elemente höherer Ordnung, die Kostenelemente, zerlegen lassen: der Brotpreis in Kosten der zur Herstellung der Gewichtseinheit des Brotes erforderlichen Mehlmenge, des Lohnes, der Steuern usw.

Es verhält sich eben im Reiche der sozialen Erscheinungen ähnlich wie in der Natur: die Glieder der hierarchischen Ordnung der Einheiten, mit denen es Chemie, Physik, Astronomie usw. zu tun haben — Elektronen, Atome, Moleküle, Kristalle, Weltkörper — sind alle je nach dem Gesichtspunkt der wissenschaftlichen Betrachtung einfache oder zusammengesetzte Größen.

Diese Erkenntnis von der *Relativität der Begriffe Gesamt- und Teilerscheinung* bzw. *einfache und komplexe statistische Größe* wird für das Problem der Indexziffern für komplexe statistische Erscheinungen von großer Bedeutung werden.

3. Die formale Natur der komplexen statistischen Größen mit Durchschnittscharakter und das Problem der Gewichte.

Aber auch die Bestimmung des Charakters einer Erscheinung als Einzel- oder Durchschnittswert ist schwankend und bis zu einem gewissen Grade willkürlich. Den Großhandelspreis für Weizen oder Steinkohlen halten wir doch zunächst für eine einfache statistische Größe, die als Komponente in eine zusammengesezte statistische Erscheinung, das gesamte Preisniveau, eingehen kann. Bei näherer Betrachtung seiner Erhebung aber müssen wir auch ihn als einen Durchschnittspreis bezeichnen, da er ja aus den Notierungen verschiedener Orte gewonnen wurde. Aehnliches gilt von den Kleinhandelspreisen, auch sie sind Mittelwerte, gewöhnlich häufigste Werte, einer großen Anzahl von Einzelpreisen. Auch in der Lohnstatistik werden die Löhne für die einzelnen Industriegruppen als Durchschnittslöhne aus den in den Hauptsitzen der einzelnen Industriegruppen bezahlten Löhnen gewonnen.

Da diese Durchschnitte nur räumliche Durchschnitte bedeuten, die dann bei einer Preis- oder Lohnstatistik als Elemente von sachlichen Reihenwerten zu sachlichen Durchschnitten zusammengefaßt werden, übersieht man gewöhnlich ihren Durchschnittscharakter. Manchmal aber kommt es auf die räumlich getrennten Einzelwerte einer bestimmten sachlichen Einheit an, denen man dann die räumlichen Durchschnittswerte gegenüberstellt. In solchen Fällen werden die in anderen Fällen als Elemente behandelten Durchschnittswerte in ihre Komponenten aufgelöst.

Man kann nun in Analogie mit der Summenbildung drei Arten von Durchschnitten unterscheiden, entsprechend der Verschiedenheit des differenzierenden Momentes der im übrigen gleichartigen Erscheinungen, die zu einem Durchschnitt zusammengefaßt werden sollen: r ä u m l i c h e, z e i t l i c h e und s a c h l i c h e. Dabei müssen die Elemente räumlicher Durchschnitte immer in zeitlicher und sachlicher Beziehung übereinstimmen, entsprechend die zeitlichen und sachlichen in den jeweils beiden anderen Richtungen.

Ein Beispiel eines räumlichen Durchschnittes erwähnten wir schon oben, den Durchschnittspreis für Weizen an sämtlichen deutschen Börsenplätzen (hierbei muß natürlich das zeitliche Moment — gleicher Stichtag oder Beobachtungszeitraum — und das sachliche — gleiche Sorte — übereinstimmen). Ein zeitlicher Durchschnitt wäre der Durchschnittspreis für eine Ware, gewonnen aus der ganzen Reihe der während eines Jahres gemachten Beobachtungen. Ein sachlicher wäre schließlich der durchschnittliche Wochenverdienst aller Arbeitergruppen zu einem bestimmten Zeitpunkt.

Wie sich nun bei einer summenhaften Erscheinung die drei Gliederungsprinzipien kombinieren können, so kann auch ein Durchschnitt nach zwei oder gar allen drei Gesichtspunkten gebildet sein, ja das ist sogar die Regel. So können räumliche Durchschnittspreise für einzelne Waren und für einzelne Stichtage zu zeitlichen Durchschnitten, etwa für ein ganzes Jahr, zusammengefaßt werden. Der Durchschnittslohn eines Landes ist der sachliche Durchschnitt aus den Löhnen der einzelnen Berufsgruppen, die ihrerseits wieder als räumliche Durchschnitte zu betrachten sind, und die Durchschnittslöhne der verschiedenen Berufsgruppen und Orte können ihrerseits wieder zu jährlichen Durchschnittsziffern zusammengefaßt werden.

Bis jetzt sprachen wir ganz allgemein von Durchschnitten, ohne uns über die Art des Durchschnittes Gedanken zu machen. Gewöhnlich kommt ja das arithmetische Mittel in Betracht, gelegentlich aber auch der häufigste Wert und der Medianwert. Der häufigste Wert spielt namentlich als häufigster Preis in der Preisstatistik eine große Rolle. Zweifellos hat er hier seine Berechtigung, denn der am häufigsten gezahlte Preis ist für die Erscheinung meist charakteristischer als ein von zufälligen, extremen Werten beeinflußter, errechneter Mittelwert. Besonders wenn es sich um sehr unvollständige Teilerhebungen handelt, wie in der Preisstatistik fast immer, ist der häufigste Preis der geeignetste, da er, wie man mit Recht betont hat, sich am sichersten schätzen läßt, eine für die Preisstatistik nicht unwesentliche Eigenschaft.

Wie gesagt, kann gelegentlich auch der Medianwert angewendet werden. Er ist natürlich ebensowenig wie der häufigste oder dichteste Wert ein Ausdruck für das Niveau. Er charakterisiert vielmehr die betreffende Kollektiverscheinung ebenso wie jener lediglich nach einer bestimmten Richtung, er gibt einen gewissen Aufschluß über die Größenverteilung der zu einer Gesamterscheinung gehörenden Einzelwerte. Ergänzt werden kann er natürlich durch Angabe der Quartile oder anderer, nach der Methode der perzentilen Grade gewonnenen Werte.

Gelegentlich kann es sogar erforderlich sein, von einer Zusammenfassung der Reihe in einen Mittelwert abzusehen und die ganze Reihe der Einzelwerte auf einige Größenklassen zu verteilen und deren prozentuale Anteile zu messen. Das kommt meines Erachtens besonders bei jenen intensiven Erscheinungen in Betracht, die mit Noten gemessen werden. Solche Noten sind am bekanntesten aus der Saatenstandsberichterstattung, wo der Stand der Saaten in fünf Noten (1 = sehr gut, 2 = gut, 3 = mittel, 4 = gering, 5 = sehr gering) mitgeteilt wird. Das Statistische Reichsamt gibt das Ergebnis allerdings nicht in Anteilsprozenten der verschiedenen Notenklassen wieder, sondern berechnet einen Durchschnitt für jede Anbauart, und zwar unter Verwendung des gewogenen arithmetischen Mittels, wobei die durchschnittlichen Ernteerträge als Gewichtszahlen für die einzelnen Gebietsteile dienen. Eine solche Durchschnittsbildung ist aber theoretisch nur zulässig unter der Voraussetzung, daß die Intervalle zwischen den einzelnen, durch die verschiedenen Noten ausgedrückten Qualitätsstufen — denn darum handelt es sich — gleich groß sind. Ob das bei den Saatenstandsnoten der Fall ist, ist nicht ohne weiteres selbstverständlich, ganz abgesehen natürlich von der an und für sich sehr rohen Natur dieser Angaben, die ja nicht nur grobe Schätzungen sind, sondern auch bei den einzelnen Sachverständigen ganz verschieden ausfallen können, da sie von verschiedenen Wertmaßstäben ausgehen.

Ich möchte bei dieser Gelegenheit eindringlich auf dieses Problem der Benotung, der Messung qualitativer Erscheinungen durch quantitative Maßzahlen hingewiesen haben. Die nähere Erörterung dieses Problems spielt in der Theorie der Statistik bis jetzt so gut wie gar keine Rolle, was ja damit gerechtfertigt ist, daß die Statistik bisher wenig Gebrauch von der Benotung gemacht hat. Es scheint aber so, als ob die Anwendung dieser Methode allmählich immer mehr zunehmen würde. Ich erwähne nur die Beurteilung des Beschäftigungsgrades der Industrie, wie sie auf Grund der Berichte von Handelskammern usw. im Reichsarbeitsblatt regelmäßig veröffentlicht wird. Hier wird die von uns als adäquat erkannte Methode der Angabe der Prozentanteile der einzelnen Notenklassen angewendet.

Im Gegensatz dazu werden in einem dritten Fall der Verwendung von Noten, der hier erwähnt werden soll, die Einzelnoten ähnlich wie bei der Saatenstandsberichterstattung in der Form eines gewogenen arithmetischen Mittels zu einer Gesamtnote zusammengefaßt. Ich meine die Konjunkturnoten, die zuerst die amerikanische Auskunftei Bradstreet berechnet hat und seit einiger Zeit auch die Deutsche Auskunftei Schimmelpfeng berechnet zur Beurteilung der wirtschaftlichen Konjunktur.[1])

Auf eine Kritik dieses Konjunkturindex, wie Pfitzner in dem in der Anmerkung angeführten Aufsatz in Uebereinstimmung mit den Wirtschaftsberichten der Auskunftei Schimmelpfeng diese Noten nennt, der sich aus Noten für Großhandel, Kleinhandel und Industrie berechnet, soll hier nicht näher ein-

---

[1]) Siehe Dt. Stat. Zbl., 1926, Nr. 3/4.

gegangen werden. Es möge nur erwähnt werden, daß es sich natürlich nicht um eine Indexzahl in unserer Terminologie handelt, sondern um eine Gesamtnote, die erst bei interlokalem oder intertemporalem Vergleiche, wenn ein bestimmter Wert als Basis angenommen wird, zu einer Indexzahl werden kann.

Wichtig ist nun, daß als Maß für das Niveau nur ein solcher Mittelwert in Betracht kommt, der in seiner Höhe von sämtlichen Einzelwerten abhängig ist, also nicht der Medianwert oder der häufigste Wert; aber auch das geometrische und das harmonische Mittel, für die die Abhängigkeit von sämtlichen Einzelwerten ebenso gilt wie für das arithmetische, sind kein adäquater Ausdruck dafür, sondern einzig und allein das arithmetische Mittel. Das Niveau von Zustandserscheinungen, von statischen Größen — und die Höhe der Preise z. B. in einem bestimmten Zeitpunkt sind solche statischen Größen — wird einzig und allein durch das arithmetische Mittel gemessen.

Eine mechanische Analogie wird das sofort klar machen: die mittlere Höhe des Wasserstandes (über dem Meeresniveau) verschiedener Seen zu einem gegebenen Zeitpunkt kann gar nicht anders als durch das arithmetische Mittel dargestellt werden; das geometrische Mittel hier anzuwenden, wäre sinnlos.

Im Gegensatz zum arithmetischen Mittel, das also eine Maßzahl für ein Niveau ist, hat das geometrische Mittel seinen Platz dort, wo ein Durchschnitt von dynamischen Größen, von Veränderungen gebildet werden soll. Auf diesen, von Hermberg[2]) mit guten Gründen vertretenen Gedanken werden wir später noch zurückzukommen haben.

Daß es sich bei allen Durchschnittsbildungen immer nur um das gewogene Mittel handeln kann, ist selbstverständlich. Denn die Niveauhöhe wird ja nicht nur bestimmt von der Höhe der einzelnen Komponenten, sondern ebenso von dem Ausmaß, in dem dieselben an der Gesamterscheinung beteiligt sind. Eine Komponente, die vielleicht ihrem Werte nach geringer ist als eine andere, kann einen größeren Einfluß auf den Gesamtdurchschnitt, auf das Gesamtniveau ausüben, wenn sie mengenmäßig der anderen überlegen ist.

Die Erörterung des Problems der Gewichte hat in der Literatur über die Indexziffern eine große Rolle gespielt; meines Erachtens hat dabei aber nicht immer völlige Klarheit geherrscht. So ist es nicht richtig, von gewogenen Indexziffern zu sprechen; wie wir noch deutlicher sehen werden, gibt es keine gewogenen Indexziffern, sondern nur Indexziffern von gewogenen Durchschnitten, was logisch ein großer Unterschied ist. Die

---

[2]) Siehe den S. 163 angeführten Aufsatz.

Verkennung des Unterschiedes und seine Nichtbeachtung erschwert aber die Lösung des Indexproblems.

Eine große Rolle hat auch von jeher die Frage gespielt, was als Gewichte zu nehmen sei, bei Preisindices z. B. Umsatzmengen oder Umsatzwerte. Eine Besinnung auf den Zweck der betreffenden Untersuchung und damit den Sinn des zu errechnenden Durchschnittes einerseits und die formale Bedeutung der Gewichte andererseits wird die Entscheidung der Frage jedoch immer leicht machen, wobei zuzugeben ist, daß in vielen Fällen an Stelle der logisch geforderten Gewichte surrogathaft andere Zahlen verwendet werden müssen, wenn die statistischen Unterlagen für jene nicht vorhanden sind.

Die gewogenen Durchschnitte stellen im Grunde genommen gar keine neuen Formen der Mittelwerte dar, auch keine besonderen Abarten derselben. Der gewogene Durchschnitt entsteht nur gewöhnlich dann, wenn die einzelnen Fälle bereits in Gruppen zusammengefaßt sind und bedeutet dann nichts weiter als ein Zurückgehen auf die ursprünglichen Fälle, so z. B. in dem von Winkler[3]) erwähnten Beispiele, wo die Durchschnittsgröße einer größeren Anzahl von Rekruten, die in Größenklassen angeordnet sind, aus den Gruppengrößen und den Besetzungszahlen der einzelnen Gruppen als Gewichten berechnet wird.

Aehnlich liegt der Fall, wenn ich den mittleren Preis für Weizen aus drei Kaufgeschäften berechnen will, bei denen einmal 15 t zu M. 180.—, das andere Mal 30 t zu M. 190.— und schließlich 5 t zu M. 200.— umgesetzt wurden. Das „ungewogene" Mittel, M. 190.—, ist natürlich wertlos. Andererseits ist klar, daß als Gewichte nur die verkauften Mengen in Betracht kommen. Denn der Preis ist der Quotient aus Verkaufswert und Verkaufsmenge. Wir müssen also sämtliche Verkaufswerte zusammen addieren und durch die Summe der umgesetzten Mengen dividieren, mit anderen Worten, die Preise mit den Mengen „gewichten" oder „wägen". Der Durchschnittspreis ist also:

$$\frac{(15 \times 180) + (30 \times 190) + (5 \times 200)}{50} = 188.$$

Ganz analog ist es, wenn wir die Gesamtsterblichkeit auffassen als gewogenen Durchschnitt der „besonderen" Sterbeziffern der einzelnen Berufe, Altersklassen usw. Daß auch hier die Besetzungszahlen dieser Untergruppen die Gewichtszahlen sein müssen, ist klar. Auch hier bedeutet das Wägen ja nichts anderes als ein Zurückgehen auf die ursprünglichen Elemente.

---

3) Statistik, Leipzig 1925, S. 69.

Bei einem **Lohndurchschnitt** kommen **zwei Möglichkeiten** in Betracht: wollen wir die Löhne als Kostenfaktoren der Produktion betrachten, so werden wir als Gewichte für die Stundenlöhne die Zahl der Stunden, für die zu den einzelnen Lohnsätzen gearbeitet worden ist, nehmen. Kommt es uns aber darauf an, das Durchschnittseinkommen der Lohnarbeiter, so weit es aus Lohnarbeit fließt, zu berechnen, so werden wir 1. nicht Stundenlöhne nehmen dürfen, sondern Wochenverdienste und 2. als Gewichtszahlen die Zahl der Arbeiter der einzelnen Berufsgruppen verwenden müssen.[4])

Es ist nun wichtig, daß bei einem Durchschnitt intensiver Größen die **Gewichte immer extensive Größen** sind; sie geben ja Menge und Umfang an, in denen die betreffende Erscheinung an der Durchschnittsbildung beteiligt ist.[5]) Die extensiven Größen können nun wieder kontinuierliche sein (Gewicht der verkauften Mengen) oder diskontinuierliche (Zahl der Arbeiter in der Lohnstatistik).

Da Gewichte immer extensive Größen sind, kommen sie natürlich nicht vor bei summenhaften Erscheinungen, deren Komponenten selbst extensive Größen sind. Wenn ich die Besucherzahlen der einzelnen deutschen Universitäten zusammenfasse zur Gesamtsumme aller Studierenden des Deutschen Reiches,

---

[4]) Andere Beispiele von Gewichten sind: die durchschnittlichen Erntemengen der einzelnen Länder, berechnet aus einem zehnjährigen Zeitraum, bei der Bildung des Reichsdurchschnittes der Saatenstandsnoten oder die Einwohnerzahlen bei der Berechnung einer Reichsindexziffer der Lebenshaltungskosten als Durchschnitt der Werte für die einzelnen in die Lebenshaltungsstatistik einbezogenen Gemeinden.

[5]) Es darf aber nicht übersehen werden, daß die Gewichte nicht immer in absoluten Zahlen ausgedrückt sein müssen, sondern ebensogut in Prozentzahlen des Gesamtumfanges angegeben werden können. So können wir bei einer Statistik der Stundenlöhne die Lohnsätze der einzelnen Berufe wägen mit der absoluten Zahl der Stunden, die in dem betreffenden Wirtschaftsgebiete von Arbeitern dieser Berufsgruppen tatsächlich gearbeitet worden sind, oder aber mit dem Prozentsatz des Anteils dieser Stunden an der Gesamtzahl der von Arbeitern aller, in die Statistik einbezogenen Berufe gearbeiteten Stunden.

Das rechnerische Ergebnis ist aber in beiden Fällen dasselbe: ob ich die absoluten Zahlen $a', a'', a''' \dots$ als Gewichte nehme und die Summe der Produkte durch $a'+a''+a'''+ \dots = s$ dividiere oder $[a'] = \frac{a'}{s} \cdot 100$, $[a''] = \frac{a''}{s} \cdot 100$ usw. als Gewichte verwende und die Summe der Produkte durch 100 dividiere, immer muß ich zu demselben Endergebnis kommen; denn der Bruch $\frac{a'\alpha' + a''\alpha'' + a'''\alpha''' + \dots}{a' + a'' + a''' \dots\dots}$ (**absolute Gewichte**) entsteht ohne weiteres aus dem anderen: $\frac{[a']\alpha' + [a'']\alpha'' + [a''']\alpha''' + \dots}{100}$ (**relative Gewichte**) durch Erweiterung mit $\frac{s}{100}$.

so hat es keinen Sinn, von Gewichten zu sprechen, mit denen die einzelnen Universitäten bzw. ihre Besucherzahlen zu versehen seien; die einzelnen Summanden sind gewissermaßen ihre eigenen Gewichte.

Die Berechnung eines Durchschnittes ist nun aber an eine sehr wichtige Voraussetzung geknüpft, nämlich daran, daß die einzelnen Angaben alle in derselben Einheit ausgedrückt sind. Es ist natürlich sinnlos, einen Durchschnitt von Löhnen verschiedener Berufsgruppen zu bilden, die teils als Stundenlöhne, teils als Wochenlöhne angegeben sind; eine Umrechnung auf dieselbe Einheit, Stunden- oder Wochenlöhne, ist aber hier, wenn die Zahl der Arbeitsstunden je Woche bekannt ist, leicht möglich.

Ganz anders aber ist es bei Preisen verschiedener Waren. Hier fehlt tatsächlich die allen gemeinsame Einheit. Daß es die gleiche Gewichtseinheit (kg, dz, t usw.) nicht sein kann, sieht man bei einigem Nachdenken. Denn 1 kg Gold hat doch nicht dieselbe Bedeutung wie 1 kg Steinkohle; beide haben zwar physikalisch dasselbe Gewicht, aber nicht, worauf es doch in der Preisstatistik ankommt, wirtschaftlich. Bei der Bildung eines Durchschnittes physikalischer Maßzahlen von Gold und Kohle würde die Gewichtseinheit am Platze sein, so z. B. wenn wir das mittlere spezifische Gewicht einer Mischung von diesen beiden Stoffen berechnen wollen; das ist eine durchaus sinnvolle Größe, zu deren Berechnung wir nur die Mengenverhältnisse der beiden Substanzen, in Kilogramm meinetwegen, und die spezifischen Gewichte derselben brauchen.

Analog einen Durchschnittspreis von Gold und Kohle zu berechnen, wäre aber sinnlos. Mit anderen Worten: wir können den Durchschnittspreis verschiedener Waren — von gleich zu besprechenden Ausnahmen abgesehen — überhaupt nicht berechnen. Diese Behauptung wird noch sinnfälliger, wenn wir bedenken, daß die Preise vieler Waren gar nicht nach Gewichtseinheiten bemessen werden, bzw. auch nicht aus anderen Einheiten (Hohlmaßen, Stück usw.) in solche umgerechnet werden können, z. B. die Preise für Dienstleistungen, Wohnungsmieten usw.

Wenn die intensiven Werte, aus denen die Durchschnitte gebildet werden sollen, nicht auf dieselbe Einheit bezogen sind, können wir auch nicht von Gewichten im strengen Sinne reden. Die Mengenangaben, mit denen die einzelnen Preise eines Großhandels- oder Lebenshaltungsindex gewogen sind, sind gar nicht im streng logischen Sinne Gewichte, sie sind einfach Mengenangaben.

Wenn es nun auch im allgemeinen einen Durchschnittspreis verschiedener Waren nicht gibt, so selbstverständlich einen solchen derselben Ware, z. B. aus verschiedenen Verkäufen an verschiedenen Orten oder zu verschiedenen Zeitpunkten. Das obige Beispiel eines räumlichen Durchschnittspreises von Weizen gehört hierher.

Unter gewissen, praktisch zwar selten vorkommenden, theoretisch aber sehr interessanten Umständen ist nun aber doch ein solcher Durchschnittspreis verschiedener Waren berechenbar. Ein Durchschnittspreis verschiedener Lebensmittel unter Benutzung der „physikalischen“ Gewichtsmengen als „statistische“ Gewichte ist unzulässig; denn 1 kg Fleisch bedeutet für die Ernährung nicht dasselbe wie 1 kg Zucker oder Brot. Wenn wir aber die verschiedenen physikalischen Gewichtsmengen umwandeln in Kalorien, wobei natürlich der Kaloriengehalt einer Gewichtseinheit der verschiedenen Nahrungsmittel ein ganz verschiedener ist, so erhalten wir tatsächlich vergleichbare Einheiten und können nun von einem Durchschnittspreis verschiedener Lebensmittel sprechen, aber nicht ausgedrückt für eine Gewichtseinheit, sondern für eine Kalorie.

Diese Berechnung hat natürlich zur Voraussetzung, daß der Nährwert der Nahrungsmittel mit einer Angabe ihres Kaloriengehaltes erschöpfend dargestellt ist. Ob oder inwieweit das zutrifft, haben wir hier nicht zu entscheiden, das ist Sache der Physiologie. Wir begnügen uns nur festzustellen, daß auch diese durchaus nicht alle der Meinung sind, daß ein Vergleich des Wertes der Nahrungsmittel in so einfacher Weise durchführbar sei.

War hier rein sachlich die Verwendung einer derartigen errechneten Einheit ziemlich problematisch, so ist sie es viel weniger in einem anderen Falle: auch den Heizwert verschiedener Brennstoffe wie Steinkohle, Braunkohle, Torf, Holz können wir in Kalorien ausdrücken und die Preise je Zentner umrechnen in solche je Kalorie. Ganz einwandfrei dürfte die Berechnung auch hier nicht sein, weil der Gebrauchswert ja nicht nur von dem Heizwert abhängt, sondern noch von anderen Momenten (Bequemlichkeit und Sauberkeit beim Verfeuern usw.). Aber immerhin ist hier eine auf Kalorien basierte Durchschnittsberechnung vielleicht weniger sachlichen Einwänden ausgesetzt als in dem vorigen Beispiel der Lebensmittel.

Von derartigen Ausnahmefällen abgesehen, können aber Preisdurchschnitte verschiedener Waren nicht berechnet werden. Wir können zwar das Lohnniveau eines bestimmten Gebietes und eines bestimmten Zeitpunktes angeben und sagen: das Lohnniveau für den Stundenlohn in Deutschland betrug im Juli 1926 für gelernte Arbeiter 94,0 Pf. und für ungelernte Arbeiter 65,7 Pf.; wir können aber nicht sagen: das Niveau der Großhandelspreise oder der Lebensbedürfnisse beträgt so und soviel Mark.

Der Großhandelsindex aber will doch nun gerade die Veränderung des Preisniveaus der Großhandelspreise verfolgen oder der Lebenshaltungsindex das der Lebensbedürfnisse. Hier ist es nun wichtig, daß wir unter Umständen die Veränderung eines Niveaus berechnen können, ohne dieses selbst zu kennen. Machen wir uns das durch eine Formel klar.

Mit α', α'', α''' .... wollen wir die intensiven Werte einer Größe pro Einheit bezeichnen (z. B. Höhe des Lohnes pro Stunde) und mit a', a'', a''' .... die entsprechenden extensiven Werte, die Gewichte, die Zahl der Einheiten also. Ein gewogener Durchschnitt einer zusammengesetzten Erscheinung wäre dann:

$$D = \frac{a'\alpha' + a''\alpha'' + a'''\alpha''' + }{a' + a'' + a''' + \ldots\ldots} = \frac{\Sigma a\alpha}{\Sigma a}$$

Im Falle eines Preisindex sind uns nun — abgesehen von jenen wenigen, eben erwähnten Ausnahmefällen — weder die Größen a noch die Größen α bekannt, wohl aber die Größen p und q, wenn wir unter q die Zahl der Einheiten verstehen, für die der Preis p gilt. Wir wissen, daß diese Einheiten und damit die Mengen q_1, q_2 .... und ebenso die Preise p_1, p_2 .... nicht untereinander vergleichbar sind. Wohl aber besteht die Gleichung: $pq = a\alpha$; denn der Wert einer bestimmten Menge Zucker bleibt derselbe, ob ich als Mengeneinheit kg oder Kalorien nehme. Ich erhalte also:

$$\Sigma a\alpha = \Sigma qp$$

Wenn wir nun die Veränderung des Preisniveaus von einem Zeitpunkt auf den anderen verfolgen wollen, und dabei unterstellen, daß die Mengen dieselben bleiben, eine Unterstellung, die, wie im nächsten Abschnitt bewiesen werden soll, in den meisten Fällen gemacht werden muß, so können wir die Formel:

$$\frac{D_1}{D_0} = \frac{\frac{\Sigma a\alpha_1}{\Sigma a}}{\frac{\Sigma a\alpha_0}{\Sigma a}} = \frac{\Sigma a\alpha_1}{\Sigma a\alpha_0}$$

ersetzen durch die andere:

$$\frac{D_1}{D_0} = \frac{\Sigma qp_1}{\Sigma qp_0}$$

Diese Formel ist also eine Maßzahl für die Veränderung des Preisniveaus vom Zeitpunkt 0 auf den Zeitpunkt 1, ohne daß die Höhe des Niveaus in den beiden Zeitpunkten bekannt wäre und überhaupt berechnet werden könnte. Wir ersetzen dabei den Durchschnitt, den wir nicht errechnen können, weil vergleichbare Mengeneinheiten, in denen die Gewichte ausgedrückt und für die die Preisangaben gemacht werden können, nicht vorhanden sind, durch eine Summe.

Die logische Berechtigung dieses Verfahrens leuchtet auch ohne die eben gegebene Einkleidung in Formeln ein; denn es ist klar, daß der Wert einer bestimmt zusammengesetzten Gütergesamtheit direkt proportional ist, also steigt und fällt, mit dem Durchschnittspreis, dem Preisniveau. Die tatsächliche Anwendung dieses Verfahrens ist uns ja aus der Lebenshaltungsstatistik geläufig. Der frühere deutsche Großhandelsindex allerdings war anders aufgebaut; davon später.

Wir betrachteten bis jetzt diese Summen als Ersatz für Durchschnitte. Wir dürfen aber nicht übersehen, daß gelegentlich diese Summen auch als solche selbständigen Erkenntniswert haben: z. B. die Lohnsummen, die in einer bestimmten Woche in einem Betriebe gezahlt worden sind, oder der Gesamtwert der eingeführten Waren. (Beide Summen können natürlich auch als Ersatz für Durchschnitte verwendet werden, wenn es sich um räumliche oder zeitliche Vergleiche handelt.)

Ein selbständiger Erkenntniswert ist allerdings in allen den Fällen nicht gegeben, wo die Summe nur einen Ausschnitt aus der Gesamterscheinung bietet, einen Ausschnitt, von dem methodologisch natürlich zu fordern ist, daß er repräsentativ ist. Wie hoch z. B. der absolute Wert der sogenannten Teuerungszahl ist, ist nicht wesentlich und sehr uninteressant, da ja ganz bewußt nur ein Ausschnitt aus den gesamten Lebenshaltungskosten erfaßt wird und wohl auch nur werden kann (wegen der großen Mannigfaltigkeit der Lebensbedürfnisse, die allzugroßen individuellen Schwankungen unterworfen sind). Eine solche absolute Teuerungszahl hätte nur dann einen selbständigen Erkenntniswert, wenn sie ein Existenzminimum darstellen würde und zwar weniger ein physiologisches als ein soziales oder kulturelles. Die deutsche Reichsstatistik betont ausdrücklich, daß ihre Teuerungszahl nicht den Anspruch erhebt, ein solches Existenzminimum zu messen, und es wird auch bestritten, daß es überhaupt möglich sei, ein solches zu berechnen. Ohne hier diese Frage weiter zu erörtern, sei immerhin auf die interessante Schrift des Schweizer Statistikers H. Freudiger, „Das soziale Existenzminimum in ländlichen Bezirken der Schweiz und in der Stadt Bern", Burgdorf 1926, hingewiesen, in der tatsächlich ein solcher Versuch gemacht wird.

Als weiteres Beispiel für die Methode, Wertsummen, die einen repräsentativen Ausschnitt aus einer Gütergesamtheit erfassen, an Stelle der Durchschnitte, die aus theoretischen Gründen nicht berechnet werden können, zu verwenden, mag hier noch der Baukostenindex erwähnt werden, der ganz analog wie der Lebenshaltungsindex konstruiert ist. Wurden hier die Kosten für die Lebensbedürfnisse einer fünfköpfigen Familie bei Zubilligung eines ganz bestimmten, breiten Volksschichten entsprechenden Lebensstandards zugrunde gelegt, so bei letzteren die Baukosten (Baustoffe und Arbeitslöhne) für eine Vierzimmerwohnung (ohne Boden- und Kelleranteil) von 110 qm nutzbarer Fläche in einem oberen Stockwerk eines städtischen, bürgerlichen Mietwohnhauses.[6])

Daß die bei diesen Statistiken gewonnenen absoluten Zahlen zunächst nur Durchgangsposten sind zur Berechnung der entsprechenden Indexziffern, wurde eben schon gesagt. Die absoluten Zahlen nennt man in der Teuerungsstatistik Teuerungszahlen[7]); ich möchte hier ganz allgemein von Aufwandszahlen sprechen, zu denen der Aufwand für die Lebenshaltung einer bestimmt zusammengesetzten Familie einer bestimmten sozialen Schicht, eben die Teuerungszahl, und der Aufwand für den Bau einer in der obigen oder in anderer Weise charakterisierten Wohnung gehören würden.

Solche Aufwandszahlen lassen sich für alle möglichen Verhältnisse berechnen; sie werden meist repräsentativen Charakter haben und deshalb die Rolle von Durchgangszahlen in allen solchen Fällen spielen, wo eigentliche Durchschnitte nicht berechnet werden können.

Zum Schluß noch eine Konsequenz daraus, daß in der Preisstatistik keine gemeinsamen Einheiten vorhanden sind, daß also die Größen a und α in obigen Formeln durch q und p ersetzt werden müssen: man pflegt in solchen Fällen, wo man in Ermangelung ausreichender statistischer Unterlagen über die Größe der Gewichte in völliger Ungewißheit ist, statt gänzlich unsicherer Schätzungen einen ungewogenen oder, wie man richtiger sagen sollte, einen gleich gewogenen Durchschnitt zu

---

[6]) Dieser vom Statistischen Reichsamt berechnete Index wird in der „Bauwelt" und in „Wirtschaft und Statistik" veröffentlicht, ebenso in der Wirtschaftskurve der Frankfurter Zeitung; siehe auch die letztere, Jahrg. 1925, S. 59.

[7]) Gegen den Namen „Teuerungsstatistik" hat man mit Recht eingewendet, daß er wenig charakteristisch ist; auch in Zeiten, die nicht als Teuerungszeiten bezeichnet werden können, hat die Berechnung von Lebenshaltungsindexen Sinn. Der Name ist natürlich aus der Entstehungszeit und aus dem ursprünglichen Zweck der Berechnung solcher Indexziffern zu verstehen. Der letztere bestand ja darin, die immer mehr anwachsende Verteuerung der Lebenshaltung zahlenmäßig zu charakterisieren. Als neutralere Ausdrücke empfehlen sich die auch jetzt schon gebräuchlich gewordenen Bezeichnungen Lebenshaltungsstatistik und Lebenshaltungsindex und für die absoluten Zahlen: Aufwandszahlen der Lebenshaltungskosten.

berechnen. Als Surrogat wird man das gelten lassen können. Es ist aber nun eine falsche Anwendung dieses Grundsatzes, wenn man in der Preisstatistik die Angaben für sämtliche Waren in derselben Gewichtseinheit macht, in der Annahme, damit auch gleiche statistische Gewichte verwendet zu haben. Denn dann macht man zwar die q gleich groß, aber nicht, worauf es doch ankommen würde, die a. Es ist klar, daß man, um das Beispiel von Gold und Kohle zu wiederholen, Gold dabei in viel stärkerem Maße berücksichtigen würde als Kohle.

Zu besonders widerspruchsvollen und schwankenden Ergebnissen führt es, wenn man bei einem solchen ungewogenen Durchschnitt nicht einmal gleiche Gewichtseinheiten nimmt, sondern für gewisse Waren auch andere Einheiten zuläßt, z. B. Stück für Eier; denn damit ist der Willkür noch mehr Spielraum gelassen, und ein Uebergang von der Einheit 1 Stück zu der Einheit 15 Stück (= 1 Mandel), was ja doch eine handelsübliche Einheit ist, führt zu ganz anderen Ergebnissen.

Bortkiewicz führt in seinem schon öfter zitierten Aufsatz über „Zweck und Struktur einer Preisindexzahl" ein interessantes Beispiel hierfür an. Er erwähnt, daß sich bei dem bekannten Eulenburgschen Kleinhandelspreisindex, der ein in diesem Sinne ungewogener Index ist, für Januar 1920 der Indexwert 552 ergibt, wenn man für Eier als Maßeinheit ein Stück nimmt, daß sich aber für denselben Zeitpunkt der Wert 825 ergibt, wenn man als Einheit eine Mandel (= 15 Stück) verwendet, was doch ebenso berechtigt, ja vielleicht noch sinnvoller ist.

4. Einzel-, Gesamt- und Generalindices.

Wir wollen im folgenden unter einem Einzelindex einen Index verstehen, der dem Vergleich von einfachen statistischen Größen dient, unter Gesamtindex einen solchen, der dem Vergleiche von summenhaften komplexen statistischen Größen dient und unter Generalindex schließlich einen solchen, der zum Vergleiche von komplexen statistischen Größen mit Durchschnittscharakter verwendet wird. Gesamtindex und Generalindex können wir auch mit dem gemeinsamen Namen Kollektivindex bezeichnen und so dem Einzelindex gegenüberstellen.

Da, wie wir wissen, die Elemente oder Komponenten jedes statistischen Kollektivums, jeder komplexen statistischen Größe auch zu Untergruppen zusammengefaßt werden können (so z. B. die in dem früheren deutschen Großhandelsindex[8]) berücksichtig-

[8]) Siehe aber S. 184.

ten Waren zu den sieben Gruppen: 1. Getreide und Kartoffeln, 2. Fette, Zucker, Fleisch und Fisch, 3. Kolonialwaren, Hopfen, 4. Häute und Leder, 5. Textilien, 6. Metalle und Mineralöle, 7. Kohle und Eisen), deren Veränderung neben der der Gesamterscheinung und der der Elemente zu verfolgen von Interesse sein kann, können wir zwischen den Begriff des Einzel- und des Kollektivindex den des Gruppenindex oder Teilindex einschieben.

Unter einem Spezialindex wollen wir dann schließlich, um die terminologischen Festlegungen abzuschließen, mit Žižek[9]) einen Gesamt- oder Generalindex verstehen, der ähnlich dem Gruppenindex einen Ausschnitt aus einer Gesamterscheinung erfaßt, aber einen solchen, der unter bestimmten, von außen herangetragenen Gesichtspunkten ausgewählt ist. So stellt z. B. der Lebenshaltungsindex oder der Baukostenindex im Gegensatz zum Großhandelsindex die Bewegungen nicht des Gesamtpreisniveaus, sondern die des speziellen Preisniveaus der Lebensbedürfnisse oder der Baukosten dar. Es ist manchmal Geschmacksache, ob man einen Index als Spezialindex oder als Gesamt- bzw. Generalindex bezeichnen will.[10])

Es ist hier vielleicht die Stelle, an eine Unterscheidung zu erinnern, die Lucien March[11]) gemacht hat. Er unterscheidet: 1. indices particuliers, 2. indices synthétiques und 3. indices composés. Den ersteren entsprechen unsere Einzelindices. Unter indices synthétiques versteht nun L. March Indices, die dem Vergleiche solcher komplexer Erscheinungen dienen, deren Komponenten in einer und derselben Einheit ausdrückbar sind, die also gleichartig sind und unter indices composés solche, bei denen das nicht der Fall ist.

Nach unserer Auffassung müssen die Komponenten einer komplexen Erscheinung immer gleichartig sein. Der sogenannte Wohlstands„index" des Dawesgutachtens macht nur eine scheinbare Ausnahme, wenn er auch sehr heterogene Dinge (Ein- und Ausfuhrsummen, Einnahmen und Ausgaben des Staatshaushaltes, beförderte Gütermengen usw.) zusammenstellt. Aber es wird doch

---

[9]) Siehe Grundriß, 2. Aufl., S. 418.

[10]) Ebenso ist es bei den S. 119 erwähnten Summen, die an Stelle von Durchschnitten, die in gewissen Fällen nicht berechenbar sind, treten, manchmal nicht leicht zu entscheiden, ob wir es mit einem Gesamt- oder Generalindex zu tun haben. Wenn die Summen Selbstzweck sind (Vergleich der Wertsummen der Ein- und Ausfuhr), handelt es sich um einen Gesamtindex; wenn die Summen aber Durchgangsgrößen sind und der Zweck des Vergleiches die Veränderung des Durchschnittes ist (Veränderung des Preisniveaus der eingeführten Waren), handelt es sich um einen Generalindex.

[11]) Lucien March, Les indices économiques, Metron, Bd. 3, 1923, Nr. 3/4, S. 334.

aus ihnen nicht eigentlich ein Durchschnitt berechnet oder eine Summe gebildet, was sinnlos wäre, sondern die Veränderungen der verschiedenen Komponenten sind es, aus denen ein Durchschnitt gebildet wird: der Wohlstandsindex mißt also oder, besser gesagt, würde messen — wenn nicht andere gewichtige formale und materiale Einwände gegen ihn zu erheben wären[12]) — die durchschnittliche Veränderung der verschiedenen Wohlstandskomponenten, aber nicht die Veränderung des Wohlstandsniveaus.

Nachdem wir nun die verschiedenen Formen, in denen statistische Kollektivgrößen auftreten können, erörtert haben, wird es uns leicht sein, Klarheit in das so verworrene Gebiet der Indexzifferberechnung zu bringen. Denn die Gesamt- und die Generalindexziffern sind nicht etwa Indexziffern mit besonderen logischen und formalen Problemen, die nach besonderen Formeln berechnet werden müßten, sondern sie sind von derselben logischen Struktur wie die einfachen Indices.

Ein Generalindex z. B. ist nicht ein irgendwie berechneter Durchschnitt von Einzelindices, sondern der Index eines Durchschnittes. Er soll Durchschnitte vergleichen, gerade so wie ein Einzelindex Einzelerscheinungen vergleichen soll. Ein Durchschnitt ist aber ebenso eine individuelle statistische Kennziffer wie irgendein Einzelwert.

Allerdings hat die Logik des Vergleichs komplexer statistischer Größen, auf die unserer Meinung nach das ganze Problem der Indexzahlen komplexer statistischer Größen zurückgeführt werden muß, ihre besonderen Gesetze, die sich aber alle aus der Logik des Vergleiches überhaupt ableiten lassen und die bestimmen, welche Größen überhaupt sinnvoll miteinander verglichen werden können. Sind aber diese Fragen jeweils geklärt, so ist die Berechnung der Indexziffern selbst überhaupt kein Problem mehr.

Versuchen wir uns also jetzt auf der Basis einer Erörterung der Logik des statistischen Vergleichs komplexer statistischer Größen über die Berechnung von Gesamt- und Generalindices klar zu werden.

B. Logik des Vergleichs komplexer statistischer Größen.

1. Der Vergleich komplexer statistischer Größen von summenhaftem Charakter.

Ein Beispiel wird am besten klarmachen, worum es sich hier handelt. Die Gesamtzahl der Studierenden aller deutschen

---

[12] Siehe Seite 184 [9]).

Universitäten ist eine statistische Massenerscheinung, deren zeitliche Veränderung in Form von einfachen Indexzahlen ausgedrückt werden kann. Wie wir jedoch diese Gesamtzahl als Teil einer übergeordneten Masse — z. B. der Gesamtzahl der Studierenden sämtlicher Hochschulen (einschließlich Technischer usw. Hochschulen) oder der Gesamtzahl der Studierenden aller europäischen Universitäten — betrachten können, so können wir sie auch auffassen als Summe, die sich — und zwar je nach dem Gesichtspunkte in verschiedener Weise — in Summanden zerlegen läßt: z. B. nach einem räumlichen Gesichtspunkt in die Zahl der Studierenden der einzelnen Universitäten oder nach sachlichen Gesichtspunkten etwa nach dem Studienfach oder nach dem Alter oder dem Geschlecht usw.

Hätten wir es nur mit der gegliederten Gesamtmasse e i n e s Zeitpunktes zu tun, so hätte sich eine analytische Durchdringung des Zahlenmaterials im wesentlichen auf die Berechnung von Gliederungszahlen zu beschränken. Höchstens hätte es vielleicht in manchen Fällen noch Sinn die Durchschnittsgröße der Besucherzahlen aller Universitäten zu berechnen und dann anzugeben, wie viele und welche Universitäten über oder unter dem Durchschnitt stehen, bzw. für jede einzelne Universität die Ordnungszahl in der nach der Größe geordneten Reihe sämtlicher Universitäten anzugeben.

Betrachten wir jetzt nun die nach irgendwelchen Gesichtspunkten gegliederte Gesamtmasse in ihrer zeitlichen Entwicklung — Entsprechendes würde natürlich wiederum für räumliche und sachliche Vergleiche gelten —, so ergeben sich für die statistische Analyse sofort folgende z w e i H a u p t a u f g a b e n: 1. wir können für die Gesamtmasse sowohl, als auch für die einzelnen Teilmassen die Indices berechnen und aus ihrem Wert ersehen, in welcher Weise die Veränderungen der Teilmassen von jener der Gesamtmasse abweichen, und 2. können wir die Veränderung der A n t e i l s q u o t e n (Gliederungszahlen) der einzelnen Teilgruppen indexmäßig verfolgen.

Als Beispiel für den ersten Gesichtspunkt wählen wir die Gliederung der Gesamtzahl der Studierenden aller deutschen Universitäten nach dem Geschlecht. Die absoluten Zahlen sind in der folgenden Zusammenstellung gegeben:

Geschl.	W.-S 1913/14	S.-S. 22	W.-S. 22/23	S.-S. 23	W.-S. 23/24	S.-S. 24	W.-S 24/25	S.-S. 25	W.-S. 25/26
männl.	55 614	76 335	74 007	76 631	68 521	60 654	54 204	53 650	52 100
weibl.	3 649	8 105	8 206	8 763	8 338	7 460	6 675	6 808	6 767
Zus.	59 263	84 440	82 213	85 394	76 859	68 114	60 879	60 458	58 867

Setzen wir jetzt das Wintersemester 13/14 als Basis gleich 100, so erhalten wir folgende Verhältniszahlen (Teil- und Gesamtindices):

Geschl.	W.-S. 1913/14	S.-S. 22	W.-S. 22/23	S.-S. 23	W.-S 23/24	S.-S. 24	W.-S. 24/25	S.-S. 25	W.-S. 25/26
männl.	100	137	133	138	123	109	97	96	94
weibl.	100	222	225	240	229	204	183	187	185
Zus	100	142	139	144	130	115	103	102	99

Das auch sachlich interessante Ergebnis der kleinen Uebersicht ist, daß die Zahl der weiblichen Studierenden viel stärker zugenommen hat, als die Zahl der männlichen und damit der Gesamtzahl.

Wir wollen nun das an einem konkreten Zahlenbeispiel Erläuterte in eine einfache Formel bringen, indem wir mit a_o b_o, c_o .... die absoluten Basiswerte der Teilmassen, mit s_o den absoluten Basiswert der Gesamterscheinung bezeichnen und mit a_1, b_1, c_1 .... sowie s_1 die entsprechenden Werte zum Zeitpunkt 1 (bzw. bei einem örtlichen Vergleiche Orte 1), ferner mit $(i_a)_1$, $(i_b)_1$ .... die Einzelindices für den Zeitpunkt 1 und mit J_1 den Gesamtindex für denselben Zeitpunkt. Es ergibt sich dann ohne weiteres folgende Formel:

$$J_1 = \frac{a_o \cdot (i_a)_1 + b_o\ (i_b)_1 + \cdots\cdots}{a_o + b_o + \cdots\cdots}$$

Denn nach dem Begriff des Index ist:

$$J_n = \frac{s_n}{s_o} = \frac{a_n + b_n + c_n \cdots\cdots\cdots}{a_o + b_o + c_o \cdots\cdots\cdots}$$

und:

$$a_n = \frac{a_n}{a_o} \times a_o = (i_a)_n \times a_o.$$

Aus obiger Formel ergibt sich also, daß sich der Gesamtindex auch aus den Einzelindices berechnen läßt unter Zuhilfenahme der absoluten Basiswerte, daß er also das gewogene Mittel aus den Einzelindices darstellt, wobei die Basiswerte der Teilerscheinungen Gewichtszahlen sind.

Wir sahen oben, daß wir die Veränderung einer summenhaften Gesamterscheinung noch unter einem anderen Gesichtspunkt betrachten können; wir können nämlich die Veränderung der Anteilsquoten, der Gliederungszahlen für die einzelnen Teilmassen beobachten. Wenn die Teilindices denselben Wert haben, wie der Gesamtindex, wenn also eine proportionale Entwicklung sämtlicher Teile der Erscheinung stattfindet, so bleibt natürlich das durch die Gliederungszahlen ausgedrückte Verhältnis der einzelnen Teilmasen zur Gesamtmasse und untereinander gleich. Andernfalls aber unterliegt es bestimmten Veränderungen, die natürlich ihrerseits wieder bedingt sind durch die Größe des Teilindex und den Basiswert der Gliederungszahl.

Machen wir uns das zunächst wieder an unserem Beispiel klar. Die der obigen Tabelle (S. 80) entsprechenden Gliederungszahlen sind:

Geschl.	W.-S. 1913/14	S.-S. 22	W.-S. 22/23	S.-S. 23	W.-S. 23/24	S.-S. 24	W.-S. 24/25	S.-S. 25	W.-S. 25/26
männl.	93,8	90,4	90,0	89,7	89,2	89,0	89,0	88,7	88,5
weibl.	6,2	9,6	10,0	10.3	10,8	11,0	11,0	11.3	11,5
Zus.	100	100	100	100	100	100	100	100	100

Der Prozentsatz der weiblichen Studierenden hat also zugenommen, der der männlichen abgenommen, was von vornherein aus den entsprechenden Indices bereits abgelesen werden konnte. Denn es ist klar, daß ein Teilindex, der dieselbe Größe hat wie der Gesamtindex, die Gliederungszahl der betreffenden Teilmasse nicht verändert, ein Teilindex aber, der größer ist als der Gesamtindex, sie vergrößert und einer, der kleiner ist, sie verkleinert. Es kommt hierbei also nur an auf das Verhältnis des Teilindex zum Gesamtindex, nicht auf die beiden Größen selbst. Es ist, um es wieder auf die schon mehrfach gebrauchte Formel zu bringen, möglich, daß eine Erscheinung absolut abnimmt (Teilindex kleiner als 1 bzw. 100), der entsprechende Anteil aber größer wird, die Erscheinung also relativ zunimmt, dann nämlich, wenn der Gesamtindex noch weiter unter 1 oder 100 liegt.

Wenn nun eine Teilerscheinung von 10% der Gesamtmasse auf 20% derselben gestiegen ist, so bedeutet das, mag sie absolut zu- oder abgenommen haben, mag also der Index der absoluten Zahlen über oder unter 100 liegen, eine Verdoppelung der Bedeutung, der Geltung, die sie im Rahmen der Gesamterscheinung hat. Der Index der Verhältniszahlen wäre hierbei 2 bzw. 200.

Derartige Indexzahlen bildet man selten. Für gewisse Verhältnisse aber haben sie durchaus Bedeutung und Berechtigung, und sie mögen hier an einem konkreten Beispiel illustriert werden, das die Erdölgewinnung der einzelnen Kontinente und der Welt im ganzen im Jahre 1924 mit der von 1913 vergleicht.

Die Zahlen der Tabelle I entnehmen wir Wirtschaft und Statistik, 1925, Nr. 12; die Zahlen der Tabelle II sind aus jenen berechnet.

Die Erdölgewinnung der Welt.

I.

Gebiete	absolut (in 1000 t)		in % der Weltproduktion	
	1913	1924	1913	1924
Amerika . . .	38 280	122 516	72,48	87,02
Europa	11 412	8 925	21,61	6,34
Asien	3 107	9 178	5,88	6,52
Uebrige Gebiete	16	181	0,03	0,12
Welt	52 815	140 800	100,00	100,00

II.

Gebiete	Die Produktion von 1924 in % von 1913	Die Anteilsquoten der einzelnen Gebiete 1924 in % von 1913
Amerika	320,1	120,1
Europa	78,2	29,3
Asien	295,4	111,0
Uebrige Gebiete .	1131,3	400,0
Welt	266,6	. .

Tabelle I führt uns die absoluten Produktionszahlen und die Gliederungszahlen der räumlichen Untergruppen, die Anteilsquoten der einzelnen Kontinente 1913 und 1924 vor. Die Zunahme der Gesamtproduktion und die der Teilgebiete, mit Ausnahme von Europa, springt in die Augen und ebenso die Zunahme der Anteilsquote von Amerika an der Gesamtproduktion und ebenso die beträchtliche Abnahme derselben für Europa.

Wollen wir die Bedeutung dieser Veränderungen zahlenmäßig genauer erfassen, so müssen wir die entsprechenden Indexzahlen berechnen. Sie werden uns in Tabelle II dargestellt. Wir haben da zunächst die Einzelindices für die einzelnen Erdteile und den Gesamtindex für die Weltproduktion, wobei wieder an die Relativität von Einzel- und Gesamterscheinung bzw. von Einzel- und Gesamtindex erinnert sein mag: die Produktionsziffern und entsprechend die Indices für die einzelnen Kontinente lassen sich natürlich wieder auflösen in die für die einzelnen Länder (die absoluten Zahlen hierfür sind in Wirtschaft und Statistik auch mitgeteilt).

Von derartigen Indexziffern sprachen wir schon oben. Hier kommen nun als neue hinzu jene für die Gliederungszahlen, die wir in Spalte 2 der Tabelle II bringen. Diese Ziffern messen die Veränderung nicht der absoluten Produktionszahlen der einzelnen Gebiete, sondern die Veränderung der Bedeutung, die diese Gebiete im Rahmen der Gesamtproduktion haben. Ein Vergleich von Spalte 1 und 2 dieser Tabelle zeigt, daß beiderlei Veränderungen durchaus nicht übereinzustimmen brauchen.

Gerade solche internationalen Zusammenstellungen von Produktionsziffern werden immer durch Berechnung von derartigen Indexzahlen an Durchsichtigkeit gewinnen, gleichgültig, ob es sich um Erdöl, Metalle, Weizen, Baumwolle oder andere Produkte handelt. Es kommen auch nicht nur Verschiebungen der Anteile der einzelnen Produktionsgebiete in Betracht, die so ziffernmäßig beleuchtet werden, sondern ebenso Verschiebungen der Anteile von sachlichen Untergruppen (z. B. Rübenzucker und Rohrzucker).

Wenn wir jetzt das an einzelnen Beispielen Klargelegte wieder in eine elementare Formel zusammenfassen wollen, so müssen wir zunächst unsere Buchstabensymbolik erweitern: wir wollen unter $[a]_o$, $[b]_o$ usw. die Basiswerte der Gliederungszahlen der Teilmassen a, b usw., also die Werte der Anteilsquoten der verschiedenen Teilmassen zum Basiszeitpunkt o verstehen, so daß also

$$[a]_o = \frac{a_o}{s_o} \times 100, \text{ bzw.} = \frac{a_o}{s_o} \times 1000 \text{ und } [a]_o + [b]_o + \cdots\cdots$$

$= 100$ bzw. 1000, je nachdem es sich um Prozent- oder Promillezahlen handelt; die Bezeichnungen $[a]_1$ oder $[a]_n$ usw. verstehen sich dann von selbst. Im Gegensatz zu $(i_a)_n$, dem Index für die Veränderung der absoluten Werte der Größe a vom Basiszeitpunkt bis zum Beobachtungszeitpunkt, soll $[i_a]_n$ der Index der entsprechenden Gliederungszahlen sein. Es ist dann:

$$[i_a]_n = \frac{[a]_n}{[a]_o} = \frac{\frac{a_n}{s_n} \cdot 100}{\frac{a_o}{s_o} \cdot 100} = \frac{a_n}{a_o} \cdot \frac{s_o}{s_n} = \frac{(i_a)_n}{I_n}.$$

Wir haben also eine wichtige Formel gefunden, die den Zusammenhang zwischen Gesamtindex einerseits und den beiden auf jede der Teilmassen bezüglichen Indices (jenem, der sich auf die absoluten und jenem, der sich auf die Gliederungszahlen bezieht) anderseits darstellt:

$$[i_a]_n = \frac{(i_a)_n}{I_n}.$$

in Worten: der Index für die Anteilsquote einer Teilmasse ist gleich dem Index für die entsprechenden absoluten Zahlen, dividiert durch den Gesamtindex.

Wenn also eine Teilmasse absolut um 33% zugenommen hat (Teilindex 133) und die Gesamtmasse um 33% abgenommen hat (Gesamtindex 67), so ist der Index der Gliederungszahlen: $\frac{133,3}{66,7} = 2$ bzw. 200, der Anteil hat sich also verdoppelt.

Die Indices von Summen, wenigstens von Summen rein extensiver Größen, die also nicht zu jenem dritten von uns unterschiedenen Typus absoluter Zahlen gehören und die wir hier in erster Linie im Auge hatten, bieten also keine besonderen Schwierigkeiten. Hier wird die von uns vertretene These, daß der Kollektivindex dieselbe logische Eigenart hat wie ein Einzelindex, wohl ohne weiteres zugegeben werden. Ob wir hier jeweils überhaupt von einem Gesamtindex oder von einem Einzelindex reden wollen, hängt ganz von dem Gesichtspunkt der Untersuchung ab.

Eine besondere, aber nicht bedeutende Komplikation tritt bei diesem Typus zusammengesetzter Erscheinungen nur dann ein, wenn die räumliche oder sachliche Gliederung sich im Verlaufe der Reihe ändert. Es sind dabei drei Hauptfälle denkbar: 1. kann die Gruppierung nach anderen Gesichtspunkten erfolgen, 2. können neue Gruppen hinzukommen und 3. können Gruppen wegfallen.

Der Fall 1 teilt sich wieder in verschiedene Unterfälle. Zunächst können verschiedene Gruppen zu einer Gesamtgruppe zusammengezogen werden: eine Nachweisung z. B., die bisher bis zu Altersjahrgängen gegeben wurde, wird später vielleicht nur noch nach Altersjahrfünften gegeben. Hierbei kann man die Kontinuität nach rückwärts leicht dadurch aufrechterhalten, daß man auch in den Nachweisungen für die vorhergehenden Zeitpunkte die entsprechenden Gruppenzusammenzüge herstellt und dafür dann die Indexzahlen berechnet.

Wenn aber umgekehrt die Gruppierung von einem bestimmten Zeitpunkt an detaillierter wird, so ist es gewöhnlich nicht möglich, für die zurückliegenden Zeitpunkte die entsprechenden Daten zu gewinnen, es sei denn, daß das Urmaterial mit entsprechender Detaillierung vorhanden ist. Das gilt natürlich noch viel mehr in dem dritten Unterfall, daß die neuen Gruppengrenzen die alten überschneiden, z. B. bei einer Neuregelung der Grenzen der Verwaltungsbezirke. Auch hier wird im allgemeinen die Kontinuität zerrissen sein, es sei denn, daß das Urmaterial so weit gegliedert ist, daß eine Zusammensetzung der Elemente oder Bausteine zu dem alten und dem neuen statistischen Mosaik möglich ist.

Wesentlich anders gelagert sind die Fälle unter 2. und 3. Hier ist natürlich von vornherein eine Indexbildung für derartige Positionen unmöglich: wenn, um auf unser obiges Beispiel zurückzukommen, neben der zeitlichen Reihe der Gesamtzahl der Studierenden aller deutschen Universitäten auch die der einzelnen Universitäten in Indexzahlen umgewandelt werden soll, so können wir natürlich für solche Universitäten keine Teilindices bilden, die zu dem als Basis gewählten Zeitpunkt noch gar nicht vorhanden waren bzw. am Vergleichstage nicht mehr bestehen.

Von besonderem Interesse sind aber beide Fälle unter einem anderen Gesichtspunkte: wie wir schon oben (S. 80) sahen, kann man bei der Analyse einer Summe außer Gliederungszahlen noch einen Durchschnittswert für die Größe der einzelnen Summanden berechnen. Es ist klar, daß diese Durchschnittsgröße nun nicht nur von dem Umfang der Gesamtsumme abhängt, sondern auch von der Zahl der Glieder; ändert sich letztere, so muß sich jene auch bei gleichbleibender Gesamtsumme ändern. Wenn z. B. die Zahl der Universitäten zunimmt, so muß ceteris paribus die auf eine Universität durchschnittlich entfallende Besucherzahl abnehmen und im umgekehrten Falle zunehmen. Aber Durchschnitte haben ja bei den extensiven Größen oder Erscheinungen nicht dieselbe Bedeutung wie bei den intensiven.

Wenn wir jetzt den Abschnitt über den Vergleich komplexer statistischer Größen von summenhaftem Charakter abschließen, so tun wir es mit dem Bewußtsein, einen für das Indexproblem besonders wichtigen Fall noch gar nicht behandelt zu haben. Wir meinen solche komplexe Größen von summenhaftem Charakter, deren einzelne Komponenten zu dem von uns aufgestellten dritten, auflösbaren Typus von absoluten Zahlen gehören. Dazu gehören die Ausgabensummen der Teuerungszahl, deren einzelne Summanden in Mengen und Preise auseinanderlegbar sind. Wir können derartige komplexe Gebilde, zu denen auch der Wert der Ein- und Ausfuhr und andere Größen gehören, vergleichen, ohne ihre Glieder zu zerlegen; dann entsteht kein besonderes Problem weiter, und wir haben Beispiele dieser Art in diesem Abschnitte schon erwähnt. Wenn wir aber darangehen, bei derartigen Größen Mengen und Preise getrennt zu betrachten, entstehen ganz besondere und wichtige Probleme, die wir aber, weil sie bei Durchschnitten ganz ähnlich auftreten, erst dort behandeln wollen.

2. Der Vergleich komplexer statistischer Größen von Durchschnittscharakter.

a) Der ungewogene Durchschnitt.

Wir sind gewöhnt, den ungewogenen oder besser gleichgewogenen Durchschnitt als Surrogat für den gewogenen zu betrachten, der in solchen Fällen angewendet wird, wo zuverlässige statistische Unterlagen für echte Gewichtszahlen nicht vorhanden sind und es auch nicht möglich ist, Näherungswerte für sie zu schätzen. Es mag aber hier ganz kurz auf den theoretisch nicht uninteressanten Fall hingewiesen sein, daß das ungewogene Mittel auch dann, wenn genaue Gewichtsziffern bekannt sind, nicht nur erlaubt, sondern sogar gefordert sein kann.

Es handelt sich dabei um solche Fälle, wo der durchschnittliche Grad einer in verschiedenen Untertypen vorhandenen Erscheinung gemessen werden soll, ganz gleichgültig, in welchen Mengen jeder einzelne dieser Untertypen vorkommt. Das durchschnittliche spezifische Gewicht einer zusammengehörigen Gruppe von chemischen Elementen oder Verbindungen würde hierher gehören.

Ob ein solcher Fall in den Sozialwissenschaften ganz rein verwirklicht ist, soll hier nicht weiter untersucht werden. Immerhin möge erwähnt werden, daß das Preußische Statistische Landesamt bei der Berechnung der durchschnittlichen Geburten-, Sterbe- und Heiratsziffer der Großstädte neben einem gewogenen Durchschnitt (Einwohnerzahlen als Gewichte) einen ungewogenen bildet, mit der Begründung, daß man nur so zu einer „Normalziffer" der Geburtenintensität usw. für die Großstädte gelange, einer Ziffer, die die Geburtlichkeit usw. des Begriffes „Großstadt" darstelle, während der gewogene Durchschnitt gewissermaßen die Sterblichkeit, Geburtlichkeit usw. einer nur gedachten Bevölkerungsagglomeration messe, die in dieser Vereinigung gar nicht existiert.

Für diese sehr interessante, wenn auch praktisch außerhalb der Bevölkerungsstatistik, so weit wir sehen, nicht bedeutungsvolle Angelegenheit sei der Leser auf einen Aufsatz von E. Simon verwiesen: „Die Berechnung von Durchschnittsziffern" (ZPrStLA., 1924, 1. Abt. S. 100), in dem dieser Standpunkt näher begründet wird.

Der indexziffermäßige Vergleich derartiger ungewogener Durchschnitte gestaltet sich nun wie folgt: es seien $\alpha_0, \beta_0, \gamma_0 \cdots$ die n verschiedenen Intensitätswerte zum Basiszeitpunkt und demgemäß $\alpha_t, \beta_t, \gamma_t \cdots$ die entsprechenden Werte zum Zeitpunkt t. Dann ist natürlich der Durchschnittswert für die Basis:

$$D_0 = \frac{\alpha_0 + \beta_0 + \gamma_0 + \cdots}{n}$$

und für den Zeitpunkt t:

$$D_t = \frac{\alpha_t + \beta_t + \gamma_t + \cdots}{n}.$$

Demnach ist der Generalindex:

$$I_t = \frac{\alpha_t + \beta_t + \gamma_t + \ldots}{\alpha_o + \beta_o + \gamma_o + \ldots}.$$

Es ist klar, daß derselbe Indexwert bei den allerverschiedensten Variationen der einzelnen Teilgrößen zustande kommen kann. Interessieren wir uns für die Veränderung der einzelnen Größen, so müssen wir deren Einzelindices berechnen. Es besteht dann folgende Beziehung zwischen diesen und dem Generalindex:

$$I_t = \frac{\alpha_o (i_\alpha)_t + \beta_o (i_\beta)_t + \ldots}{\alpha_o + \beta_o + \ldots}.$$

Der Beweis ergibt sich ohne weiteres, wenn man für $(i_\alpha)_t$ setzt $\frac{\alpha_t}{\alpha_o}$. In Worten: der Generalindex einer ungewogenen Reihe intensiver Größen oder, was dasselbe ist, der Index eines u n - g e w o g e n e n Durchschnittes ist gleich dem g e w o g e n e n Durchschnitt der Einzelindices, wobei die jeweiligen Basiswerte als Gewichte fungieren, also ein ganz ähnlicher Zusammenhang, wie wir ihn oben für die Beziehungen zwischen Gesamtindex und Einzelindices bei summenhaften Erscheinungen gefunden haben.

b) Der gewogene Durchschnitt.

aa) Der Fall des Gleichbleibens der Gewichte.

Wir stehen unmittelbar vor dem Hauptproblem der ganzen Indexdiskussion, dessen Entwirrung uns aber nach den bisherigen Vorbereitungen verhältnismäßig leicht fallen wird. Die vielfältigen und umfangreichen Erörterungen des Indexproblems — man denke nur an das über 500 Seiten umfassende Werk I. Fishers — haben es alle im wesentlichen mit den Schwierigkeiten des Vergleiches gewogener Durchschnitte zu tun, obgleich das Problem meist als das der gewogenen Indexziffern bezeichnet wird. Aber wir sagten schon, daß es sich dabei nicht in erster Linie um gewogene Durchschnitte von Indexziffern handelt, sondern um Indexziffern von gewogenen Durchschnitten.

Das Problem, das für die meisten Autoren, die eine Generalindexziffer ihrem Wesen nach für einen Durchschnitt von Einzelindices halten, zunächst entsteht, nämlich die Wahl der Indexformel, spielt für uns zunächst keine Rolle, wohl aber das andere, das aus der Veränderung der Gewichte von Zeitpunkt zu Zeitpunkt bzw. von Ort zu Ort entsteht. Denn der Fall dürfte wohl selten verwirklicht sein, daß jene mengenmäßige Zusammensetzung des zu vergleichenden Durchschnittes überall und immer dieselbe bleibt.

Fassen wir aber immerhin einmal diese Fiktion ins Auge, die ja im sozialen Leben bei zeitlichen Vergleichen im Falle kürzerer Zeiträume und konstanter wirtschaftlicher Verhältnisse wenigstens annähernd verwirklicht sein kann, und betrachten wir also zunächst den einfachen Fall, daß die Gewichte zu den einzelnen Zeitpunkten oder an den einzelnen Orten die nämlichen sind.

Wenn wir nun mit a_o, b_o ... die Gewichte für die einzelnen Größen bezeichnen, die auch für den Zeitpunkt t gelten sollen, dann ergibt sich:

$$D_o = \frac{a_o \alpha_o + b_o \beta_o + \ldots\ldots}{a_o + b_o + \ldots\ldots} \quad \text{und}$$

$$D_t = \frac{a_o \alpha_t + b_o \beta_t + \ldots\ldots}{a_o + b_o + \ldots\ldots}, \quad \text{also:}$$

$$I_t = \frac{a_o \alpha_t + b_o \beta_t + \ldots\ldots}{a_o \alpha_o + b_o \beta_o + \ldots\ldots}.$$

Die Beziehungen zwischen diesem Generalindex und den Einzelindices werden durch folgende Formel ausgedrückt:

$$I_t = \frac{a_o \alpha_o (i_\alpha)_t + b_o \beta_o (i_\beta)_t + \ldots\ldots}{a_o \alpha_o + b_o \beta_o + \ldots\ldots},$$

eine Formel, die sich ohne weiteres ergibt, wenn man statt α_t setzt: $\frac{\alpha_t}{\alpha_o} \times \alpha_o$ also $(i_\alpha)_t \times \alpha_o$.

Der Index (Generalindex) eines gewogenen Durchschnittes ist also, im Falle des Gleichbleibens der Gewichte, gleich dem mit den Produkten aus den Einzelwerten und den ursprünglichen Gewichten gewogenen Durchschnitt der Einzelindices. — Zu beachten ist, daß die Gewichte des ursprünglichen Durchschnittes, der indexmäßig verglichen werden soll, nicht dieselben sind wie diejenigen, mit denen die Einzelindices gewogen werden müssen, wenn sie zu einem richtigen Generalindex führen sollen.

In dem Falle des Gleichbleibens der Gewichte nun war die Veränderung des Durchschnittes und damit der aus ihr abgeleiteten Indexziffer lediglich eine Folge der Veränderungen der einzelnen Werte (Preise, Löhne usw.); in welcher Weise die Gesamtveränderung des Durchschnittes, die Bewegung der Generalindexziffer, abhängt von der Veränderung der einzelnen — intensiven — Werte, von den Bewegungen der Einzelindices, kann natürlich nur durch einen Vergleich der Generalindexziffer mit den Einzelindices erschlossen werden. Es kann dabei natürlich auch der Fall eintreten, daß der Durchschnitt und damit der Generalindex unverändert bleibt, während die Einzelwerte und damit die Einzelindices eine größere oder geringere Zahl von — in entgegengesetzten Richtungen verlaufenden — Veränderungen erfahren haben.

bb) Das Problem der Elimination.

Ganz anders ist es aber nun, wenn bei einer — zeitlichen oder örtlichen — Reihe eines gewogenen Durchschnittes intensiver Werte auch die Gewichte sich ändern. Es ist ja eine, in der Erörterung des Indexproblems vielfach aufgeworfene und in verschiedenem Sinne beantwortete Frage, ob es überhaupt zulässig ist, bei einer Reihe zu vergleichender Werte komplexer statistischer Größen die mengenmäßige Zusammensetzung der Komponenten, also die Gewichte zu wechseln, bzw. wie man rechnerisch vorzugehen hat, wenn die betreffende Erscheinung in Wirklichkeit sich in entsprechender Weise geändert hat. Auch hier wird uns wieder die Besinnung auf die Logik des Vergleiches den Weg weisen. Das Problem, das hierbei auftritt, ist ein grundsätzliches und tritt bereits in der Bevölkerungsstatistik auf.

Es tritt uns dort entgegen in der Schwierigkeit, die allgemeinen Sterblichkeitsziffern zweier Länder, die ja doch als gewogene Durchschnitte aus den besonderen Sterbeziffern der einzelnen Altersklassen bzw. anderer Untergruppen aufgefaßt werden können, miteinander zu vergleichen: die Höhe der allgemeinen Sterbeziffer ist nämlich, wie bekannt, nicht nur abhängig von der Gefährdung der Bevölkerung durch den Tod, sondern auch von einem für dieses Problem mehr äußerlichen Faktor, nämlich von der verschiedenen Verteilung der Bevölkerung auf die durch den Tod in verschiedenem Maße bedrohten Gruppen, vor allem Altersklassen, mit anderen Worten in erster Linie von der Altersgliederung. Besonders kann eine starke Vertretung der untersten Altersklassen, die normalerweise eine hohe Sterblichkeit aufweisen (Säuglingssterblichkeit) die allgemeine Sterblichkeitsziffer in die Höhe treiben und so fälschlicherweise das Bild einer starken Lebensgefährdung der betreffenden Bevölkerung erzeugen.

Es ist bekannt, daß man sich in der Bevölkerungsstatistik mit der Zugrundelegung einer Standardbevölkerung, die einer „normalen“ Altersgliederung und Gliederung nach dem Geschlecht entspricht, geholfen hat, um die durch die verschiedene Gliederung der Bevölkerung nach dem Alter und, wenn das auch eine geringere Bedeutung hat, nach dem Geschlecht bedingten Verschiedenheiten der allgemeinen Sterbeziffer auszugleichen oder auszuschalten.

Wir kommen hierauf später noch einmal zurück und wollen hier das Problem des Vergleiches gewogener Durchschnitte bei Verschiedenheit der Gewichte ganz grundsätzlich erörtern.

Der logische Grund, warum man bei einem Vergleich der Sterblichkeit die allgemeine Sterblichkeitsziffer nicht als Maßstab für die Lebensbedrohung nehmen kann, ist der, daß hier zwei Größen verglichen werden, deren Ausmaß nicht nur von der zu untersuchenden Erscheinung abhängt. Wollen wir den Vergleich einwandfrei durchführen, so müssen wir den störenden Faktor ausschalten, eliminieren, was bei der Sterblichkeitsziffer durch die Wahl einer Standardbevölkerung mit fester Gliederung nach Alter und Geschlecht, die also in allen Fällen identisch ist, geschieht. Diese Ausschaltung des den Vergleich störenden Faktors, die Elimination, tritt nun in den verschiedensten Formen auf.

Hierdurch ist das Problem der Indexziffern in einem entscheidenden Punkte in die Nähe anderer schon geläufiger formaler statistischer Untersuchungen gerückt. Die hier in Rede stehenden, wichtigen, ja wichtigsten Teilprobleme der Lehre von den Indexzahlen werden also als Sonderfälle der Elimination vergleichstörender Faktoren erkannt, von der wir schon oben (S. 15 f.) ganz allgemein gesprochen haben. Es ist ein großes Verdienst des italienischen Statistikers Gini, die Bedeutung des Eliminationsbegriffs für die Lehre von den Indexzahlen betont zu haben. Wir verweisen hier auf den sehr interessanten Aufsatz dieses Autors in „Metron“ (Bd. IV, Nr. 1, 1924): „Quelques considérations au sujet de la construction des nombres indices des prix et des questions analogues“.

Zunächst aber müssen wir feststellen, daß trotz aller eben berührten Bedenken auch der Vergleich ohne jede weitere Analyse und ohne Elimination vergleichstörender Faktoren Sinn haben kann. Auch hier können wir an oben (S. 15 f.) schon Gesagtes anknüpfen. Nur darf man sich über die Tragweite, über den logischen Sinn eines solchen Vergleiches nicht täuschen. Um das Beispiel der Sterblichkeitsziffern noch einmal heranzuziehen, so besagt die größere Sterblichkeitsziffer eines Landes im Vergleich zu der eines anderen ohne Berücksichtigung des Altersaufbaues, wie wir wissen, noch gar nichts Endgültiges über den wirklichen Unterschied der Lebensgefährdung in beiden Ländern; wenn wir diese messen wollen, ist eine Elimination der Verschiedenheit des Altersaufbaues unerläßlich. Aber ohne Vergleichswert sind diese „rohen“ Ziffern zweifellos nicht. Sie geben an, welches Land die stärkere Belastung mit Sterbefällen hat. Man hat deshalb die allgemeine Sterbeziffer als „Belastungs"ziffer bezeichnet, meines Erachtens ein überaus glücklicher Ausdruck. Will man sie aber außer zum Vergleich der Belastung zum Vergleich der Sterblichkeit im eigentlichen Sinne, der Lebensgefährdung also, verwenden, so begeht man einen groben statistischen Fehlschluß, weil — wir wiederholen noch einmal — nicht nur die Lebensgefährdung, sondern auch noch andere Faktoren, wie Gliederung nach Alter, Geschlecht, Beruf usw. verschieden sein können.

In dem Abschnitt I, B wurde ja dargelegt, daß zwei Erscheinungen nicht schlechthin vergleichbar oder nichtvergleichbar sind, sondern daß das immer von dem Zweck, dem Sinn des Vergleichs abhängt. Es gibt keine absolute, sondern nur eine relative Vergleichbarkeit oder Nicht-Vergleichbarkeit zweier Erscheinungen. Unter dem Gesichtspunkt der „Belastung" sind zwei allgemeine Sterbeziffern ohne weiteres vergleichbar, unter dem Gesichtspunkt der Lebensgefährdung aber nicht.

Suchen wir uns das weiter durch Beispiele aus der Sozialstatistik klarzumachen; denn auch hier spielt die Elimination eine große Rolle und haben andererseits auch die „rohen", noch nicht weiter analysierten und eliminierten Zahlen Vergleichswert.

Wenn wir den Durchschnittslohn (Stundenlohn oder Wochenlohn) zweier Zeitpunkte oder Orte miteinander vergleichen, so müssen wir uns sagen, daß ein Unterschied bedingt sein kann 1. durch die verschiedene Höhe der einzelnen Lohnsätze und 2. durch die verschiedene Zusammensetzung der Lohnempfänger nach einzelnen Berufsgruppen. Der Durchschnittslohn kann z. B. in A höher sein als in B, und trotzdem können alle einzelnen Lohnsätze in A niedriger sein als die entsprechenden in B. Nämlich dann, wenn in A die vergleichsweise hochbezahlten Arbeitergruppen stärker vertreten sind als in B. Auch hier müßte man die vergleichstörenden Faktoren eliminieren.

Aber auch ohne Elimination hätte ein Vergleich unter Umständen Sinn. Wenn wir z. B. den durchschnittlichen Verdienst der gesamten Lohnarbeiter zu verschiedenen Zeitpunkten oder in verschiedenen Gegenden vergleichen wollen, ist es ganz gleichgültig, ob die Verschiedenheiten dieser Ziffern aus Verschiedenheiten der Lohnsätze oder der Zusammensetzung der Lohnempfänger nach Arbeitergruppen resultieren.

Wenn wir ferner die Wertsummen der jährlichen Einfuhr eines Landes in ihrer zeitlichen Entwicklung betrachten, so sind die Veränderungen dieser Zahlenreihe in ihrer Bedingtheit durchaus nichts Eindeutiges: eine Veränderung — Zunahme oder Abnahme — kann zurückzuführen sein 1. auf eine Veränderung der Preise der Einfuhrwaren und 2. auf eine Veränderung der Menge und der Zusammensetzung der eingeführten Waren nach einzelnen Warengattungen, wobei beide Faktoren oder Faktorengruppen ihrerseits wieder komplizierte Ursachenkomplexe sind. Wollen wir nun die Veränderung der Preise messen, so müssen wir die Veränderung der mengenmäßigen Zusammensetzung ausschalten, und wollen wir die Veränderung der letzteren messen, so müssen wir die Veränderung der Höhe der einzelnen Preise ausschalten.

Aber bereits die uneliminierten Werte haben auch hier ihre Bedeutung und ihren Vergleichswert; man darf nur aus ihnen keine Schlüsse ziehen, zu denen sie nicht berechtigen. Für eine Darstellung der Entwicklung der Handelsbilanz z. B. kommt es nur auf die Wertsummen an, und eine hohe Einfuhrsumme bedeutet für sie dasselbe, ob sie nun zustande kommt durch große Einfuhrmengen oder hohe Einfuhrpreise. In einem solchen Falle haben also die uneliminierten Zahlen volle Bedeutung und Berechtigung, während die eliminierten geradezu falsch wären. Die logische Voraussetzung jeden Vergleichs, nämlich die der Gleichartigkeit ist ja erfüllt.

Auf den Einwand, daß es sich ja im letzteren Falle statt um Durchschnitte um Summen handele, erwidern wir, daß Summen, wie wir oben (S. 74 f.) dargelegt haben, in gewissen Fällen an die Stelle von Durchschnitten treten müssen, dann nämlich, wenn die intensiven Werte sich nicht, wie im Falle von Preisen, auf vergleichbare Einheiten beziehen. Daß aber in solchen Fällen meist auch die Summen selbst, unabhängig von ihrer Stellvertretung für Durchschnitte, Interesse haben, leuchtet besonders an dem angeführten Beispiele der Handelsstatistik ein. Die Probleme der Elimination sind aber für Summen dieselben wie für Durchschnitte.

Und schließlich noch ein letztes Beispiel, wo ebenfalls derartige Summen in Betracht kommen: Aufgabe einer Haushaltungsstatistik (als eines Teiles der Wirtschafts-, nicht der Bevölkerungsstatistik) ist es, die durchschnittliche Ausgabensumme der verschiedenen Bevölkerungsschichten für die gesamten Lebensbedürfnisse sowohl, als auch für die einzelnen Teile derselben zu untersuchen. Werden solche Untersuchungen in gewissen Abständen wiederholt (was wegen der Schwierigkeit und der zeitraubenden Mühe solcher Erhebungen allerdings leider nur in beschränktem Maße der Fall ist), so kann der analysierende Statistiker aus dem sich zum Vergleiche anbietenden Zahlenmaterial derartiger aufeinanderfolgender Erhebungen feststellen, wie die gesamte Ausgabensumme und wie die Höhe der einzelnen Teile jener Summe (z. B. Ausgaben für „Ernährung“,

„Heizung und Beleuchtung", „Wohnung", „Kleidung" oder „Verschiedenes" oder gewisser Untergruppen) sich geändert hat.

Wir haben es hier aber natürlich mit einem uneliminierten Vergleich zu tun. Denn es bleibt völlig ungewiß, ob die festgestellten Veränderungen zurückzuführen sind auf eine Veränderung des Preisniveaus oder auf eine Veränderung des Konsums nach Menge und Zusammensetzung.

Aber sinnvoll bleibt ein solcher uneliminierter Vergleich doch; denn es kann ja interessieren zu erfahren, um wieviel mehr oder weniger in einem Zeitpunkt für Kleidung oder für Ernährung ausgegeben wurde als in einem anderen bzw., was sich daraus errechnen läßt, wie sich die Anteilsquoten der einzelnen Ausgabebestandteile verschoben haben.

Wollen wir aber feststellen, worauf die Veränderungen zurückzuführen sind, ob auf eine Veränderung der Gebrauchsgewohnheiten oder auf eine Veränderung der Preise, bzw. in welchem Ausmaße beide Faktoren an der Gesamtänderung beteiligt sind, so müssen wir die für den jeweiligen Vergleichszweck störenden Faktoren ausschalten, eliminieren: wenn wir z. B. feststellen wollen, wie groß die durch die Veränderung des Preisniveaus bedingten Veränderungen der Ausgabesummen — im ganzen oder einzelner Teile — sind, so müssen wir die Verschiedenheiten in der Zusammensetzung der Ausgaben, nach Menge und Art, eliminieren; wollen wir andererseits zusehen, wie sehr Aenderungen in letzterer Hinsicht eine Verschiebung der Ausgabesummen bedingt haben, so müssen wir die Preisverschiedenheiten ausschalten.

Bringen wir noch kurz den Vergleich der uneliminierten Durchschnitte in eine Formel, unter Anwendung unserer bisherigen Buchstabensymbolik! Es ist klar, daß

$$D_o = \frac{a_o\alpha_o + b_o\beta_o + \ldots}{a_o + b_o + c_o + \ldots}$$

und $$D_t = \frac{a_t\alpha_t + b_t\beta_t + \ldots}{a_t + b_t + c_t + \ldots}.$$

Der Generalindex ist dann:

$$I_t = \frac{(a_t\alpha_t + b_t\beta_t + \ldots).(a_o + b_o + \ldots)}{a_o\alpha_o + bo\beta_o + \ldots).(a_t + b_t + \ldots)}.$$

Hieraus ergibt sich natürlich bei Setzung von $a_o = a_t$, also für den Fall der gleichen Gewichte unsere oben (S. 89) abgeleitete Formel.

Handelt es sich nicht um Durchschnitte sondern um Summen, so lautet die entsprechende Formel, da $s_0 = a_0 \alpha_0 + b_0 \beta_0 + \ldots$ und $s_t = a_t \alpha_t + b_t \beta_t + \ldots\ldots$:

$$J_t = \frac{a_t \alpha^t + b_t \beta_t + \ldots}{a_0 \alpha_0 + b_0 \beta_0 + \ldots}.$$

Nachdem wir den verhältnismäßig einfachen Fall des Vergleiches uneliminierter Ziffern erledigt haben, wollen wir uns nun mit dem schwierigeren, aber auch wichtigeren Fall des Vergleiches von komplexen statistischen Größen mit Elimination der Verschiedenheiten befassen.

cc) Der Vergleich mit Elimination.

Der Unterschied zweier verschiedener Werte eines gewogenen Durchschnittes oder entsprechender Summen von Gliedern, die in Mengen (extensive Komponente) und Preise, Löhne usw. (intensive Komponente) auflösbar sind, ist, wie wir wiederholen wollen, in dem Falle, daß die Gewichte von Zeitpunkt zu Zeitpunkt bzw. von Ort zu Ort verschieden sind, das Ergebnis von zwei Ursachenkomplexen: 1. der Veränderung der Höhe der einzelnen intensiven Größen (Preise, Löhne usw.) und 2. der mengenmäßigen Anteile der einzelnen Komponenten an dem Gesamtdurchschnitt oder an der Gesamtsumme.

Beide Ursachenkomplexe können in derselben Richtung wirken und sich so verstärken oder in entgegengesetzter, wobei der Fall eintreten kann, daß sie sich in ihrer Wirkung aufheben. Besonders der Fall, daß die beiden Ursachenkomplexe entgegengesetztes Vorzeichen haben, ist interessant und macht die Notwendigkeit einer Isolierung derselben besonders eindringlich. So kann es z. B. vorkommen, was oben schon gestreift wurde, daß der Gesamtdurchschnitt irgendeiner Erscheinung in A kleiner ist als in B, aber alle einzelnen Komponenten in A größere intensive Werte haben als in B.

Es ist denkbar, daß im Lande A sämtliche Altersklassen eine niedrigere Sterbeziffer haben als im Lande B, aber die allgemeine Sterbeziffer (der gewogene Durchschnitt aus den besonderen Sterbeziffern der einzelnen Altersklassen) in B kleiner ist als in A, dann nämlich, wenn der prozentuale Anteil derjenigen Altersklassen, die normalerweise eine hohe Sterblichkeit haben (Säuglinge und Greise) in A größer ist als in B.

Ebenso ist es möglich, daß der durchschnittliche Lohn zum Zeitpunkt 1 niedriger ist als zum Zeitpunkt 2, obgleich alle einzelnen Lohnsätze zum Zeitpunkt 1 höher sind als zum Zeitpunkt 2, nämlich dann, wenn im Zeitpunkt 1 die absolut hochbezahlten

Berufsgruppen anteilsmäßig geringer vertreten sind als im Zeitpunkt 2.

Bei der Wichtigkeit dieses Punktes sei es gestattet, das Gesagte durch ein paar fingierte Zahlenbeispiele zu illustrieren. In folgender Uebersicht möge l Lohnsätze verschiedener Berufe bedeuten und z die prozentualen Anteile der Arbeiter dieser verschiedenen Berufe an der gesamten Arbeiterzahl. Die unterstrichenen Zahlen bedeuten die Durchschnitte.

In Beispiel I und II haben wir zwei Fälle, wo bei gleichbleibenden Lohnsätzen der Durchschnitt einmal steigt (I) und einmal fällt (II), weil einmal die höher bezahlten und einmal die niedriger bezahlten Berufsgruppen stärker vertreten sind. In Beispiel III und IV haben wir nun die interessanten Fälle, daß einmal bei Sinken der Lohnsätze der Durchschnitt steigt (III) und das andere Mal bei Steigen der Sätze der Durchschnitt fällt (IV).

Basis		I		II		III		IV	
z	l	z	l	z	l	z	l	z	l
25	80	20	80	30	80	15	75	35	85
25	90	20	90	30	90	15	85	35	95
25	110	30	110	20	110	35	105	15	115
25	120	30	120	20	120	35	115	15	125
100		103		97		101		99	

Derartige scheinbare Paradoxa lösen sich nun von selbst, wenn wir die beiden Ursachenkomplexe isolieren. Wie geschieht das?

Wenn wir uns z. B. bei einem Preisindex lediglich für die Veränderung der Höhe der einzelnen Preise interessieren, so müssen wir die für diesen Vergleichszweck nicht vergleichbaren Durchschnitte oder Summen erst vergleichbar machen, indem wir die Veränderungen der Mengen also jenen oben (S. 95) unter 2 genannten Ursachenkomplex ausschalten. Der Fall liegt hier also ganz analog wie in den früher (S. 14 ff.) angeführten Beispielen, wo wir die monatlichen Ziffern der Geburten oder der Produktion, die wegen der verschiedenen Länge der Kalendermonate bzw. der verschiedenen Zahl der Arbeitstage in ihnen nicht ohne weiteres vergleichbar waren, erst vergleichbar machen mußten durch Ausschaltung eben dieser Verschiedenheiten.

Es handelt sich dabei um eine ganz ähnliche Aufgabe wie es die ist, vor der der Naturforscher ständig steht, wenn er sich um die Feststellung von Naturgesetzen bemüht. Diese sind in der Natur selten oder nie rein verwirklicht. Der Naturforscher muß die „störenden“ Einflüsse eliminieren. So muß er, um ein viel angeführtes Beispiel heranzuziehen, wenn er die Gesetze des freien Falles erforschen will, die in der Natur ständig von anderen

Gesetzen (u. a. infolge des Mithineinspielens der Reibung durch den Luftwiderstand) durchkreuzt werden, die Versuche in einem luftleeren Raum stattfinden lassen. Aehnlich muß der Statistiker, der die Preisniveaus zweier Zeitpunkte vergleichen will, die durch die unterschiedliche mengenmäßige Zusammensetzung der Komponenten bedingte Verschiedenheit ausschalten. Er muß den Vergleich unter der, in der Wirklichkeit gar nicht vorhandenen Bedingung des Gleichbleibens der mengenmäßigen Zusammensetzung anstellen. Er muß sich fragen: wie groß wäre die Veränderung, wenn die Mengen in beiden Fällen genau dieselben gewesen wären; er muß also von einer Fiktion Gebrauch machen. (Der Philosoph Vaihinger hat ja in seiner „Philosophie des Als—ob“ 5. und 6. Aufl., Berlin 1920, auf die große Bedeutung der Fiktionen für die Erkenntnis hingewiesen.)

Der Unterschied zwischen der Logik des experimentierenden Naturforschers und des eliminierenden oder abstrahierenden Statistikers ist der, daß ersterer mit wirklichen Beobachtungen, unter Bedingungen allerdings, die in der Natur nicht rein vorkommen, unter Isolierung besonderer und Ausschaltung anderer Faktoren arbeitet, während der Statistiker seine Eliminierung und Isolierung nur rechnerisch-fiktiv vornimmt.

Da, wie wir eben gesehen haben, die Veränderung komplexer Größen von der Art, die wir jetzt im Auge haben, also von gewogenen Durchschnitten oder ihnen analog zusammengesetzten Summen sich auf zweierlei Ursachenkomplexe zurückführen läßt (der Begriff Ursache ist hier natürlich im statistischen, nicht im naturwissenschaftlich-realen Sinne gemeint), so kann auch die Elimination bzw. die Isolierung eine doppelte sein: wir können einerseits die Mengenverschiedenheiten eliminieren und so den Einfluß, den die Aenderungen der Preise auf die Veränderung des Niveaus ausüben, isolieren, und wir können andererseits die Preisverschiedenheiten eliminieren und so den Einfluß, den die Mengenverschiebungen bedingen, isolieren.

Wir wollen uns zunächst mit dem praktisch wichtigeren Falle der Eliminierung der Mengenverschiedenheiten[13]) befassen. Ausschaltung oder Eliminierung der Mengenverschiedenheiten heißt natürlich nicht Ausschaltung der Mengen, also Anwendung eines ungewogenen Durchschnittes.

Die Ausschaltung der Mengenverschiedenheiten kann nun aber grundsätzlich nur so geschehen, daß wir — wie schon beiläufig gesagt — für beide komplexe Größen, die miteinander ver-

[13]) Die Eliminierung der Preis- usw. Verschiedenheiten soll aus Zweckmäßigkeitsgründen erst weiter unten bei der Erörterung des „Multiplikationskriteriums“ besprochen werden (s. S. 133 ff.).

glichen werden sollen, dieselbe mengenmäßige Zusammensetzung der Komponenten annehmen, also dieselben Gewichte verwenden.

Es ist zu verwundern, daß diese einfache Logik des Sachverhaltes in den modernen Indexzifferdiskussionen so oft übersehen wird, während sie in den älteren Versuchen überwiegend als selbstverständlich angesehen wurde. Ich erinnere hier an die interessanten Arbeiten von Laspeyres[14]) und Paasche[15]) und noch früher von Love.[16]) I. Fisher jedenfalls hat durch seine Studien die Situation in diesem Punkte nichts weniger als geklärt, als er auf Grund einer irrigen Anwendung von Tests (siehe S. 143 ff.) die Forderung aufstellte, daß bei einem Vergleich von komplexen Größen, bei denen die Mengen verschieden seien, immer beide Mengen in die Indexformel aufgenommen werden müßten.

Grundsätzlich gibt es nun drei Hauptformen der Elimination der Mengenverschiedenheiten bzw. der Isolierung der Preis- usw. verschiedenheiten. Wenn wir zunächst den Vergleich von nur zwei Zeitpunkten (oder Orten) ins Auge fassen wollen, so muß also in beiden Zeitpunkten die mengenmäßige Zusammensetzung der komplexen Größen dieselbe sein. Das können wir erreichen, indem wir 1. für beide Werte der komplexen Größe die Gewichte des Basispunktes oder -zeitraumes, 2. die Gewichte des gegebenen Zeitpunktes und 3. irgendeine normale oder fiktive mengenmäßige Zusammensetzung nehmen, die weder mit 1. oder mit 2. übereinzustimmen braucht.

Der Fall 3 ist in dem Fall des Sterblichkeitsvergleiches unter Zuhilfenahme einer Standardbevölkerung, aber ebenso in dem Calwerschen Lebenshaltungsindex, bei dem als Ernährungsverbrauch einer vierköpfigen Familie die dreifache Normalration eines Marinesoldaten im Frieden eingesetzt wird, oder auch in der Reichsteuerungsstatistik, die mit einem geschätzten, einem konstruierten Normalbedarf rechnet, verwirklicht.

Ehe wir uns die Bedeutung dieser drei Möglichkeiten klar machen bzw. zwischen ihnen entscheiden, wollen wir erst untersuchen, welche Form die Basis und der Vergleichswert in diesen Fällen annimmt und durch welche Formeln der Vergleich dabei ausgedrückt wird. Zuvor jedoch ein kurzer Hinweis darauf, daß

---

[14]) E. Laspeyres, Hamburger Warenpreise 1851—1863 und die kalifornisch-australischen Goldentdeckungen seit 1848 in Jahrb. f. Nat. u. Stat., 3. Bd., 1864, S. 81. Derselbe, Die Berechnung einer mittleren Warenpreissteigerung, ebenda, Bd. 16, 1871, S. 269.

[15]) H. Paasche, Ueber die Preisentwicklung der letzten Jahre nach den Hamburger Börsennotierungen, ebenda, Bd. 23, 1874, S. 168.

[16]) Joseph Love, The present state of England in regard to agriculture, trade and finance, second edition, London 1823.

der **Basisbegriff** sich hierbei natürlich in wichtiger Weise **erweitert**.

War bei den einfachen statistischen Erscheinungen der Basiswert natürlich auch eine einfache Erscheinung, deren Werthöhe sich als ein empirischer Einzelwert oder Durchschnittswert oder als ein fiktiver Wert bestimmte (siehe oben S. 24 ff.), so ist selbstverständlich bei komplexen Erscheinungen der Basiswert aus den beiden Komponenten (der extensiven und der intensiven) zusammengesetzt wie die Glieder der ganzen Reihe selbst. Die Bestimmung der einen dieser beiden Basiskomponenten kann aber nun — wie wir gleich ausführen werden — abweichend von jener der anderen geschehen.

Der **Basiswert einer komplexen Erscheinung** wird eben bestimmt 1. durch die Höhe der Preise, Löhne usw., für die ein bestimmter Zeitpunkt, der Durchschnittswert eines bestimmten Zeitraumes oder ein anderer Wert gewählt werden kann, und 2. durch die Wahl der Gewichte, für die dieselben Gesichtspunkte wie für 1. gewählt werden können, für die aber eben nach dem oben Gesagten auch andere Gesichtspunkte maßgebend sein können. Erst durch 1. und 2. **zusammen** bestimmt sich der Basiswert. In dem oben (S. 98) unter 2. angeführten Fall, wo also Mengen- und Wertangaben verschiedenen Zeitpunkten entnommen sind, haben wir es wieder mit einem Fall von **fiktiver Basis** zu tun, da ja ein solcher Basiswert weder als Einzel- noch als Durchschnittswert in der Wirklichkeit vorkommt (siehe S. 27 ff.), ebenso natürlich in dem oben unter 3. angeführten Fall.

In einem solchen Falle ist es nun wichtig, daß wir, wenn wir von Basiszeitpunkt schlechthin sprechen, immer an jenen Zeitpunkt denken, für den die intensiven Werte (Preise, Löhne usw.) gelten, für deren Vergleich wir uns doch in erster Linie interessieren.

Wie lautet nun die Basis, der Vergleichswert und die Vergleichsformel im ersten der oben genannten drei möglichen Fälle, in dem Falle also, wo für die beiden verglichenen Werte die mengenmäßige Zusammensetzung des Basiszeitpunktes gilt, so daß also Wert- und Mengenangaben der Basis von demselben Zeitpunkt entnommen sind.

Die Basis würde im Falle eines echten Durchschnittes lauten: $\frac{\Sigma\alpha_0 a_0}{\Sigma\alpha_0}$ und, wenn es sich um Summen handelt $\Sigma q_0 p_0$. Der Vergleichswert würde lauten: $\frac{\Sigma\alpha_0 a_1}{\Sigma\alpha_0}$ bzw. $\Sigma q_0 p_1$.

Hier ist also der Basiswert eine **reelle Größe**, der **Vergleichswert aber eine fiktive Größe** und zwar insofern, als zwar Preise und Mengen für sich reelle Größen sind, ihre Verbindung aber in der Wirklichkeit nicht vorkommt, da ja Mengen und Preise von verschiedenen Zeitpunkten genommen sind.

Die Formel für den Index, die wir in Zukunft kurz mit Formel L bezeichnen wollen (die Begründung der Abkürzung werden wir später geben), wäre dann:

$$I_{0,1} = \frac{\Sigma a_0 \alpha_1}{\Sigma a_0 \alpha_0}, \text{ bzw.} = \frac{\Sigma q_0 p_1}{\Sigma q_0 p_0} \quad \text{(Formel L).}$$

Hier wird also ein fiktiver Wert verglichen mit einem reellen.

Für den Fall 2 nun, bei dem wir als Gewichte die Mengen des „gegebenen" Zeitpunktes verwenden, lautet die Basis: $\frac{\Sigma a_1 \alpha_0}{\Sigma a_1}$ bzw.: $\Sigma q_1 p_0$ und das zweite Glied des Vergleiches: $\frac{\Sigma a_1 \alpha_1}{\Sigma a_1}$ bzw.: $\Sigma q_1 p_1$.

Hier haben wir also den Fall, daß der Basiswert keine reelle, sondern eine fiktive Größe ist, aber zusammengesetzt aus reellen Komponenten; denn a_1 und α_0 bzw. q_1 und p_0 kommen beide als reelle Werte vor, aber nicht ihre Verbindung. Andererseits ist hier der Vergleichswert eine reelle Größe.

Als Indexformel, die künftig mit P bezeichnet werden soll, erhalten wir:

$$I_{0,1} = \frac{\Sigma a_1 \alpha_1}{\Sigma a_1 \alpha_0}, \text{ bzw.} = \frac{\Sigma q_1 p_1}{\Sigma q_1 p_0} \quad \text{(Formel P).}$$

Hier wird also ein reeller Wert verglichen mit einem fiktiven.

Wen wir in dem dritten und letzten der obengenannten Fälle die fiktiven Gewichte bzw. Mengen mit (a) bzw. (q) bezeichnen, so lautet die Basis: $\frac{\Sigma(a)\alpha_0}{\Sigma(a)}$ bzw. $\Sigma(q)p_0$, und der Vergleichswert lautet: $\frac{\Sigma(a)\alpha_1}{\Sigma(a)}$ bzw. $\Sigma(q)\,p_1$.

Hier ist nun Basiswert und Vergleichswert eine fiktive Größe, von der die Preiskomponente eine reelle Größe ist, der Mengenfaktor aber selbst fiktiven Charakter hat.

Für den Index ergibt sich dann:

$$I_{0,1} = \frac{\Sigma(a)\,\alpha_1}{\Sigma(a)\,\alpha_0}, \text{ bzw.} = \frac{\Sigma(q)p_1}{\Sigma(q)p_0}.$$

Hier werden also zwei fiktive Werte miteinander verglichen. ein doppeltes Problem, einmal die Frage nach der Auswahl der richtigen Formel und dann die Frage, falls mehrere Formeln richtig und einwandfrei sind, ob es möglich ist, die verschiedenen Formeln zu einer einzigen zusammenzuschweißen.

Zu dem ersten Problem ist zu sagen, daß sämtliche drei Formeltypen richtig sind.

Wenn sich diese Antwort auch aus der bisherigen Darstellung ohne weiteres ergibt, wollen wir doch ein wenig bei ihr verweilen. Sie widerstrebt zweifellos dem unseren Denken eigenen Wunsche und Bestreben nach Vereinfachung, da der Vergleich zwischen zwei Größen, den man doch gern in einer einzigen Zahl ausgedrückt sehen möchte, durch mindestens drei dargestellt werden kann (mindestens drei, weil ja doch der dritte Fall wieder eine ganze Zahl von Möglichkeiten in sich birgt, je nach der Wahl der fiktiven Größe). I. Fisher kommt ja mit seiner „unitarischen" Lösung des Indexproblems, die in der Aufstellung einer einzigen Idealform gipfelt, diesem Bestreben unseres Denkens entgegen. (Die neben der Idealform von ihm noch zugelassenen Formeln bedeuten ja nur Annäherungsformeln, die ihrer Einfachheit wegen vielfach den Vorzug verdienen können.)

Aber so berechtigt das unserem Denken immanente Streben nach Vereinfachung ist, so darf es doch nicht zu einer Vergewaltigung der Tatsachen und der Zusammenhänge führen. Ein Vergleich gewogener Durchschnitte (und entsprechend gearteter Summen) kann zwar zunächst uneliminiert durchgeführt und sein Ergebnis dann in einer einzigen Zahl ausgedrückt werden. Er kann aber auch aufgespalten werden in einen Vergleich der Mengen und in einen solchen der intensiven Größen; denn die Veränderungen beider Ursachenkomplexe erzeugen erst die Veränderung des Durchschnittes (oder der Summe). Und wenn wir uns für die Veränderung der Intensitäten (Preise, Löhne usw.) interessieren, so müssen wir die Veränderung der Mengen, der Gewichtszahlen ausschalten. Umgekehrt müssen wir verfahren, wenn wir die Veränderung gerade der Gewichtszahlen verfolgen wollen. Diese letztere Vergleichsmöglichkeit haben wir vorläufig außer Betracht gelassen, wir kommen noch auf sie zurück.

Die Ausschaltung der Mengenverschiedenheiten kann aber nun eben nur in der oben angedeuteten Weise vor sich gehen und damit ist logisch eindeutig bewiesen, daß alle drei sich daraus ergebenden Formeltypen nebeneinander berechtigt sind. Nur wird man in jedem Falle ihrer Anwendung nicht wahllos verfahren dürfen, sondern die Entscheidung, welche Formel heranzuziehen ist, aus dem Vergleichszweck treffen.

Statistische Formeln sind eben keine mechanisch anzuwendenden Rechenformeln, sondern tragen ihren festen eindeutigen Sinn in sich, der darüber entscheidet, wann sie angewendet werden dürfen und wann nicht. Hierin unterscheidet sich ja die Statistik und die angewandte

Mathematik überhaupt von der reinen Mathematik, daß die Formel der letzteren nur einen rein formalen Sinn haben, während die ersteren eine ganz bestimmte sachliche Bedeutung in sich schließen. Und wie es durchaus nicht gleichgültig ist, ob wir für eine Reihe den Medianwert oder den häufigsten Wert, das arithmetische oder das geometrische Mittel berechnen — alle diese Werte haben eine verschiedene sachliche Bedeutung, von der allerdings in der Statistik wenig die Rede ist —, so ist es auch nicht gleichgültig, ob wir in einem bestimmten Falle die Formel L oder die Formel P oder eine Formel, die dem dritten Typus entspricht, anwenden.

Wir haben also hier wieder die Situation vor uns, bei der man sagen könnte, daß für eine Erscheinung zwei Vergleichsmaßstäbe vorhanden seien, bei deren Anwendung sich scheinbare Widersprüche ergeben können. Wie wir oben (S. 18 ff.) sahen, handelt es sich aber in solchen Fällen streng genommen gar nicht um zwei verschiedene Vergleichsmaßstäbe, sondern um zwei verschiedene Seiten eines komplizierten Phänomens, das gemessen oder verglichen werden soll.

Wenden wir das auf unsere Formeln an, so beantwortet uns die Formel L, die uns — im Falle eines Preisindex — den Vergleich des Preisniveaus zwischen zwei Zeitpunkten unter der Voraussetzung ermöglicht, daß die mengenmäßige Zusammensetzung im zweiten Zeitpunkt mit der des Basiszeitpunktes übereinstimmt, die Frage: wie groß wäre das Preisniveau im zweiten Zeitpunkt im Vergleich zum Basiszeitpunkt, wenn jetzt die Waren in demselben Mengenverhältnis wie damals verkauft würden? Im Gegensatz dazu mißt die Formel P die Veränderung des Preisspiegels unter der Fiktion, daß bereits zum Basiszeitpunkt jene Mengen umgesetzt worden wären, die im zweiten Zeitpunkt tatsächlich umgesetzt wurden. Sie beantwortet mit anderen Worten die Frage: wie groß wäre die Preissteigerung vom Basiszeitpunkt bis zum anderen Zeitpunkt, wenn schon zum Basiszeitpunkt von den einzelnen Waren diejenigen Mengen verkauft worden wären, die zum zweiten Zeitpunkt verkauft worden sind.

Von der ersten Fragestellung ging Laspeyres[17]) aus; daher wählten wir als Abkürzung für die entsprechende Formel den Buchstaben L. Von der zweiten Fragestellung ging Paasche[18]) aus, weshalb wir die entsprechende Formel mit P bezeichneten. Es ist klar, daß beide Fragestellungen berechtigt und sinnvoll sind.

---

[17]) Siehe S. 98.
[18]) Siehe S. 98.

Bei der Wichtigkeit des Sachverhalts wollen wir uns das bisher abstrakt Dargelegte an dem konkreten Beispiel der Lebenshaltungsindices veranschaulichen. Wenn wir die Höhe der Lebenshaltungskosten mit der Formel L messen, werden wir im allgemeinen ein anderes Ergebnis erhalten, als wenn wir sie mit der Formel P messen. Die Berechnung nach der Formel L sagt uns nun, wie groß die Veränderung der Lebenshaltungskosten wäre, wenn auch jetzt noch die einzelnen Waren in demselben Mengenverhältnis konsumiert würden, also dieselben Verbrauchsgewohnheiten herrschen würden wie zur Basiszeit, also wie — im Falle der Reichsstatistik — im Durchschnitt 1913/14. Die Formel P andererseits sagt uns, wie groß die Teuerung wäre, wenn auch schon 1913/14 dieselben Mengen maßgebend gewesen, der Verbrauch also quantitativ und qualitativ derselbe gewesen wäre wie heute.

In beiden Fällen rechnen wir mit fiktiven Werten, das eine Mal ist der Basiswert fiktiv, das andere Mal der Stichtagswert. Diese Verwendung fiktiver Werte bedeutet ebensowenig eine Entfernung von der Wirklichkeit wie das Abstrahieren von gewissen Naturfaktoren, das der Naturforscher im Experiment vornimmt. Auch er gelangt zu Ergebnissen, die in der Natur nicht in dieser Reinheit vorkommen, die aber doch hinter und in den empirischen Tatsachen schlummern, überdeckt und durchkreuzt freilich von anderen Einflüssen.

So ist auch das auf obige Weise errechnete Ausmaß der Teuerung bzw. der Veränderung der Lebenshaltungskosten kein unwirklicher Wert — immer vorausgesetzt, daß die Unterlagen einer solchen Statistik überhaupt zuverlässig genug sind, was uns hier nicht beschäftigt, da wir es ja nur mit der Logik der anzuwendenden Formeln zu tun haben —, sondern eine in der Wirklichkeit allerdings nicht rein vorkommende Komponente eines Vorganges, dessen andere Komponente die Veränderung der verbrauchten Güter nach Menge und Art ist.

Natürlich kann man in einem Vergleiche die Veränderung der Preise und der Mengen berücksichtigen und erhält dann den uneliminierten Vergleichswert, von dem schon viel die Rede war. Aber wenn dieser Vergleich analysiert werden soll, so werden wir mit logischer Eindeutigkeit auf die beiden Grundformeln L und P geführt.

Wenn nun beide Formeln trotz fiktiver Bestandteile Meßwerkzeuge realer Veränderungen sind, so ist immer noch die Frage offen, welche von den beiden bzw. von den drei Formeltypen man im konkreten Falle anwenden soll, falls man nicht mehrere nebeneinander benutzen will. Aber gerade hier ist die Entscheidung verhältnismäßig einfach:

Da 1913/14 größere Mengen namentlich der wertvolleren Waren konsumiert wurden, der Lebensstandard also ein höherer war, ist es eine Frage der sozialpolitischen Einstellung, wie Bortkiewicz (a. a. O., S. 378) sagt, welche Gewichtsmengen man zugrunde legt, ob man also Formel L oder P nimmt. Die Lebenshaltungsstatistik ist sogar ein Beispiel, wo die dritte Formel mit fiktiven Gewichten besonders häufig am Platze ist. Gerade hier arbeitet man ja meist entweder mit geschätzten oder konstruierten Mengen oder mit irgendwelchen Normalrationen. Wie hoch man die letzteren nun ansetzt, das ist wiederum mehr oder weniger ein sozialpolitischer Gesichtspunkt.

Die Teuerung ist eben ein kompliziertes Phänomen, das sich nicht in einer einzigen Indexziffer erfassen läßt. Man gestatte uns zur weiteren Illustrierung dieses Umstandes eine kleine Abschweifung: das Ausmaß der Teuerung ist ganz allgemein nicht allein bestimmt durch die Höhe der Preise, sondern auch durch die mengenmäßige Zusammensetzung des der Statistik zugrunde zu legenden Budgets, die aber ihrerseits abhängt von den verschiedensten Umständen. Sie variiert 1. mit der Größe und Zusammensetzung des Haushaltes[19]) (sie wird also verschieden sein bei einem Einzelhaushalt und bei einem Familienhaushalt und bei letzterem wieder je nach Größe und Zusammensetzung), 2. mit der sozialen Schicht bzw. der Einkommenshöhe (die Teuerung kann für die breiten Massen eine größere oder eine geringere sein als für die gehobeneren sozialen Schichten; daher berechnen manche Länder, wie z. B. die Schweiz und Indien, für verschiedene soziale Schichten besondere Lebenshaltungsindices[20]) und 3. mit dem Lebensstandard, mit dem sozialpolitischen Gesichtspunkt, nach dem die Mengen festgesetzt werden (siehe oben!).

Alle diese Gesichtspunkte ermöglichen uns, verschiedene Seiten des komplizierten Phänomens Teuerung zu messen; nicht aber handelt es sich unseres Erachtens, wie schon betont, um verschiedene Vergleichsmaßstäbe.

So eindeutig die logische Situation ist, sofern es sich um die Formel L und P handelt, so können doch unter Umständen die Ergebnisse sehr unbefriedigend werden, wenn es sich um den

---

[19]) Ein Einzelhaushalt hat mehr Ausgaben für gewisse Bedürfnisse wie Licht, Heizung, Miete (Generalunkosten) als bei einem Familienhaushalte auf den Kopf entfallen.

[20]) Siehe auch den Aufsatz von Joh. Frenkel, Versuch einer Berechnung von Indexziffern der Lebenshaltungskosten für Haushaltungen des Mittelstandes, in Z. Pr. St. L. A., 64. Jg., 1924, 3. u. 4. Abtl., S. 149. Dieser Autor stellt die Forderung auf, nach verschiedenen Haushaltstypen differenzierte Indexziffern der Lebenshaltungskosten zu berechnen.

dritten Fall handelt, bei dem die Gewichtszahlen einer fiktiven oder normativen Mengenzusammensetzung entsprechen. Denn je nach der Wahl dieser Zusammensetzung können die Vergleichsresultate natürlich ganz verschieden ausfallen. Es ist denkbar, daß — um bei dem Beispiel der Lebenshaltungsstatistik zu bleiben — bei dem einen Basistypus der Ort A die höhere Indexzahl aufweist als der Ort B, bei einem anderen Typus es aber genau umgekehrt ist, oder daß bei Anwendung eines Typus von einem Stichtag zum anderen eine Erhöhung und bei Anwendung eines anderen Typus eine Senkung der Lebenshaltungsindexziffer für einen und denselben Ort sich ergibt.

Dieses Problem ist ja besonders in der Bevölkerungsstatistik akut geworden und hat dort die langen Erörterungen und Kritiken über die Standardsterbeziffern oder Mortalitäts„indices" hervorgerufen. Je nachdem, welche Alterszusammensetzung man zugrunde legt, erhält man nicht nur verschiedene absolute Werte der Sterblichkeitsziffern, sondern auch eine ganz verschiedene Reihenfolge der Länder, wenn man sie nach der Höhe dieser Ziffern ordnet. Vor allem Bleicher[21]) war es, der diese von Körösi[21]) und anderen vorgeschlagenen Methoden grundsätzlich kritisierte und zu ihrer Ablehnung gelangte.

So zwingend nun auch seine Argumente sind, so dürfen wir doch nicht übersehen, daß sie nicht im gleichen Maße für die Normierung der mengenmäßigen Zusammensetzung einer komplexen Größe auf anderen Gebieten gelten. Die Willkür, die wir bei einer normalen Alterszusammensetzung walten lassen müssen (Alterszusammensetzung eines einzelnen Landes, z. B. Schweden oder durchschnittliche Zusammensetzung einer größeren Zahl von Ländern, beides Wege, die vorgeschlagen und durchgeführt worden sind) hängt damit zusammen, daß es den Begriff einer normalen Alterszusammensetzung wohl kaum gibt. Die Fixierung eines durchschnittlichen Ausgabenbudgets für eine bestimmte soziale Schicht ist aber eine, theoretisch wenigstens, minder willkürliche Angelegenheit, wobei natürlich nicht geleug-

---

[21]) Vgl. u. a.: Körösi, Mortalitätskoeffizient und Mortalitätsindex in: Bull. de l'Inst. Intern. de Stat., Tome VI, 2, Rome 1892, S. 305.

Derselbe, Ueber die Berechnung eines internationalen Sterblichkeitsmaßes (Mortalitätsindex), in: Jahrb. f. Nat. u. Stat., Bd. 61, 1893, S. 215.

Bleicher, Ueber die Berechnung von Sterblichkeitsziffern, Referat, gehalten auf der städtestatistischen Konferenz in Lübeck, 1893.

Bortkiewicz, Ueber die Methode der „standard population", Bericht und Diskussion, in: Bull. de l'Inst. Intern. de Stat., Tome XIV, 2, Berlin 1904 u. XIV, 1, S. 145.

S. auch Winkler, Die statistischen Verhältniszahlen, Leipzig u. Wien, 1927, S. 115 ff.

net werden soll, daß auch auf diesem Gebiete jede praktische Lösung starken Annäherungscharakter haben wird.

Im Gegensatz zu diesem dritten Formeltypus, der mit von außen herangetragenen Gesichtspunkten, d. h. mit irgendwelchen normativen oder fiktiven Gewichtsmengen arbeitet, sind die beiden Formeln L und P durch die zu vergleichenden Größen von selbst aufgegeben. Da erhebt sich denn nun die Frage, inwieweit die rechnerischen Ergebnisse, die hierbei gewonnen werden, voneinander abweichen und welche Formel in einem gegebenen Falle den größeren Wert ergeben muß.

Die genaue mathematische Ableitung, die uns Aufschluß darüber gibt, wovon es jeweils abhängt, ob die Formel L oder die Formel P den größeren Wert ergibt und wie groß der Unterschied ist, hat die Kenntnis der Korrelationsrechnung zur Voraussetzung. Da dieses Buch die mathematische Statistik nicht voraussetzt, sollen hier nur die Ergebnisse im Anschluß an Bortkiewicz (a. a. O., S. 374) mitgeteilt werden.

Nach ihm ist der Wert P immer dann kleiner als der Wert L, wenn zwischen den Preisrelationen, wie er sagt, oder den Einzelindices der Preise, wie wir sagen würden, also zwischen den einzelnen $\frac{p_1}{p_0}$ und den entsprechenden Mengenrelationen, den $\frac{q_1}{q_0}$ eine negative Korrelation besteht. Das ist ein auch ohne Verständnis der Korrelationsrechnung einleuchtendes Ergebnis; denn wenn diejenigen Waren, deren Preise vergleichsweise am stärksten gestiegen sind, mengenmäßig am stärksten zurückgegangen sind und umgekehrt dafür diejenigen Waren, deren Preise vergleichsweise am geringsten gestiegen sind, verhältnismäßig mehr gekauft werden, so bedeutet das eine Anpassung der Verbrauchsgewohnheiten an die durch die Teuerung geschaffene Situation, also ein Ausweichen gegenüber der Teuerung, und es ist klar, daß bei Zugrundelegung dieser angepaßten Verbrauchsgewohnheiten das Ausmaß der Teuerung ein geringeres sein muß als bei Zugrundelegung der ursprünglichen Verbrauchsgewohnheiten.

Es ist übrigens nicht notwendig, daß im Falle einer allgemeinen Verteuerung immer eine negative Korrelation zwischen den $\frac{p_1}{p_0}$ und den $\frac{q_1}{q_0}$ stattfinden muß. Der Teuerung kann auch auf die Weise ausgewichen werden, daß Waren, die stark im Preise gestiegen sind, zwar nur noch in geringen Mengen gekauft werden, dafür aber andere, ganz billige Waren, die früher kaum eine Rolle spielten, in sehr großer Menge. Es kann nun vorkommen, daß diese letzteren ganz besonders stark gestiegen sind, wenn sie auch absolut immer noch billiger sind als die entsprechenden Waren, für die sie eintreten. Für die deutschen Nachkriegsverhältnisse trifft das sicherlich vielfach zu.

Für die Größe der Differenz der beiden Werte L und P ist nun aber nach Bortkiewicz außer der Größe dieser negativen Korrelation noch maßgebend die relative Größe der Schwankungen der einzelnen Preis- wie Mengenindices um ihren Mittelwert.

In vielen Fällen werden nun die zahlenmäßigen Abweichungen, die sich bei Verwendung der Formel L und P ergeben, gering sein, in einigen aber größer. Bei einem von Bortkiewicz angeführten Beispiel, das englischen Verhältnissen entnommen ist, liegt P ungefähr 4% unter L.

Jedenfalls folgt aus allen diesen Erwägungen, daß man bei Angabe einer Lebenshaltungsindexziffer immer den Lebensstandard, die Verbrauchsmengen, die ihm zugrunde liegen (ob solche der Basiszeit, der Vergleichszeit oder irgendwelche konstruierte Mengen) mitangeben und bei seiner Verwertung mitberücksichtigen muß. Das ist wichtig besonders bei Reallohnberechnungen, die natürlich ganz verschieden ausfallen je nach dem Aufbau der verwendeten Indexziffern.

Zwei Probleme, sagten wir oben, erheben sich angesichts der Mannigfaltigkeit der Formeltypen zur Messung des Unterschiedes gewogener Durchschnitte. Das eine, das die Auswahl zwischen den verschiedenen Formeln betrifft, haben wir eben erörtert, mit dem Ergebnis, daß sämtliche Formeln richtig sind, aber verschiedene Seiten des Sachverhaltes messen. Es bleibt uns also noch das zweite Problem zur Erörterung übrig: können wir die verschiedenen Ergebnisse, die wir bei Verwendung der verschiedenen Indexformeln erhalten, nicht vielleicht zu einem Gesamtresultat zusammenschweißen.

Die Versuchung liegt allerdings nahe, z. B., wenn nach der Formel L eine Indexzahl in der Höhe von 220 herauskommt und nach der Formel P eine solche in der Höhe von 200, dann als einen, den beiden Vergleichsgesichtspunkten gerecht werdenden Wert 210 anzunehmen. Logisch aber ist das eine Unmöglichkeit, und es würde eine Verschmelzung, die in Form des arithmetischen oder des geometrischen Mittels stattfinden könnte, denselben grundsätzlichen Einwänden ausgesetzt sein, denen die bekannte Eisenbahnausstattungsziffer Engels mit Recht begegnet ist. Während in diesem Falle beide Dichteziffern (Beziehung der Eisenbahnlänge eines Landes einmal zur Fläche, das andere Mal zur Einwohnerzahl) etwas Besonderes und Charakteristisches besagen und einen wertvollen Aufschluß über jeweils eine Seite des Phänomens geben, besagt uns das geometrische Mittel aus beiden, eben die Engelsche Eisenbahnausstattungsziffer, gar nichts Eindeutiges mehr.

Man kann eben nicht zwei Vergleiche in einen zusammenziehen und zwei oder mehrere Erscheinungen hinsichtlich zweier Merkmale gleichzeitig vergleichen wollen. Das ist genau so unlogisch, als wenn man zwei Rechtecke A und B einmal der Länge nach vergleichen würde (und z. B. finden würde, daß die Länge von B zweimal so groß ist als die von A) und dann nach der Höhe (und dabei die Höhe von B vielleicht dreimal so groß finden würde als die von A) und nun, beunruhigt durch die zweifache Möglichkeit des Vergleiches und getrieben von dem Wunsche, einen einzigen Vergleich an die Stelle der beiden zu setzen, das Mittel aus den beiden Vergleichsresultaten (2 und 3), nämlich 2½, setzen würde. Daß man natürlich hier statt der Länge und Breite die Fläche vergleichen könnte und dann als Ergebnis $2 \times 3 = 6$ erhalten würde, ist klar. Damit nehmen wir aber nicht eine Verschmelzung zweier Vergleichsresultate vor, sondern veranstalten einen neuen Vergleich.

So dürfen wir also auch nicht die mit den Formeln L und P gewonnenen Resultate durch Bildung eines Mittelwertes miteinander verschmelzen. I. Fisher tut es allerdings in seiner „Idealformel", die einem geometrischen Mittel von L und P entspricht, also gleich $\sqrt{\frac{\Sigma q_0 p_1}{\Sigma q_0 p_0} \times \frac{\Sigma q_1 p_1}{\Sigma q_1 p_0}}$ ist, hauptsächlich um eine Formel zu erhalten, die seinen Indexkriterien, seinen Tests entspricht. Im Zusammenhang mit einer Kritik derselben werden wir darauf noch eingehender zurückkommen.

Ist also eine Zusammenfassung der beiden Formeln L und P — von der dritten können wir absehen — zu einer neuen, $\frac{L+P}{2}$ oder $\sqrt{L \cdot P}$, unstatthaft, so ist doch eine andere Formel erlaubt, die gewissermaßen eine berechtigte Vermischung der Konstruktionsprinzipien von L und P enthält. Statt nämlich die Gewichte der Basiszeit oder des gegebenen Zeitpunktes zu verwenden, kann man Mittelwerte dieser Gewichte, $\frac{q_0 + q_1}{2}$ oder $\sqrt{q_0 \cdot q_1}$, nehmen. Man würde dann als Basis $\Sigma \frac{q_0 + q_1}{2} \cdot p_0$ u. als Indexformel $I_1 = \frac{\Sigma \frac{q_0 + q_1}{2} \cdot p_1}{\Sigma \frac{q_0 + q_1}{2} \cdot p_0}$ erhalten[21a])

[21a]) Diese Formel stimmt überein mit der von Winkler vorgeschlagenen; siehe dessen Aufsatz „Die beste Indexformel", Jahrb. f. Nat. u. Stat., 66. Bd., 1923, S. 571.

(entsprechend bei Anwendung von $\sqrt{q_0 \cdot q_1}$). Wenn es sich nicht um zwei Werte, sondern um eine ganze Reihe solcher handelt, könnte entsprechend $\frac{q_0 + q_1 + q_2 + \ldots}{n}$ oder $\sqrt[n]{q_0 \cdot q_1 \cdot q_2 \ldots}$ gesetzt werden.

Solche Formeln sind, besonders, wenn es sich um das arithmetische Mittel handelt — das geometrische ist m. E. in diesem Falle nicht zu rechtfertigen —, deshalb erlaubt, weil es sich hier nicht um eine Verschmelzung der Formel L und P handelt, sondern um eine neue, die allerdings systematisch zwischen beide gehört, aber auch zu dem dritten Typus gerechnet werden kann, insofern als es sich um fiktive Gewichte handelt. Das mit diesen Formeln erzielte Ergebnis will nicht eine Verschmelzung der mit den Formeln L und P erzielten eindeutigen Ergebnisse sein, sondern eine neue Seite des Phänomens zur Darstellung bringen. Wie wir irgendwelche fiktiven Gewichte wählen können, so können wir auch die auf die obige Weise als Mittelwerte zustandegekommenen Gewichte verwenden und uns fragen, wie unter diesen Umständen der Vergleich ausfallen würde. Nicht um die Verschmelzung von zwei Vergleichsresultaten handelt es sich hier, sondern um einen einzigen Vergleich.

Bis jetzt nahmen wir der Einfachheit halber an, daß es sich nur um einen Vergleich zweier Erscheinungen handele. Im allgemeinen aber haben wir es mit mehr oder weniger großen Reihen zu tun. Dabei ist nun folgendes zu beachten. Zunächst müssen im Falle der Anwendung der Formel P für jeden neuen Zeitpunkt neue Gewichte eingesetzt werden oder mindestens für jeden Zeitpunkt, in dem wir annehmen müssen, daß eine beträchtliche Veränderung in der mengenmäßigen Zusammensetzung der Elemente der komplexen Größen stattgefunden hat.

Die Reihe der Indexzahlen würde dann in unserer Buchstabensymbolik so lauten:

$$\frac{\Sigma q_1 p_1}{\Sigma q_1 p_0}, \frac{\Sigma q_2 p_2}{\Sigma q_2 p_0}, \frac{\Sigma q_3 p_3}{\Sigma q_3 p_0} \cdots\cdots \frac{\Sigma q_n p_n}{\Sigma q_n p_0}.$$

J e d e s E i n s e t z e n v o n n e u e n G e w i c h t e n b e d e u t e t a b e r d i e W a h l e i n e s n e u e n B a s i s w e r t e s; die Nenner der obigen Brüche, die ja die Basiswerte darstellen, sind ja bei jedem Gliede der Reihe verschieden, im Gegensatz zu der Reihe, die sich bei Anwendung der Formel L ergibt:

$$\frac{\Sigma q_0 p_1}{\Sigma q_0 p_0}, \frac{\Sigma q_0 p_2}{\Sigma q_0 p_0}, \frac{\Sigma q_0 p_3}{\Sigma q_0 p_0} \cdots\cdots \frac{\Sigma q_0 p_n}{\Sigma q_0 p_0}.$$

Da wir aber nur dann von einer einzigen Indexreihe sprechen können, wenn alle Werte auf dieselbe Basis bezogen sind, haben wir es in dem Falle der Formel P mit einer *uneigentlichen Indexzifferreihe* zu tun, die implicite eine ganze Anzahl von Reihen in sich enthält, wie sich aus folgender Uebersicht ergibt:

Basiswert	Zeitpunkt 1	Zeitpunkt 2	Zeitpunkt 3
1. $\Sigma q_1 p_0$	$\underline{\frac{\Sigma q_1 p_1}{\Sigma q_1 p_0}}$		
2. $\Sigma q_2 p_0$	$\frac{\Sigma q_2 p_1}{\Sigma q_2 p_0}$	$\underline{\frac{\Sigma q_2 p_2}{\Sigma q_2 p_0}}$	
3. $\Sigma q_3 p_0$	$\frac{\Sigma q_3 p_1}{\Sigma q_3 p_0}$	$\frac{\Sigma q_3 p_2}{\Sigma q_3 p_0}$	$\underline{\frac{\Sigma q_3 p_3}{\Sigma q_3 p_0}}$
. .	.	.	. .
. .	.	.	. .

Die einzelnen horizontalen Reihen 1, 2, 3 usw. bedeuten jeweils *echte Indexzifferreihen.* Ihre Endglieder, die in dem obigen Schema unterstrichen sind, bilden die *uneigentliche Indexzifferreihe*, die bei der, allerdings seltenen Anwendung der Formel P entsteht. Analog lagen die Verhältnisse bei der Reihe der Kettenindices (siehe oben S. 29 ff.).

Aber in dieser uneigentlichen Indexzifferreihe würde die Notwendigkeit, streng genommen für jeden neuen Zeitpunkt eine neue Basis zu berechnen, praktisch unendliche Schwierigkeiten machen. Ernstlich kommen derartige Indexzifferreihen nach der Formel P daher nur in Betracht, wenn einzelne Werte nur in größeren Abständen oder als Durchschnittswerte für längere Zeiträume, vielleicht Jahre, berechnet werden. So hat *Paasche*, nach dem jene Formel benannt wird, Preisindices für Jahresdurchschnitte berechnet. Interessant ist auch, daß I. *Fisher* bei seiner wöchentlichen Indexziffer eine von seiner Idealformel abweichende Formel verwendet, die im wesentlichen mit der von uns als Formel L bezeichneten Formel übereinstimmt. Diese Inkonsequenz wird allerdings von ihm hinreichend damit begründet, daß die Abweichung zwischen den Ergebnisse, die mit dieser Formel gewonnen werden, und jenen, die bei Anwendung der Idealformel erhalten werden, zu unbedeutend sind, als daß sie die große Mühe der Berechnung nach der letzteren rechtfertigen würde.

Wenn es nun auch theoretisch zweifellos richtig ist, daß eine Indexzifferreihe immer auf dieselbe Basis bezogen werden muß, so kann es doch ebenso sicher praktisch häufig genug zur *Sinn*-

losigkeit führen, an einer und derselben Basis festzuhalten. Wenn wir z. B. das Lohnniveau eines bestimmten Zeitpunktes nach Höhe der Lohnsätze und nach der anteilsmäßigen Besetzung der einzelnen Berufsgruppen als Basis wählen, so kann der dadurch bewirkte zeitliche Vergleich allmählich sinnlos werden, weil die einzelnen Berufsgruppen in einer völlig anderen Zusammensetzung am Gesamtdurchschnitt beteiligt sind, ganz abgesehen von dem Fall, daß einzelne Berufsgruppen gänzlich neu hinzukommen oder wegfallen. Theoretisch bleibt der Vergleich — vielleicht abgesehen von der zuletzt angedeuteten Komplikation des Wegfallens oder Hinzukommens ganzer Gruppen — immer richtig, praktisch aber, wie schon erwähnt, belanglos.

Besonders in die Augen springend wird die Unmöglichkeit einer ununterbrochenen zeitlichen Reihe von Indices auch in dem Beispiel eines Baukostenindex. An die Stelle der sich ändernden Verbrauchsgewohnheiten treten hier Aenderungen in der Technik, die dieselben Vergleichsschwierigkeiten mit sich bringen. Eine, nach dem Stand der Vorkriegstechnik aufgebaute (Baustoffe und Löhne berücksichtigende) Baukostenaufwandszahl (siehe S. 76) wird sinnlos für eine Zeit, die eine ganz andere Bautechnik hat (Betonplattenbau).

Wir berühren hier ein Kapitel, das man überschreiben könnte: Grenzen der Statistik. In solchen Situationen ist eben ein Vergleich unmöglich geworden, sie sind praktisch unvergleichbar geworden, wenigstens in bezug auf einen Vergleich mit Elimination der mengenmäßigen Veränderungen. Die uneliminierten Durchschnitte können wir natürlich immer noch vergleichen, z. B. bei einer Lohnstatistik die absoluten uneliminierten Durchschnitte der Wochenverdienste. Dieser Vergleich hat Sinn ganz unabhängig von der mengenmäßigen Zusammensetzung der einzelnen Berufsgruppen. Aber das ist ja ein anderer Vergleich, der nichts zu tun hat mit jenem, den wir im Auge haben, wenn wir die mengenmäßigen Veränderungen ausschalten.

Dieselben Schwierigkeiten, die sich bei einem zeitlichen Vergleich einstellen, wenn die mengenmäßige Zusammensetzung der einzelnen Komponenten eine völlig andersartige wird, ergeben sich natürlich auch bei gleichzeitigen, aber zwischenörtlichen Vergleichen. Wollen wir die Lebenshaltungskosten von zwei oder mehreren Orten miteinander vergleichen, so müssen wir natürlich in allen ein und dasselbe Verbrauchsbudget zugrunde legen. Wenn die einzelnen Orte oder Gebiete aber stark voneinander abweichende Verbrauchsgewohnheiten haben, so wird das Ergebnis des Vergleiches ein ganz verschiedenes sein, je nachdem welches Verbrauchsbudget wir zugrunde legen, das des Gebietes A oder B oder C oder irgendein fiktives. Es kann vorkommen, daß in dem einen Falle M teurer erscheint als N und in einem anderen Falle gerade umgekehrt N teurer als M. Die Verhältnisse liegen hier also analog wie bei dem Vergleich der allgemeinen Sterblichkeitsziffern verschiedener Länder, je nachdem welche Standardbevölkerung zugrunde gelegt wird. Auch dürfte hier die Schwierigkeit, im Falle größerer Unterschiede in den Verbrauchsgewohnheiten der Gebiete zu einer Einigung über ein Normalbudget zu gelangen, ähnlich unlösbar sein wie in dem Falle einer Standardbevölkerung.

Was aber nun ganz besonders Schwierigkeiten macht und die Analogie mit dem zeitlichen Vergleich vollendet, das ist der Fall, wo die Verbrauchsgewohnheiten der verschiedenen Orte so weit differieren, daß ein Verbrauchsschema, das für einen Ort paßt, für einen anderen gänzlich sinnlos wird. Wie in dem entsprechenden Falle, wo sich im zeitlichen Verlaufe die mengenmäßige Zusammensetzung derartig ändert, daß die Beibehaltung eines und desselben Schemas sinnlos wird, weiter nichts übrig bleibt, als den Vergleich, weil wertlos, aufzugeben und eine gänzlich neue Reihe mit neuem Basiswert und Basiszeitpunkt aufzubauen, so auch hier: in einem derartigen Falle können eben so weitgehende zwischenörtliche Vergleiche einfach nicht durchgeführt werden. Sie müssen sich dann auf ein engeres Gebiet beschränken.

Diese Schwierigkeit zwischenörtlicher Vergleiche wird besonders akut bei einem internationalen Vergleich von Reallöhnen. Ohne hier auf die Einzelheiten und die verschiedenen Möglichkeiten von Reallohnberechnungen einzugehen,[22]) sei hier nur erwähnt, daß sie natürlich internationale Vergleiche der Lebenshaltungskosten zur Voraussetzung haben. Daß hierbei nun die eben erwähnten Schwierigkeiten in ganz besonderem Maße auftreten, ist klar; man denke an einen Vergleich der Lebenshaltungskosten in Städten mit so verschiedenen Verbrauchsgewohnheiten wie Rom, Berlin, Stockholm oder Warschau. Trotzdem hat man den Versuch gemacht, derartige Vergleiche anzustellen, und zwar zuerst das englische Arbeitsministerium und dann das Internationale Arbeitsamt.

---

[22]) Siehe u. a.: Meerwarth, Nationalökonomie und Statistik, Berlin u. Leipzig 1925, S. 462 f.

Der Vergleich der Höhe der Reallöhne in verschiedenen Hauptstädten, in: Intern. Rundschau der Arbeit, 2. Jahrg., 1924, H. 12 mit ergänzenden Bemerkungen im 3. Jahrg., 1925, H. 5.

W. Zimmermann, Lohninternationalismus, in Wirtschaftsdienst, 10. Jahrg., 1925, Nr. 45, S. 1685.

Pribram, Zur internationalen Statistik der Arbeitslöhne, ebenda, 11. Jahrg., 1926, H. 5, S. 147.

Wenn also im Falle eines zeitlichen Vergleichs eine komplexe Erscheinung wegen völliger Aenderung ihrer mengenmäßigen Zusammensetzung gänzlich unvergleichbar wird, bleibt nichts weiter übrig, als daß man eine neue Indexzifferreihe bildet, die aber dann logisch in keinem Zusammenhange mit der alten steht. Bei der Reihe der Lebenshaltungsziffer nach dem Kriege wurde dieser Fall akut. Als sich allmählich nach eingetretener Stabilisierung der Lebensstandard der breiten Massen etwas gehoben hatte, wurde die Berechnung der Lebenshaltungsindexziffern auf Grund des eingeschränkten Aufwandes, der diesem Index ursprünglich zugrunde lag, bedeutungslos, und man entschloß sich deshalb, von Februar 1925 ab ein nach Menge und Zusammensetzung verändertes Ausgabenbudget zugrunde zu legen: teurere Lebensmittel wie Fleisch, Wurst, Butter wurden in größeren Mengen eingesetzt und andererseits neue Lebensbedürfnisse, die früher gar nicht berücksichtigt wurden, neu aufgenommen (Gruppe V: Verschiedenes).

Während nun die Aufnahme völlig neuer Gruppen und Komponenten theoretisch noch nicht unbedingt als eine Veränderung der Basis aufgefaßt werden muß, die eine Unvergleichbarkeit zur Folge hat, sondern evtl. nur eine genauere Erfassung der Lebenshaltungskosten durch eine Verbreiterung des repräsentativen Ausschnittes bedeuten kann, bedeutet jene andere Aenderung der mengenmäßigen Zusammensetzung eine solche in der Richtung einer Zubilligung eines anderen, gewöhnlich höheren Lebensstandards und bedingt die Notwendigkeit des Beginns einer neuen Indexzifferreihe. Dem hat natürlich das Statistische Reichsamt auch Rechnung getragen.

Interessant ist es nun, sich einmal die Frage vorzulegen, in welcher Weise eine Veränderung der Basis auf die Werte der Indexziffern wirken muß. Wenn wir an dem Falle des Lebenshaltungsindex exemplifizieren wollen, so können wir dabei die zwei Fälle unterscheiden: entweder wird nur die Indexgrundlage erweitert, ohne daß der zugebilligte Lebenstandard ein anderer würde, oder es wird, mit oder ohne gleichzeitiger Erweiterung der Indexgrundlage, ein anderer, meist höherer Lebensstandard zugrunde gelegt.

Die Erweiterung der Indexgrundlage bedeutet — das streiften wir eben schon — nur eine, theoretisch natürlich sehr erwünschte Steigerung der Genauigkeit der Unterlagen; der repräsentative Ausschnitt, um den es sich natürlich immer handelt, wird vergrößert. Ob die Indexziffer dann größer oder kleiner wird, bleibt völlig unentschieden, jedenfalls wird sie genauer.

Anders, wenn der Indexberechnung ein höherer Standard zugrunde gelegt wird, wodurch, wie erwähnt, der Beginn einer neuen Indexzifferreihe bedingt wird. Daß dadurch natürlich die absolute Höhe der Gesamtausgabensummen für die Basis sowohl als auch für die späteren Zeitpunkte, wächst, ist selbstverständlich. Diese spielen aber in der Lebenshaltungsstatistik höchstens die Rolle einer Durchgangsgröße. Aber man kann hier im allgemeinen auch erwarten, daß die Indexzifferwerte dadurch höhere werden. Das ergibt sich daraus, daß bei einem eingeschränkten Standard diejenigen Waren überwiegen werden, die am wenigsten von der Teuerung ergriffen worden sind und daß es bei dem gehobenen Standard gerade umgekehrt ist. So war es auch im Anschluß an die Februar 1925 eingeführte, oben schon erwähnte Erweiterung der Grundlagen der amtlichen deutschen Lebenshaltungsstatistik.

Es ist aber natürlich nicht gesagt, daß die beiden Indexzifferreihen, die nach der alten und die nach der neuen Methode berechneten, immer im gleichen Sinne sich bewegen oder etwa, daß die nach der neuen Methode berechnete im Falle eines Anziehens der Preise stärker steigen müssen als die nach der alten Methode berechnete. Diese beiden Kurven können sich, wie ein Blick auf das Zahlenmaterial beweist — denn eine gewisse Zeitlang wurde ja der Index auch nach Einführung der neuen Grundlagen nach beiden Methoden berechnet —, ganz verschieden bewegen: einmal kann die eine und einmal die andere stärker steigen oder einmal die eine steigen und die andere fallen und das andere Mal kann es gerade umgekehrt sein.

Ehe wir diesen wichtigen Abschnitt über den Vergleich komplexer statistischer Größen mit Elimination der Mengenverschiedenheiten verlassen, noch ein paar Worte über einige Punkte, die scheinbar im Widerspruch zu unseren im vorstehenden dargelegten Anschauungen stehen, die sich aber bei näherem Zusehen ohne weiteres in sie einfügen lassen und deren besondere Hervorhebung das Gesagte noch weiter verdeutlichen wird.

Aus der Logik des statistischen Vergleiches ergibt sich, wie wir zur Genüge dargetan zu haben glauben, die zwingende Notwendigkeit, bei der Beobachtung der Preis- usw. verschiebungen die mengenmäßige Zusammensetzung der Komponenten einer komplexen statistischen Größe für die ganze Reihe beizubehalten und, wenn die mengenmäßige Zusammensetzung zum Basiszeitpunkt mit der tatsächlichen des Vergleichszeitpunktes gänzlich unvergleichbar geworden ist, so daß also ein Vergleich mit den Gewichten der Basiszeit oder mit irgendwelchen fiktiven Gewichten für die Vergleichszeit oder ein solcher mit den Gewichten der Vergleichszeit für die Basiszeit zwar noch formal möglich, aber sachlich sinn- und bedeutungslos wird, die Vergleichsreihe abzubrechen und eine neue mit sinnvolleren Gewichten zu beginnen, die mit der alten gar nichts mehr zu tun hat.

Es gibt nun einige interessante Fälle, die scheinbar eine Ausnahme machen, in denen es sich nämlich um eine gewisse Elastizität handelt, aber doch innerhalb eines festen, unveränderlichen Rahmens. Wir wollen hier im Anschluß an Adolf Voelcker („Der Lebenshaltungsindex, eine methodologische Untersuchung", Dissertation, Frankfurt a. M., 1924) von schmiegsamer Methode der Gewichtsfestsetzung sprechen, ohne uns allerdings mit dem zu identifizieren, was dieser Autor über den Gegensatz der schmiegsamen und der starren Methode gesagt hat. Die Notwendigkeit der Beibehaltung fester Gewichtsmengen, von der auch die „schmiegsame" Methode keine Ausnahme macht, hat er nicht gesehen.

Ich denke zunächst an die Lebenshaltungsindexziffer von Kuczynski und Silbergleit, die bei der Festsetzung des Nahrungsbedarfes nicht von einer nach Menge und Art festbestimmten Zusammensetzung ausgingen, sondern von einer gewissen Menge Eiweiß, Fett und Kohlehydraten einerseits und einer bestimmten Kalorienmenge (3000 für den Mann und 2400 für die Frau) andererseits, die durch die einzusetzenden, möglichst billigen Nahrungsmittel gedeckt werden sollten. Daß sich hiergegen sachliche Einwände erheben lassen (vor allem, daß dieser ganze Indexaufbau steht und fällt mit einer ganz bestimmten, durchaus nicht von allen Physiologen geteilten Anschauung über die Notwendigkeit einer genau bestimmbaren Menge von Eiweiß, Fett und Kohlehydraten und einem ganz bestimmten, notwendigen Kaloriengehalte der Nahrung, und daß ferner die Auswahl der Nahrungsstoffe von der Hausfrau kaum je nach solchen physiologischen Gesichtspunkten geschehen dürfte), kümmert uns hier nicht.

Hier soll uns der Kuczynskische Index nur als Beispiel der schmiegsamen Methode der Gewichtsfestsetzung dienen, die aber im Grunde doch zu dem unveränderlichen Typus gehört. Denn die Gewichte, besser Mengen, sind hier gar nicht die Anzahl Gramm bestimmter Nahrungsmittel, sondern eine bestimmte Menge Eiweiß, Fett und Kohlehydrate, die zusammen eine bestimmte Kaloriensumme ergeben.

Aehnlich ist es, wenn für die Gruppe Heizung und Beleuchtung wie in der Reichsstatistik entweder Steinkohle oder Braunkohle oder Torf oder Holz eingesetzt werden soll je nach den Verbrauchsgewohnheiten des betreffenden Ortes, aber jeweils in einer solchen Menge, daß ein bestimmter Heizwert (ausdrückbar wieder in Kalorien) erreicht wird. Wenn hier die Verbrauchsgewohnheiten an verschiedenen Orten verschieden sind, bedeutet das nicht ohne weiteres einen verschiedenen Lebensstandard, sofern nur eine bestimmte Summe an Heizwert in Kalorien nicht über- oder unterschritten wird.

Auch wenn die Vorschrift der Reichsstatistik angibt, bei Gemüse jeweils die marktgängigste Sorte einzusetzen, so ist das ein Fall schmiegsamer Gewichtsfestsetzung, die aber unseren Grundsätzen nicht widerspricht, da die Lebenshaltungsindexziffer die Höhe der Lebenshaltungskosten messen und nicht eine Preisindexziffer im strengeren Sinne sein soll.

Boten diese Fälle nun dem Kenner des Gebietes nichts Neues, so möchte ich jetzt einen Fall anführen, der noch nicht verwirklicht ist, dessen Verwirklichung aber dem Nachdenken der Sachkundigen empfohlen werden soll. Und zwar handelt es sich um eine Aenderung der Basis bzw. ihrer Gewichte, die nicht unregelmäßig, sondern in regelmäßigem Rhythmus sich vollzieht, um einen Fall von periodischer Basis (siehe oben S. 35 ff.).

Unsere amtliche Lebenshaltungsindexziffer — und für andere, von privater Seite berechnete gilt das Gleiche — geht von festen Verbrauchsmengen aus, die durch das ganze Jahr hindurch dieselben sind, vernachlässigt also den unterschiedlichen Verbrauch in den verschiedenen Jahreszeiten. Wenn es nun auch bei den vergleichsweise rohen Methoden einer solchen Statistik immer unmöglich sein wird, allen feineren Schwankungen des jahreszeitlichen Verbrauches nachzugehen, so dürfte es doch nicht allzuschwer sein, wenigstens auf einem Gebiete, nämlich dem der Ausgaben für Heizung und Beleuchtung den Gesamtjahresverbrauch in ungleicher, aber der Wirklichkeit einigermaßen entsprechender Weise auf die Jahreszeiten zu verteilen, also im Winter höhere Mengen anzusetzen als im Sommer.

Bei diesem Fall von schmiegsamer Mengenfestsetzung wollen wir wegen seiner Wichtigkeit einen Augenblick verweilen, ohne hier zu erörtern, wie fein oder grob die Anpassung an den tatsächlichen Verbrauch im Ausgabenbudget verwirklicht werden kann und soll. Mengenmäßig würde also, wie gesagt, der Verbrauch im Winter höher sein als im Sommer, im allgemeinen natürlich auch wertmäßig, wenn eben nicht die mengenmäßige Aenderung durch eine starke Preissenkung ausgeglichen ist.

Nehmen wir nun den wahrscheinlichen Fall an, daß die Ausgabensumme mit herankommendem Winter absolut immer höher und höher wird, so ist damit nicht gesagt, daß die Indexziffer über eine derartige periodische Basis höher ist als die nach der bisherigen Weise über eine feste Basis berechnete. Sie wird es nur dann sein, wenn die Preise für Heizung und Beleuchtung stärker gestiegen sind als die für die übrigen Waren; sind sie weniger gestiegen als die der übrigen Verbrauchsgüter, so wird die periodische Indexziffer unter der über eine feste Basis berechneten liegen, obgleich die absolute Ausgabensumme im ersteren Falle größer ist als im zweiten. Indexziffern sind eben Relativzahlen, und periodische Indexziffern sagen uns ja nur, um wieviel teurer oder billiger die Lebenshaltung heute ist als zur gleichen jahreszeitlichen Phase im Basisjahr.

Da man aber nun doch das Bedürfnis hat, zu wissen, ob die Lebenshaltung von einem Monat zum anderen an und für sich teurer oder billiger geworden ist, gleichgültig, ob die Aenderung bedingt ist durch eine jahreszeitliche Aenderung der Verbrauchsmengen oder durch eine Aenderung der Preise (mit periodischen Indexziffern haben wir ja die Einflüsse der Jahreszeit ausgeschaltet), so muß man eine feste Basis verwenden, bei der also — um bei unserem Beispiel zu bleiben — die Ausgabenmengen für Heizung und Beleuchtung auf das ganze Jahr gleichmäßig verteilt sind. Aber, wohl gemerkt, nur in der Basis dürfen die Mengen gleichmäßig auf das ganze Jahr verteilt sein, in dem Stichtagswert müssen wir die jeweiligen jahreszeitlichen Verbrauchsmengen einsetzen.

Beide eben beschriebenen Indexziffern, die über eine feste und die über eine periodische Basis berechnete, zusammen ergeben uns dann ein Bild der Veränderung der Lebenshaltungskosten. Ein Maß für die Höhe der Lebenshaltungskosten, gleichgültig, wodurch sie bedingt ist, ist die über eine feste Basis berechnete Indexziffer; ein Maß für die Wirtschaftslage ist die bereinigte, über eine periodische Basis berechnete Indexziffer, die Saisoneinflüsse eliminiert und die die Einflüsse der Wirtschaftslage isoliert.

Im Gegensatz dazu ist die Ziffer der Reichsstatistik eine Meßziffer weder für den einen, noch für den anderen Vergleich, da sie im Basis- und im Stichtagswert die Jahresmenge gleichmäßig auf die einzelnen Monate verteilt erhält. Sie mißt daher — auch ein durchaus sinnvoller Vergleich —, wie hoch die Lebenshaltungskosten für ein ganzes Jahr sein würden im Vergleich zu denen des Basisjahres, wenn das ganze Jahr hindurch die Preise gelten würden, die am Stichtage gelten.

Daß eine weitere Ausgestaltung der Lebenshaltungsstatistik in dieser, die Periodizität berücksichtigenden Weise, über deren technische Durchführbarkeit die praktische Erfahrung entscheiden müßte, außer einer Rhythmisierung der Verbrauchsmengen auch zu einer Berücksichtigung der rhythmischen Schwankungen der Preise gewisser Verbrauchsgüter (außer für Heizung und Beleuchtung auch für gewisse Nahrungsmittel wie Gemüse, Kartoffeln, Eier usw.) kommen müßte, sei nur kurz gestreift.

Mit diesem Hinweis und Ausbauvorschlag wollen wir diesen Abschnitt beschließen und uns nun im folgenden mit der Erörterung der Indexzifferkriterien beschäftigen.

C. Die formalen Kriterien der Kollektivindices.

1. Die logische Bedeutung dieser Kriterien.

In der Diskussion über Indexziffer spielen seit I. Fisher die sogenannten Tests eine große Rolle; das sind gewisse formale Kriterien, die man aufgestellt hat, um zu prüfen, ob eine statistische Ziffer, die vorgibt, eine Indexziffer zu sein, wirklich diesen Anspruch erheben kann. Und zwar können diese Tests angewendet werden auf die allgemeine Formel sowohl, als auch auf die Reihe der konkreten Zahlenwerte. Diese Tests oder Kriterien spielen nur bei komplexen Größen eine Rolle, bei Einzelindices ist ihre Erfüllung eine Selbstverständlichkeit.

Ehe wir jedoch diese Kriterien im einzelnen besprechen, müssen wir als Konsequenz unseres bisher entwickelten Standpunktes aussprechen, daß derartige Tests eigentlich überflüssig sind. Für uns liegt ein logisches Bedürfnis nach ihnen überhaupt nicht vor. Denn es ist ja eine unseres Erachtens sehr wichtige These unseres Standpunktes, daß Indexziffern von komplexen statistischen Größen, also Gesamt- und Generalindexziffern, sich logisch in nichts von Einzelindixes unterscheiden. Wenn einmal eine Kollektivgröße als Summe oder als Durchschnittsgröße für einen bestimmten Zeitpunkt oder Ort berechnet ist, so ist sie für diesen Zeitpunkt oder Ort eine ebenso charakteristische und eindeutige Größe wie die Höhe des Preises einer einzelnen Ware oder die Höhe des Lohnes einer ganz bestimmten individuellen Arbeitergruppe oder der Wert irgendeiner anderen statistischen Einzelgröße.

Diese Kriterien und Tests sind ja auch weiter nichts als unsere Grundeigenschaften, von denen wir oben (S. 53 ff.) nachwiesen, daß sie aus der allgemeinen Logik des Vergleichs folgen. Wie sehen nun aber jene Indexziffern, nach unserer Anschauung eben Pseudoindexziffern, aus, die nach I. Fishers und anderer Autoren Meinung erst durch gewisse Tests auf ihre Indexnatur geprüft werden müssen? Ganz allgemein sind solche „Indexziffern“ Mittelwerte von Einzelindices. Um nicht in späteren Abschnitten ausführlicher Erörtertes schon hier zu behandeln, sei vorgreifend nur ein typischer Fall herausgegriffen, nämlich die Bildung einer Generalindexziffer als arithmetisches Mittel aus den zugehörigen Einzelindices. In unserer Formelsprache hätten wir also für einen derartigen Pseudoindex für n intensive Größen die Formel:

$$\frac{\frac{\alpha'_1}{\alpha'_0} + \frac{\alpha''_1}{\alpha''_0} + \frac{\alpha'''_1}{\alpha'''_0} + \cdots}{n},$$

während nach unserer Ableitung ein echter Generalindex nach folgender Formel gebildet werden müßte:

$$\frac{\alpha'_1 + \alpha''_1 + \alpha'''_1 + \cdots}{\alpha'_0 + \alpha''_0 + \alpha'''_0 + \cdots}.$$

Daß diese beiden Formeln rechnerisch nicht zu denselben Ergebnissen führen, ist auch dem mathematisch weniger Geübten einleuchtend. Der Unterschied zwischen beiden Formeln kann größer oder kleiner sein, je nach den Werten für die Einzelgrößen. Daß die Werte für die beiden Formeln identisch sind, ist eine seltene Ausnahme, die nur unter bestimmten Voraussetzungen zutrifft.

Wie wir nun schon oben einmal (S. 101) sagten, ist es ein logisches Erfordernis der angewandten Mathematik, nicht einfach Formeln abzuleiten, ohne sich den Sinn, die Bedeutung derselben ständig vor Augen zu halten. Der sachliche Unterschied zwischen beiden eben nebeneinander gestellten Formeln ist nun der, daß die erste Formel die allerdings — wie noch gezeigt werden soll — nicht einwandfrei berechnete durchschnittliche Veränderung einer Reihe von Größen und die zweite die Veränderung des Durchschnittes eben dieser Größen mißt. Die durchschnittliche Veränderung ist aber nicht das, was wir mit einer Generalindexziffer messen wollen, sondern die Veränderung des Durchschnittes, des Niveaus. Da uns aber die durchschnittliche Veränderung gelegentlich auch interessieren kann, werden wir die Logik dieser Fragestellung im Abschnitt IV ausführlich behandeln und kommen dann auf das eben Gesagte zurück.

Die ganze Frage der Tests hätte nun in der Indexliteratur nicht jene große und leider meist nicht klärende Rolle gespielt, wenn man nicht derartige Durchschnitte von Einzelindices — die wir Pseudoindices genannt haben, da ihr Sinn (Messung einer durchschnittlichen Veränderung) ja ein ganz anderer ist als der der echten Kollektivindices — an Stelle eben von solchen echten berechnet hätte. Denn während die Tests bei diesem Pseudoindices nicht immer erfüllt sind, sind sie es bei einem echten Index nicht nur immer, sondern es entsteht bei ihnen für den, der den Aufbau und die Logik einer solchen Indexzahl versteht, gar kein Bedürfnis nach ihrer Anwendung; ihre Erfüllung ist bei einem echten Kollektivindex ebenso eine Selbstverständlichkeit wie bei einem Einzelindex.

Wenn I. Fisher für die logische Notwendigkeit der Kriterien anführt 1. daß sie für Einzelindices auch gelten und 2. daß sie aus der Logik des Vergleichs folgen, so stimmen wir ihm zu,[23]) fügen nur hinzu, daß ein nach der Logik des Vergleichs angestellter statistischer Vergleich von selbst zu Kollektivindexziffern von derselben Natur wie die der Einzelindices führen muß, die also ohne weiteres die Kriterien erfüllen.

Daraus folgt, wie schon gesagt, daß besondere Kriterien für die formale Richtigkeit von Indexformeln gar nicht nötig sind. Aber andererseits — und das ist unser zweites Argument gegen sie — sind sie gar kein ausreichender Beweis für die Echtheit einer Indexziffer. Das hat nun zwar I. Fisher selbst schon gesehen, aber doch nicht die nötigen Konsequenzen daraus gezogen. Die Kriterien sind nämlich nur negativer Natur; aus dem negativen Ausfall eines Kriteriums folgt nur die Unbrauchbarkeit der Formel, aus dem positiven aber nicht die Brauchbarkeit; denn entgegengesetzte Fehler können sich aufheben. Negativer Ausfall der Testprüfung zeigt also Fehler auf, positiver aber garantiert nicht Fehlerlosigkeit. Es lassen sich beliebig viele Formeln konstruieren, die den beiden Tests I. Fisher entsprechen, ohne auch von ihm als echte Indexformeln angesprochen zu werden.

I. Fisher kennt, wie schon gesagt, nur zwei Tests oder Kriterien („two great reversal tests“): 1. den time reversal test und 2. den factor reversal test. Bortkiewicz fügt zwei andere hinzu, das Proportionalitätskriterium, das I. Fisher für selbstverständlich hält und das Interkalationskriterium, das I. Fisher ablehnt. Der Sinn dieser verschiedenen Tests ist uns — mit Ausnahme des Proportionalitätskriteriums — aus der Besprechung der Grundeigenschaft der Indexzahlen (S. 53 ff.) bereits bekannt. Zur Ergänzung und Wiederholung sei über die einzelnen Kriterien kurz das folgende gesagt:

1. Das Proportionalitätskriterium ist das elementarste Kriterium. Es besagt, daß in dem speziellen Falle, daß sämtliche Einzelgrößen eines Durchschnittes von einem Zeitpunkt zum anderen sich in demselben Ausmaße ändern, auch der Durchschnitt selbst sich in eben diesem Verhältnis ändern muß. Wenn alle Löhne in einem bestimmten Zeitintervall um 10% zunehmen, so muß auch der Durchschnitt um 10% zunehmen.

Dieses Kriterium erscheint sehr selbstverständlich, tatsächlich entspricht es aber nicht in allen Fällen der Logik des Vergleichs. Es gibt nämlich nur für den eliminierten Ver-

[23]) Wir müssen allerdings noch einmal darauf hinweisen, daß I. Fisher bei dem Interkalationskriterium, das er bekanntlich ablehnt, diese beiden Argumente nicht anwendet.

gleich, bei dem also in beiden verglichenen Zeitpunkten dieselben Mengen genommen werden. Bei dem uneliminierten Vergleich, der doch ebenso sinnvoll ist, ist es nicht im geringsten gefordert: Wenn alle Preise um 10% zugenommen haben, so muß natürlich bei gleichen Mengen auch die Meßziffer für das Preisniveau um 10% zunehmen; wenn aber die Mengenverschiebungen mit berücksichtigt werden sollen (uneliminierter Vergleich), so ist ja klar, daß auf die Meßziffern nicht nur die Preisänderungen, sondern auch die wahrscheinlich in ganz anderer Richtung verlaufenden Mengenänderungen wirken (die Gesamtwirkung beider Ursachenkomplexe will man ja in diesem Falle gerade messen).

Wir müssen also das Proportionalitätskriterium ablehnen, da es der Logik des Vergleichs widerspricht, es auf alle Vergleichsfälle anzuwenden. Daß natürlich eine logisch einwandfrei aufgebaute Formel für einen eliminierten Vergleich ihm wie auch den anderen Kriterien entsprechen muß, ist selbstverständlich.

Dasselbe gilt von dem Identitätskriterium, das neuerdings Bortkiewicz eingeführt hat;[24]) es stellt gewissermaßen einen Spezialfall des Proportionalitätskriteriums dar. Es fordert, daß bei Gleichbleiben der Preise von einem Stichtag zum andern auch der Index derselbe bleiben müßte. Aber auch es ist kein legitimes, von der Logik des statistischen Vergleichs in allen Fällen gefordertes Kriterium. Auch seine Erfüllung kann natürlich im Falle des uneliminierten Vergleichs gar nicht erwartet werden. So selbstverständlich es ist, daß die Meßziffer für das Preisniveau gleich bleiben muß, wenn nicht nur die Preise für die einzelnen Waren dieselben bleiben, sondern auch die Mengen gleichbleiben oder als gleichbleibend gesetzt werden (eliminierter Vergleich), so wenig ist es selbstverständlich, wenn gleichzeitig die Mengenverschiebungen berücksichtigt werden sollen: das Preisniveau kann dann natürlich steigen, ohne daß die Preise steigen, wenn z. B. die teueren Waren in größeren Mengen umgesetzt werden, das alles aber, ohne daß die Vergleichsziffer wertlos wurde.

Daß das Identitätskriterium einen so zwingenden und selbstverständlichen Eindruck macht, ist darauf zurückzuführen, daß man sich bei einem Preis- oder Lohnindex im allgemeinen

---

[24]) Bortkiewicz, Der gegenwärtige Stand des Problems der Geldwertmessung in Handw. d. Staatsw., 4. Aufl., IV. Bd., S. 743. In diesem Aufsatz stellt der Verf. außer den auch von uns behandelten drei, bzw. einschl. des Proportionalitäts- u. Identitätskriteriums fünf Kriterien noch eine Reihe neuer auf (im ganzen zehn), die aber unseres Erachtens nur eine Komplizierung des Problems darstellen, ohne es zu fördern; im einzelnen enthält der Aufsatz wertvolle Gedanken.

für die durch die Preis- oder Lohnänderungen bedingte Veränderung des Niveaus interessiert, unbewußt also von den Mengenverschiebungen abstrahiert.

Im folgenden brauchen wir also auf das Proportionalitäts- und Identitätskriterium nicht zurückzukommen.

2. Das Umkehrbarkeitskriterium (time reversal test I. Fishers) verlangt in Uebereinstimmung mit der Eigenschaft der Umkehrbarkeit der Indexzahlen (siehe S. 60), daß der in der einen Richtung berechnete Index das Reziproke des in der umgekehrten Richtung berechneten sein müsse, oder, um mit Bortkiewicz (a. a. O., S. 384) zu reden, „daß das Ergebnis einer prospektiven mit dem Ergebnis einer retrospektiven Bestimmung der eingetretenen Preisniveauverschiebung harmonieren müsse".

3. Nach dem Interkalationskriterium muß die Basis in der Weise austauschbar sein, daß, wenn wir statt des ursprünglichen Basiswertes den Wert für einen beliebigen späteren Zeitpunkt als Basis nehmen, sich proportionale Werte ergeben. Wir verweisen auf das oben (S. 56) Gesagte und erinnern hier auch daran, daß I. Fisher zu Unrecht diesen Test nicht als einen echten anerkennt.

4. Das Multiplikationskriterium (factor reversal test I. Fishers) schließlich fordert, daß das Produkt aus der Indexziffer, die die Veränderung der Mengen und jener, die die Veränderung der Preise, Löhne usw., kurz der intensiven Werte mißt, gleich sein müsse der Indexziffer, die die Veränderung des Gesamtwertes mißt: das Produkt aus der Indexziffer, die die Veränderungen der eingeführten Warenmengen und jener, die die Veränderungen des Preisniveaus eben dieser Waren ausdrückt, muß gleich sein der Indexziffer für die Veränderung des gesamten Einfuhrwertes.

Auch diesem Test liegen ganz elementare, auf Seite 61 schon erörterte Erwägungen zugrunde. Hier sei nur noch kurz und vorwegnehmend gesagt, daß die Anwendung dieses Kriteriums die Berechnung von zweierlei Kollektivindices zur Voraussetzung hat, solchen, die die Veränderungen der Mengen und solchen, die diejenigen der Intensitäten messen. Bisher haben wir uns nur mit der letzteren Art beschäftigt; bei der Besprechung dieses Kriteriums werden wir nun auch die Logik der Indexziffern der anderen Art kennenlernen. Ganz grundsätzlich haben wir ja schon oben (S. 97) gesagt, daß jeder Vergleich komplexer statistischer Größen mit verschiedenen Gewichtszahlen sich in dieser Weise in zwei Vergleiche aufspalten läßt.

Wenn wir im folgenden diese einzelnen Kriterien — mit Ausnahme des Proportionalitätskriteriums — etwas eingehender würdigen wollen, so beschränken wir uns auf die Anwendung derselben auf solche Kollektivindices, die sich auf Durchschnitte und Summen beziehen, deren Summanden in extensive und intensive Komponenten auflösbar sind, und lassen die Gesamtindices, die die Veränderungen einer summenhaften Erscheinung von rein extensivem Charakter verfolgen, außer Betracht, da die Erfüllung der Kriterien hier gar nicht in Zweifel gezogen werden kann oder vielmehr, weil hier surrogathafte Pseudoindexziffern nicht möglich sind.

2. Die einzelnen Kriterien.

a) Das Umkehrbarkeitskriterium.

Schon oben (S. 8) sagten wir, daß es im Wesen des Vergleiches liegt, eigentlich nur eine Umschreibung des Begriffes des Vergleichs darstellt, daß, wenn eine Größe zum Zeitpunkt 1 um 25% größer ist als zum Zeitpunkt 0, dieselbe Größe dann umgekehrt zum Zeitpunkt 0 20% kleiner sein muß als zum Zeitpunkt 1. Es ist eine selbstverständliche Forderung, daß dies gilt nicht nur für Einzelgrößen, sondern auch für Zahlenwerte, die Meßziffern sind für komplexe statistische Erscheinungen, also z. B. für den Vergleich von Niveaus. Das und nichts anderes ist der Sinn des Umkehrbarkeitskriteriums. Ausgedrückt wird sein Sinn durch die Formel: $I_{0,1} = \frac{1}{I_{1,0}}$ oder $I_{0,1} \times I_{1,0}$ 1.

Hinzugefügt mag noch werden, daß dieses Kriterium natürlich nicht nur bei zeitlichen Vergleichen, sondern ebenso bei örtlichen und sachlichen in Betracht kommt; es handelt sich einfach um eine *Umkehrbarkeit der Vergleichsrichtung*. Die Fishersche Bezeichnung time reversal test ist deshalb zu eng.

So selbstverständlich diese Forderung ist und so sehr auch der Laie mit Recht ihre Erfüllung erwartet, so häufig treffen wir doch „indices“, die ihr nicht gerecht werden. *Die deutschen Großhandelsindices (der frühere amtliche*[25]*) und die verschiedenen privaten) werden nach Formeln berechnet, die eine Umkehrbarkeit nicht zulassen.*

Wenn bei einem Index nicht nur die Endziffern, sondern auch das verwendete Material für die einzelnen Warenpreise mitveröffentlicht wird, besteht die Möglichkeit, jederzeit die Umkehrprobe zu machen. Ich gebe hier das Ergebnis einer solchen Umkehrprobe wieder, die ich bei einer Teilgruppe des Großhandelsindex der Frankfurter Zeitung unternommen habe. Als

---

[25]) Siehe aber S. 184 [8]).

Unterlagen benutzte ich auf Geratewohl die Preise für Gruppe II (13 Waren: Baumwolle, Wolle usw.) dieses Index für den 29. April 1926 (siehe Wirtschaftskurve der Frankfurter Zeitung, 1926, H. 2, S. 207).

Wenn wir den Index dieser Gruppe nach der Methode der Wirtschaftskurve berechnen mit der Basis Mitte 1914 = 100, so erhalten wir, in Uebereinstimmung mit der Wirtschaftskurve, 157,90. Nehmen wir nun aber umgekehrt den Stichtag, 29. April 1926, als Basis und beziehen die ursprüngliche Basis, Mitte 1914, darauf, so müßten wir erwarten: $\frac{100}{157,90} = 0,6333$ oder 63,33%, statt dessen erhalten wir 68,04%. Und umgekehrt, wenn wir von dem letzteren Werte ausgehen und nun die Umkehrprobe machen, so müßten wir auf den ursprünglichen Wert, der sich auf die Basis Mitte 1914 = 100 bezieht, kommen, also auf 157,90, statt dessen erhalten wir 146,97.

Nachdem aber die von uns verwendeten Formeln für den Vergleich von Durchschnitten und entsprechenden Summen — die einfachen Summen wollten wir außer Betracht lassen, da sie keine Probleme bieten — für jeden Zeitpunkt bzw. Ort eine konkrete Zahl verwenden, die schon vor dem Vergleiche und dessen Richtung feststeht, und so der Vergleich von Durchschnitten auf den von einzelnen Werten zurückgeführt ist, ist es selbstverständlich, daß unsere Formeln diesem Kriterium entsprechen.

Wenn wir das Gesagte durch die von uns aufgestellten Formeln selbst bekräftigen wollen, so muß es genügen, um nicht zu weitschweifig zu werden, uns auf die Formeln für die gewogenen Durchschnitte ohne und mit Elimination der Mengenverschiedenheiten (einschließlich der entsprechenden Formeln für analog aufgebaute Summen) zu beschränken. Daß das Umkehrbarkeitskriterium bei dem Vergleich von ungewogenen Durchschnitten erfüllt ist, lehrt ein Blick auf die Formel.

Auch bei der Formel für den uneliminierten Vergleich gewogener Durchschnitte wollen wir uns nicht lange aufhalten, da sich auch hier ein Zweifel noch nicht erheben kann. Nur als Uebergang zu den scheinbar nicht eindeutigen und scheinbar nicht zweifelsfreien Fällen des eliminierten Vergleiches gewogener Durchschnitte sei die Umkehrbarkeit dieses Vergleiches an den entsprechenden Formeln bewiesen.

Für den Vergleich der uneliminierten Durchschnitte in der Richtung vom Zeitpunkt 0 auf den Zeitpunkt 1 lautete die Formel:

$$I_{0,1} = \frac{\Sigma a_1 \alpha_1 \cdot \Sigma a_0}{\Sigma a_0 \alpha_0 \cdot \Sigma a_1}.$$

Die entsprechende Formel für den Vergleich des Wertes zum

Zeitpunkt 0 mit dem zum Zeitpunkt 1 als Basis ergibt dann die Formel:

$$I_{1,0} = \frac{\Sigma a_1 \alpha_0 \cdot \Sigma a_1}{\Sigma a_1 \alpha_1 \cdot \Sigma a_0}$$

Also: $I_{0,1} = \frac{1}{I_{1,0}}$ oder $I_{0,1} \times I_{1,0} = 1$, und das ist das Erfordernis des Umkehrtests.

Der Leser möge sich weiter an Hand der Formeln auf Seite 98 überzeugen, daß die Umkehrbarkeit im Falle analog zusammengesetzter Summen natürlich ebenso vorhanden ist.

Weniger einfach und durchsichtig liegen aber die Dinge bei dem Vergleich der von den Mengenverschiedenheiten eliminierten Durchschnitte, zu deren Besprechung wir jetzt übergehen wollen, wobei wir die drei oben (S. 100) besprochenen Formeltypen nacheinander durchnehmen wollen.

Der dritte Formeltypus, den wir an der eben genannten Stelle unterschieden haben, bei dem also für Basiszeitpunkt und für Vergleichszeitpunkt eine fiktive Gewichtszusammensetzung gewählt wird, macht dabei die geringsten Schwierigkeiten. Der Fall spielt ja auch in der hier in Rede stehenden Diskussion keine große Rolle. Wir wollen ihn deshalb gleich vorab kurz erledigen.

Die entsprechenden Formeln lauten:

$$I_{0,1} = \frac{\Sigma(a)\alpha_1}{\Sigma(a)\alpha_0} \text{ oder } \frac{\Sigma(q)p_1}{\Sigma(q)p_0} \text{ und}$$

$$I_{1,0} = \frac{\Sigma(a)\alpha_0}{\Sigma(a)\alpha_1} \text{ oder } \frac{\Sigma(q)p_0}{\Sigma(q)p_1}.$$

Also wiederum ist: $I_{0,1} \times I_{1,0} = 1$.

Von den Formeln L und P, zu denen wir jetzt kommen, behauptet nun I. Fisher, daß sie dem Umkehrkriterium nicht entsprechen. Wie kommt dieser Autor zu dieser Behauptung bzw. wie begründet er sie? Ganz schematisch sagt er, daß die Formel für den Vergleich in der umgekehrten Richtung, die „gewendete" Indexformel, wie Bortkiewicz sagt, dadurch entstünde, daß man in der ursprünglichen Formel die Suffixe, die den Zeitpunkt symbolisieren (in unseren obigen Formeln 0 und 1) austauscht, daß man also z. B. statt $p_1 q_0$ setzt $p_0 q_1$.

Hier ist nun I. Fisher einem Schematismus und Formalismus zum Opfer gefallen, der überhaupt ein Merkmal seines ganzen Werkes ist. Bei einer Einzelindexzahl ist es selbstverständlich richtig, daß die „gewendete" Indexzahl auf diese Weise entsteht; man denke an $\frac{p_1}{p_0}$ und $\frac{p_0}{p_1}$.

Wendet man aber dieses Schema auf komplexe statistische Größen an, so gelangt man zu Formeln, die zwar rechnerisch richtig und auch an sich sinnvoll sind, aber nicht ein sinnvolles Abbild des in Rede stehenden Sachverhaltes darstellen, also nicht den Vergleich in der umgekehrten Richtung messen.

Suchen wir uns das zunächst an Hand der Formel L klarzumachen. Sie lautet, wie wir wissen: $I_{0,1} = \frac{\Sigma q_0 p_1}{\Sigma q_0 p_0}$. Für die entsprechende „gewendete" Indexformel setzt I. Fisher nun im Sinne seines Schemas: $\frac{\Sigma q_1 p_0}{\Sigma q_1 p_1}$.

Aber hier liegt ein *Kardinalfehler* vor: die Suffixe bei p durften und mußten geändert oder vielmehr ausgetauscht werden, nicht aber bei q. Denn der *logische Sinn des Umkehrens* ist doch der, *daß einmal die zweite Größe auf die erste und dann die erste auf die zweite bezogen wird*, also einmal $p_1 q_0$ auf $p_0 q_0$ und dann $p_0 q_0$ auf $p_1 q_0$. Die gewendete Indexziffer muß also richtig lauten:

$$I_{1,0} = \frac{\Sigma q_0 p_0}{\Sigma q_0 p_1}.$$

I. Fisher vergleicht *einmal* das Preisniveau vom Zeitpunkt 1 mit dem vom Zeitpunkt 0 unter Verwendung der Gewichte q_0 und *dann* das Preisniveau vom Zeitpunkt 0 mit dem vom Zeitpunkt 1 unter Verwendung der Gewichte q_1. Das sind aber nicht die beiden entsprechenden Vergleiche, die logisch zusammengehören und die deshalb auch nicht zu einander reziproken Werten führen können. Eine Veränderung der mengenmäßigen Zusammensetzung bei der Vergleichsumkehr ist logisch unzulässig; denn der Sinn der Formel L (und entsprechend der Formel P) ist ja gerade der, durch Gleichsetzen der Gewichte die Veränderung des Durchschnittes, die durch Veränderung der Gewichte bedingt ist, auszuschalten.

Analog liegen die Verhältnisse bei der Formel P. Sie lautet: $I_{0,1} = \frac{\Sigma q_1 p_1}{\Sigma q_1 p_0}$. Die entsprechende Formel für den Vergleich in der umgekehrten Richtung ist: $I_{1,} = \frac{\Sigma q_1 p_0}{\Sigma q_1 p_1}$, während I. Fisher in Anwendung seines von uns abgelehnten Schematismus setzt: $\frac{\Sigma q_0 p_0}{\Sigma q_0 p_1}$.

Die Formeln $I_{0,1}$ und $I_{1,0}$ genügen also im Falle L und P dem Umkehrbarkeitskriterium.

Man sieht ohne weiteres, daß die „gewendete" Formel L bei I. Fisher identisch ist mit unserer umgekehrten Formel P und entsprechend die „gewendete“ Formel P identisch ist mit unserer umgekehrten Formel L.

Die Ablehnung der Formeln L und P durch I. Fisher auf Grund des Zeitumkehrtestes, wie er ihn versteht, ist also unberechtigt, beide sind einwandfrei und nebeneinander berechtigt, und das Bedürfnis nach einer Zusammenfassung beider zu einer einzigen, wie es Fisher mit seiner „Idealformel“ tut, haben wir schon oben abgelehnt.

Immerhin ist es von Interesse, daß die sogenannte Idealformel von I. Fisher, die, wie wir gesehen haben, einen eindeutigen Sinn im Gegensatz zu den Formeln L und P nicht hat, dem Umkehrbarkeitskriterium nicht nur in der von uns abgelehnten Auffassung dieses Autors, sondern auch in der unsrigen entspricht. Die Fishersche Formel in der Vergleichsrichtung 0 auf 1 lautet: $\sqrt{\frac{\Sigma q_0 p_1}{\Sigma q_0 p_0} \cdot \frac{\Sigma q_1 p_1}{\Sigma q_1 p_0}}$, die entsprechende in der Richtung 1 auf 0 dagegen: $\sqrt{\frac{\Sigma q_0 p_0}{\Sigma q_0 p_1} \cdot \frac{\Sigma q_1 p_0}{\Sigma q_1 p_1}}$ oder einfacher: $\sqrt{L \cdot P}$ und $\sqrt{\frac{1}{L} \cdot \frac{1}{P}}$.

Daß also die von Fisher empfohlene Formel dem richtig verstandenen Umkehrtest entspricht, ohne von uns als eine sinnvolle Vergleichsformel anerkannt werden zu können, ist ein besonderer Fall für die oben (S. 120 f.) von uns gemachte Behauptung, daß die Kriterien notwendige, aber nicht zureichende Merkmale von Indexformeln sind.

b) Das Interkalationskriterium.

Wie wir wissen, besagt die Eigenschaft der Interkalierbarkeit einer Indexzifferreihe (siehe S. 56 ff.) dasselbe wie Unabhängigkeit der Relationen zwischen den einzelnen Werten der Reihe von der gewählten Basis. Wenn wir also eine zeitliche Reihe von Werten haben, die vom Jahre 1 bis zum Jahre t führt, so müssen die Indexziffern für zwei Zeitpunkte — sagen wir i und k — zueinander in demselben Verhältnis stehen, gleichgültig, ob wir den Wert für den Zeitpunkt 1 oder den für einen zwischen 1 und t gelegenen Zeitpunkt als Basis wählen.

Die über die neue Basis berechneten Indexzahlen müssen ohne weiteres auf die über die alte Basis berechneten umgerechnet werden können und umgekehrt. Daß diese Forderung bei Einzelindices erfüllt ist, leuchtet ohne weiteres ein; wir verweisen hier auf das oben in dem Abschnitt über die Grundeigenschaften der Indexzahlen Gesagte. Wenn nun Gesamt- und Generalindices in dem oben von uns ausgeführten Sinne logisch Einzelindices entsprechen, so muß natürlich für sie dasselbe gelten.

In der Tat rechnet auch jeder unbefangene Benutzer von Indexzifferreihen ganz instinktiv mit der Interkalierbarkeit derselben, mit der Unabhängigkeit des gegenseitigen Verhältnisses der einzelnen Werte von der gewählten Basis: wenn z. B. der Großhandelsindex des Statistischen Reichsamtes vom 1. auf den 8. September 1926 von 126,5 auf 127,0 (Basis 1913), also um 0,4% gestiegen ist, so wird jeder mit dem Gebiete nicht Vertraute die Indexziffer für den 8. September mit Bezug auf den 1. September als Basis für 104 halten. Von einer echten Indexziffer sowohl einfacher, als auch komplexer statistischer Größen muß man auch verlangen, daß das zutrifft. Es trifft aber gerade bei der früheren Großhandelsindexziffer des Statistischen Reichsamtes und bei vielen anderen nicht zu.

Wenn wir diese Probe wieder auf dasselbe Zahlenmaterial anwenden, das wir oben bei der Zeitumkehrprobe verwendeten (siehe S. 124), so finden wir, daß der Index für Gruppe II für den Stichtag 30. März 1926 ist: 158,97. Wenn wir nun einen Index mit diesem letzteren Stichtage als Basis für den 29. April 1926 berechnen, so erhalten wir 99,21. Aus diesen beiden Werten müßte sich die auf die eigentliche Basis Mitte 1914 berechnete Indexziffer in der Höhe von 157,90 ergeben, dafür erhalten wir aber 157,71. Die Abweichung kann gelegentlich natürlich auch größer sein.

Unseres Erachtens sind das aber gar keine echten Indexziffern, sondern Pseudoindexziffern. Es sind Durchschnitte oder Mittelwerte von Einzelindices, die, wie schon erwähnt wurde und im nächsten Abschnitt noch ausführlicher dargetan werden wird, rechnerisch und sachlich ihre Berechtigung haben, aber eben etwas anderes bedeuten (Unterschied von Veränderung eines Durchschnittes oder Niveaus und durchschnittlicher Veränderung).

Bortkiewicz hat deshalb recht, wenn er verlangt, daß man bei der Veröffentlichung solcher Reihen immer hinzufügen müsse, ob sie „umrechnungsfähig“ (auf eine andere Basis) oder „unantastbar“ sind (a. a. O. S. 221). Wir möchten diese Forderung dahin modifizieren, daß bei jedem Index angegeben werden solle, ob es sich um einen echten Generalindex handelt, der natürlich immer „umrechnungsfähig“ ist oder um einen Pseudoindex, der, wie wir wissen, ein Mittelwert von Einzelindices ist und der eine ganz andere sachliche Bedeutung hat, als Surrogat aber gelegentlich Verwendung finden kann, nämlich dann, wenn die sachlichen Unterlagen zur Berechnung eines echten Index (genaue Gewichtsziffern) fehlen (siehe auch S. 53).

Wenden wir das Interkalationskriterium wieder der Reihe nach auf unsere Formeln an. Zunächst auf die für den uneliminierten Durchschnitt. Aus nachstehender Gleichung:

$$\frac{\Sigma a_2 \alpha_2 \cdot \Sigma a_0}{\Sigma a_0 \alpha_0 \cdot \Sigma a_2} = \frac{\Sigma a_1 \alpha_1 \cdot \Sigma a_0}{\Sigma a_0 \alpha_0 \cdot \Sigma a_1} \times \frac{\Sigma a_2 \alpha_2 \cdot \Sigma a_1}{\Sigma a_1 \alpha_1 \cdot \Sigma a_2}$$

folgt, daß $I_{0,2} = I_{0,1} \times I_{1,2}$, also das Interkalationskriterium erfüllt ist.

Von den drei möglichen Fällen eines uneliminierten Vergleiches gewogener Durchschnitte macht uns wieder der Fall 3 (fiktive Gewichte) die geringste Mühe. Denn es ist:

$$\frac{\Sigma a(\alpha)_2}{\Sigma (a)\alpha_0} = \frac{\Sigma (a)\alpha_1}{\Sigma (a)\alpha_0} \times \frac{\Sigma (a)\alpha_2}{\Sigma (a)\alpha_1} \quad .$$

Aber auch für das Formelpaar L und P gilt unser richtig angewendetes Interkalationskriterium. Denn est ist im Falle der Formel L:

$$\frac{\Sigma a_0 \alpha_2}{\Sigma a_0 \alpha_0} = \frac{\Sigma a_0 \alpha_1}{\Sigma a_0 \alpha_0} \times \frac{\Sigma a_0 \alpha_2}{\Sigma a_0 \alpha_1}$$

und im Falle der Formel P:

$$\frac{\Sigma a_2 \alpha_2}{\Sigma a_2 \alpha_0} = \frac{\Sigma a_2 \alpha_1}{\Sigma a_2 \alpha_0} \times \frac{\Sigma a_2 \alpha_2}{\Sigma a_2 \alpha_1} \quad .$$

Wenn nun Bortkiewicz behauptet, daß weder die Formel L noch die Formel P interkalierbar sei, so beruht das auf demselben Mißverständnis oder Schematismus, dem auch Fisher verfallen ist, wenn er behauptet, daß beide Formeln nicht dem Umkehrtest entsprechen. Die entsprechende Behauptung bezüglich des Interkalationskriteriums können wir natürlich bei I. Fisher nicht finden, da er dieses Kriterium überhaupt nicht anerkennt. Würde er es aber anerkennen, so würde er wohl denselben Trugschluß begehen wie Bortkiewicz; denn die schematische Anwendung des Interkalationskriteriums ist ganz im Sinne von I. Fisher.

Wie im Falle des Umkehrtestes bei Fisher die Basis für die „gewendete“ Indexziffer gebildet wurde durch Einsetzung neuer Mengen (siehe oben), Mengen und Intensitäten also nach demselben Schema umgebildet wurden, so wird bei Bortkiewicz die eingeschobene Basis dadurch gebildet, daß nicht nur die intensiven Werte, sondern auch die Gewichte des betreffenden Zwischenzeitpunktes gewählt werden, die Suffixe für a und α

bzw. q und p gleichzeitig geändert werden. Er erhält dann natürlich im Falle der Formel L die Ungleichung:

$$\frac{\Sigma a_0 \alpha_2}{\Sigma a_0 \alpha_0} \lessgtr \frac{\Sigma a_0 \alpha_1}{\Sigma a_0 \alpha_0} \times \frac{\Sigma a_1 \alpha_2}{\Sigma a_1 \alpha_1}$$

und im Falle P:

$$\frac{\Sigma a_2 \alpha_2}{\Sigma a_2 \alpha_0} \lessgtr \frac{\Sigma a_1 \alpha_1}{\Sigma a_1 \alpha_0} \times \frac{\Sigma a_2 \alpha_2}{\Sigma a_2 \alpha_1} .$$

Vielleicht könnte man den von Bortkiewicz angewendeten Schematismus so ausdrücken, daß die Suffixe für die Gewichtsziffern bei der Formel L immer übereinstimmen müssen mit den Suffixen des intensiven Wertes der Basis (auch der eingeschobenen) und bei der Formel P umgekehrt mit dem Suffix des intensiven Wertes des im Zähler der Brüche stehenden Vergleichswertes (auch des Zwischenwertes).

Gegen diese schematische Auffassung des Interkalationskriteriums ist das Entsprechende zu sagen wie gegen die schon oben gerügte Auffassung des Umkehrkriteriums: das Produkt aus den beiden Faktoren (rechte Seite der Ungleichungen) bezieht sich auf zwei verschiedenwertige Vergleichspaare, die deshalb nicht zusammen gehören, weil in dem einen Paar andere Gewichte vorkommen als in dem anderen. Hier werden zwei Vergleiche zwischen je zwei komplexen Größen miteinander verbunden, die sich auch hinsichtlich der mengenmäßigen Zusammensetzung unterscheiden, ohne daß wir einen uneliminierten Vergleich vor uns hätten. Diese formalistische Anwendung des Interkalationskriteriums bzw. diese Zerrform desselben zeigt also, wie notwendig es ist, was auch schon mehrfach betont wurde, bei statistischen Formeln und bei solchen der angewandten Mathematik überhaupt immer den Sinn des durch die Formeln Dargestellten im Auge zu behalten.

Werfen wir nun noch einen Blick auf die „Idealformel" von I. Fisher, wenn sie von uns auch schon ihres Bastardcharakters wegen abgelehnt werden müßte. Da zeigt sich nun, daß auch sie dem richtig verstandenen Interkalationskriterium entspricht. Das geht ohne weiteres daraus hervor, daß wir die I. Fishersche Formel für eine Veränderung vom Zeitpunkt 0 auf den Zeitpunkt 2 ohne weiteres schreiben können: $\sqrt{L_{0,2} \times P_{0,2}}$ aber $L_{0,2} = L_{0,1} \times L_{1,2}$ setzen können und entsprechend $P_{0,2} = P_{0,1} \times P_{1,2}$. Wir haben hier also wieder den Fall, daß eine Formel einem Kriterium entspricht, aber trotzdem von uns nicht als echte Indexformel angesprochen werden kann.

Andererseits aber erfüllt die Fishersche Formel das Interkalationskriterium in der schematischen und formalistischen Auffassung von Bortkiewicz, die ja wohl auch Fisher vorgeschwebt hat, nicht, weshalb letzterer auch zu einer Ablehnung dieses Tests gelangte. Denn:

$$\sqrt{\frac{\Sigma a_0\, \alpha_2}{\Sigma a_0 \alpha_0} \times \frac{\Sigma a_2 \alpha_2}{\Sigma a_2 \alpha_0}} \gtrless \sqrt{\frac{\Sigma a_0 \alpha_1}{\Sigma a_0 \alpha_0} \times \frac{\Sigma a_1 \alpha_1}{\Sigma a_0 \alpha_1}} \times \sqrt{\frac{\Sigma a_1 \alpha_2}{\Sigma a_1 \alpha_1} \times \frac{\Sigma a_2 \alpha_2}{\Sigma a_2 \alpha_1}}.$$

Daß mit der Erfüllung des Interkalationskriteriums bei unseren Formeln L und P — und damit selbstverständlich auch bei den übrigen von uns aufgestellten Formeln — auch das Zirkulationskriterium erfüllt ist, ist selbstverständlich; denn es ist ja nur eine Sonderform des ersteren (siehe S. 57 ff.).

Bei der Gelegenheit sei auch erwähnt, wie Kettenindices komplexer Größen gebildet werden müssen, deren Bildung ja auf der Interkalierbarkeit einer Indexzifferreihe beruht. Wenn wir das Interkalationskriterium in der Weise anwenden, daß wir nacheinander jedes Glied zur Basis des jeweils folgenden machen, haben wir ja die Reihe der Kettenindices.

Im Falle uneliminierter Durchschnitte — oder nehmen wir hier der Einfachheit halber Summen an — würde die Reihe lauten:

$$\ldots\ldots \frac{\Sigma a_3 \alpha_3}{\Sigma a_2 \alpha_2}, \frac{\Sigma a_4 \alpha_4}{\Sigma a_3 \alpha_3}, \frac{\Sigma a_5 \alpha_5}{\Sigma a_4 \alpha_4}, \ldots\ldots$$

Wenn es sich um den uneliminierten Vergleich mit fiktiven Gewichten handelt, so sieht die Reihe — bei Durchschnitten und bei entsprechenden Summen — so aus:

$$\ldots\ldots \frac{\Sigma(a)\alpha_3}{\Sigma(a)\alpha_2}, \frac{\Sigma(a)\alpha_4}{\Sigma(a)\alpha_3}, \frac{\Sigma(a)\alpha_5}{\Sigma(a)\alpha_4}, \ldots\ldots$$

Bei den Formeln L und P gestalten sich nun die Dinge etwas mannigfaltiger; es sind dabei nämlich mehrere Arten von Kettenindexzifferreihen denkbar. Wir können zwei Grundtypen unterscheiden. Fassen wir zunächst Formel L ins Auge. Bei ihr ergibt die sinngemäße Anwendung des Interkalationskriteriums folgende Reihe:

$$\ldots\ldots \frac{\Sigma a_0\, \alpha_3}{\Sigma a_0\, \alpha_2}, \frac{\Sigma a_0\, \alpha_4}{\Sigma a_0\, \alpha_3}, \frac{\Sigma a_0\, \alpha_5}{\Sigma a_0\, \alpha_4} \ldots\ldots\ldots\ldots$$

Während bei der uneliminierten Vergleichsreihe jedes voraufgehende Glied mit seinem intensiven und extensiven Werte als Basis des folgenden fungiert, so bei der echten Kettenindexzifferreihe nach der Formel L nur hinsichtlich ihres intensiven Wertes, während die Mengenfaktoren durch die ganze Reihe gleichbleiben. Das folgt aus dem Sinn der Formel L (und auch der Formel P), demzufolge es sich ja um einen Vergleich mit Ausschaltung der Mengenverschiedenheiten also mit Beibehaltung derselben Mengen handelt.

Es ist zu beachten, daß jedes einzelne Glied dieser Reihe nicht nach der Formel L gebildet ist, sondern die durch die ganze Reihe durchlaufenden Gewichte a_0 eigentlich für jedes einzelne Glied eine Art fiktiver Gewichte darstellen.

Es kann aber aus der Formel L noch eine a n d e r e R e i h e v o n K e t t e n i n d i c e s abgeleitet werden, bei der nämlich jedes einzelne Glied nach der Formel L gebildet ist, also als Basis das jeweils voraufgehende, nicht eliminierte Glied mit seinen Mengen und Intensitäten genommen wird, ohne daß es aber zu einer Reihe von uneliminierten Werten käme, weil bei ihr im Zähler und Nenner jeweils dieselben Mengenfaktoren stehen. Die Reihe würde so aussehen:

$$\ldots\ldots\ldots \frac{\Sigma a_2\,\alpha_3}{\Sigma a_2\,\alpha_2},\ \frac{\Sigma a_3\,\alpha_4}{\Sigma a_3\,\alpha_3},\ \frac{\Sigma a_4\,\alpha_5}{\Sigma a_4\,\alpha_4}\ \ldots\ldots\ldots$$

Während nun bei dem ersten Reihensystem die ganze Reihe der Kettenindices bis zu einem bestimmten Gliede sich ohne weiteres durch Multiplikationen zurückführen läßt auf die ursprüngliche Reihe, ist das hier nicht der Fall. Jedes Glied gehört gewissermaßen einer Reihe mit einer ganz neuen Basis an. Wir erinnern hier daran, daß wir schon oben (S. 30) sagten, daß streng genommen schon jede einfache Kettenindexzifferreihe sich in eine ganze Gruppe selbständiger Reihen mit fester Basis auflösen läßt. Das gilt für die einfachen Indices und im selben Sinne für die komplexen Indices beim ersten Reihentypus. Beim zweiten ist die Auflösbarkeit in verschiedene Reihen noch mannigfaltiger; jedes Glied gehört einer neuen Reihe mit neuem Basistypus an.

Der Sinn dieser Reihe ist der, anzugeben, wie sich von Stichtag zu Stichtag die komplexe Größe ändert, wenn jeweils die Mengen des voraufgehenden Stichtages genommen werden, also eine durchaus sinnvolle Vergleichsreihe, die aber nicht durch eine einwandfreie Interkalierung aus der ursprünglichen Reihe gewonnen wird, da ja die Verschiebung des Mengenfaktors von Stichtag zu Stichtag dem Charakter des eliminierten Vergleiches widerspricht.

Ganz kurz noch die entsprechenden Reihen, die sich bei Anwendung der Formel P ergeben und die nach dem Gesagten ohne weiteres verständlich sein werden. Dem ersten Typus entspricht die Reihe:

$$\ldots\ldots \frac{\Sigma a_n \alpha_3}{\Sigma a_n \alpha_2}, \frac{\Sigma a_n \alpha_4}{\Sigma a_n \alpha_3}, \frac{\Sigma a_n \alpha_5}{\Sigma a_n \alpha_4} \ldots\ldots,$$

dem zweiten Typus die folgende:

$$\ldots\ldots \frac{\Sigma a_3 \alpha_3}{\Sigma a_3 \alpha_2}, \frac{\Sigma a_4 \alpha_4}{\Sigma a_4 \alpha_4}, \frac{\Sigma a_5 \alpha_5}{\Sigma a_5 \alpha_4} \ldots\ldots$$

c) Das Multiplikationskriterium.

Dieses Kriterium spielt bei I. Fisher eine ganz besonders große Rolle, sagt er doch von ihm, daß ihm im Gegensatz zum Umkehrbarkeitskriterium, das von einigen Formeln erfüllt würde, keine einzige der bisher aufgestellten Formeln gerecht würde, und daß ihm erst seine „Idealformel“ entspreche. Wir werden sehen, daß die Meinung dieses Autors, daß die von uns für echte Indexformeln gehaltenen Formeln und vor allem die beiden Grundformeln L und P einer derartigen Prüfung nicht standhalten, nicht stichhaltig ist.

Vergegenwärtigen wir uns zunächst den Sinn dieses Tests; er besagt, daß — bei einem Preisindex z. B. — die Veränderungsgröße des Gesamtwertes gleich sein muß dem Produkt aus der Veränderungsgröße der Menge und der Veränderungsgröße der Preise. Ueber diese für Einzelgrößen ganz selbstverständliche Forderung haben wir oben (S. 61) schon gesprochen: wenn z. B. Weizen von einem Zeitpunkt zum anderen je Tonne $^3/_2$mal so teuer geworden ist und zweimal so viel umgesetzt worden ist, so bedeutet das, daß die Wertsumme des verkauften Weizens dreimal so groß geworden ist. In einer Formel: $(I_w) = (I_q) \times (I_p)$.

Fragen wir uns nun, welche Form diese Forderung annimmt, wenn es sich um komplexe Größen handelt und sehen wir zuvor noch zu, in welcher Weise I. Fisher selbst diesen Test anwendet.

I. Fisher sagt: wie es einen mit den Mengen gewogenen Preisindex gibt, so gibt es auch einen mit den Preisen gewogenen Mengenindex, das Produkt beider muß den Index des Gesamtwertes ergeben. Den mit den Preisen gewogenen Mengenindex erhält er nun auf die Weise, daß er in der Formel des Preisindex die beiden Faktoren p und q vertauscht (daher der Name factor reversal test), also z. B. statt $q_1 p_1$ setzt $q_0 p_0$ usw. Wir werden bald deutlich erkennen, daß I. Fisher hier einem ähnlichen unlogischen Schematismus verfallen ist wie bei seinem time reversal test.

Untersuchen wir das Problem zunächst ganz unabhängig von I. Fisher und fragen wir uns einmal grundsätzlich, wie ein Mengenindex beschaffen sein muß.

Da müssen wir nun gleich einen *grundlegenden Unterschied zwischen Mengenveränderungen und Preis-, Lohn- usw. -veränderungen oder ganz allgemein zwischen Veränderungen extensiver und intensiver Werte* feststellen. Es gibt zwar gewogene Durchschnitte intensiver Werte, die wir, eliminiert und uneliminiert, miteinander vergleichen können, es gibt aber keine gewogenen Durchschnitte extensiver Werte (und die Gewichte oder Mengen eines Index sind ja immer extensive Größen). Ja, Durchschnitte extensiver Werte sind überhaupt, auch ungewogen, nur gelegentlich sinnvoll (siehe oben S. 44). Von gewogenen Durchschnitten extensiver Größen zu sprechen, ist völlig sinnlos; denn Gewichte sind die Zahlen, die angeben, wie oft eine *intensive* Größe von bestimmtem Werte, eine Eigenschaft von bestimmtem Ausmaße vorkommt.

Wir können nun wohl die Gewichte verschiedener Durchschnitte einer und derselben Erscheinung zu verschiedenen Zeitpunkten miteinander vergleichen, aber unabhängig von ihren intensiven Werten. *Einen mit den Preisen gewogenen Mengenindex gibt es aber nicht, er ist logisch sinnlos.*

Ein echter Mengenindex im strengen Sinne des Wortes als Antwort auf die Frage, um wieviel die Mengen gestiegen sind, kann bei komplexen statistischen Größen nur die Veränderung der Summe der Gewichte, der Summe der Fälle, also des Gesamtausmaßes der komplexen Erscheinung, gänzlich unabhängig von den Preisen, Löhnen usw. ausdrücken. So unvollkommen es ist, von dem Durchschnittslohn eines Zeitpunktes zu reden, ohne z. B. die für die einzelnen Berufsgruppen geltenden Arbeiterzahlen als Gewichtszahlen zu berücksichtigen, so sinnvoll ist es doch, zu sagen, daß die Gesamtarbeiterzahl sämtlicher Berufskategorien sich um soundso viel Prozent vermehrt oder vermindert hat, ganz gleichgültig, ob sich die Angehörigen der hochbezahlten Berufsgruppen stärker vermehrt haben als die anderen oder umgekehrt.

Während also der Index der intensiven Werte immer ein solcher der gewogenen Durchschnitte ist (die selbst wieder uneliminiert oder nach einem unserer drei Grundtypen eliminiert sein können), wird der Mengenindex im strengen Sinne gebildet ohne Berücksichtigung der Preise, Löhne usw. und hat einfach die Formel — wenn wir den Mengenindex mit (I_q) und im

Gegensatz dazu den Preis- usw. index mit (I_p) und den Index der Gesamtwerte mit (I_w) bezeichnen wollen —:

$$(I_q)_{0,1} = \frac{\Sigma q_1}{\Sigma q_0}.$$

Wenn wir nun diese Einsicht auf die Grundformel des Multiplikationssatzes: Mengenveränderung mal Preisveränderung ist Gesamtwertveränderung, $(I_w) = (I_q) \times (I_p)$. anwenden wollen, so müssen wir uns noch vergegenwärtigen, daß im Falle einer komplexen Größe statt Preisveränderung gesetzt werden muß Veränderung des Durchschnittspreises (falls ein solcher überhaupt berechnet werden kann, was, wie wir wissen, nur in Ausnahmefällen möglich ist [siehe S. 73 f.]) oder entsprechend Durchschnittslohnes; denn Durchschnittspreis oder Durchschnittslohn sind jene Werte der intensiven Größen, die das gesamte Kollektivum charakterisieren.

Wie nun bei einem Einzelindex, der sich auf eine Größe bezieht, die in eine extensive und eine intensive Komponente auflösbar ist — denn nur hierbei kommt ja der Multiplikationssatz in Frage —, der Index des Wertes gleich dem Produkt des Mengen- und des Preisindex ist, so muß analog bei einer komplexen Größe der Wertindex, (I_w), gleich sein dem Produkt aus dem Index, der die Veränderung der Mengensumme mißt, und dem Index, der die Veränderung des Durchschnittspreises oder -lohnes mißt, und zwar des uneliminierten; denn nur dieser ist für die Kollektivgröße so charakteristisch wie der Preis bei einer Einzelgröße. Die Erfüllung des Multiplikationskriteriums nach der Formel $(I_w) = (I_q) \times (I_p)$ zeigt dann die folgende Formel:

$$\underset{(I_w)}{\frac{\Sigma a_1 \alpha_1}{\Sigma a_0 \alpha_0}} = \underset{(I_q)}{\frac{\Sigma a_1}{\Sigma a_0}} \times \underbrace{\frac{\Sigma a_1 \alpha_1}{\Sigma a_1} \cdot \frac{\Sigma a_0}{\Sigma a_0 \alpha_0}}_{(I_p)}$$

Das ist diejenige Anwendung des Multiplikationssatzes, die sich bei Besinnung auf die Logik der Situation als einfachste darbietet; eine andere werden wir gleich noch kennenlernen. Zuvor noch eine Bemerkung. Aus dem Gesagten geht hervor, daß 1. das Multiplikationskriterium in dieser Form nur anwendbar ist bei solchen intensiven Werten, die in einer und derselben Einheit ausdrückbar sind, also im allgemeinen nicht bei Preisen und daß 2. es überhaupt nur Sinn hat bei einem uneliminierten Durchschnitt (oder Summe).

Ist nun aber auf die Formel L und P das Multiplikationskriterium überhaupt nicht anwendbar? Wir werden gleich sehen, daß es auch hierauf anwendbar ist, aber in einer etwas anderen Form, die sich wiederum aus dem logischen Sinn dieser Formeln ergibt; jedenfalls werden wir erkennen, daß das Multiplikationskriterium wesentlich komplizierter ist als die beiden anderen und daß es sich keinesfalls mit dem unlogischen Schematismus I. Fishers abtun läßt.

Wenn wir jetzt zunächst die beiden Formeln L und P untersuchen, so wollen wir dabei an das oben (S. 97 ff.) über den eliminierten Vergleich komplexer Größen Gesagte anknüpfen. Wir sagten dort, daß die Veränderung eines gewogenen Durchschnittes oder einer entsprechenden Summe auf zwei Komplexe von Ursachen (im formalstatistischen, nicht im realen Sinne) zurückzuführen sei, auf die Veränderung der Mengen und die der Intensitäten.

Diese Analyse der Gesamtwirkung in die beiden Ursachenkomplexe kann nun in einer doppelten Weise vor sich gehen:

1. wir können uns fragen: wie wäre der Gesamtdurchschnitt bzw. die Gesamtsumme,

a) wenn sich nur die Werte geändert hätten, die Mengen also die gleichen sein würden, und
b) wenn sich nur die Mengen geändert hätten, die Preise aber die gleichen sein würden?

Diese Fragestellung haben wir an der obigen Stelle (S. 97 ff.) begründet, aber nur die eine Hälfte, nämlich a) weiter verfolgt; wir werden jetzt auch die andere Möglichkeit b) weiter ins Auge fassen müssen. Hierbei berechnen wir, wohl verstanden, nicht die Veränderungen der Mengen und Preise, sondern die Einwirkungen der Mengenveränderungen einerseits und der Preisveränderungen andererseits auf die Gesamtveränderung, bzw. wir berechnen die Gesamtveränderung unter der fiktiven Voraussetzung, daß entweder nur die Preise oder nur die Mengen sich geändert hätten. Wir können aber

2. auch die gleichzeitige Veränderung der Mengen und des Durchschnittspreises getrennt für sich berechnen. Hier gelangen wir zu keinen fiktiven, sondern zu reellen Größen.

Beide Fragestellungen führen zu einer Anwendung des Multiplikationskriteriums; denn das Produkt beider so isolierter reeller Faktoren im Fall 2. und beider fiktiver Veränderungseinflüsse im Falle 1. muß jeweils die Gesamtveränderung ergeben. Mit der Fragestellung 2. haben wir uns oben befaßt. Bei ihr kamen wir zur Einsetzung des unelimitierten Durchschnitts.

Verfolgen wir nun die Fragestellung 1. weiter. Sie nötigt uns zunächst, neben der von uns schon reichlich erörterten Elimination der Mengenverschiedenheiten, die uns zu den Formeln L und P führte, auch noch die Elimination der Preisverschiedenheiten zu durchdenken, die wir deshalb bisher außer

Betracht gelassen haben, weil sie praktisch nicht dieselbe Rolle spielt wie die Elimination der Mengen.

Bei der Elimination der Intensitätsverschiedenheiten handelt es sich also um die Frage: welchen Wert würde der Durchschnitt oder die Summe annehmen, unter der Voraussetzung, daß die Preise in beiden Zeitpunkten dieselben sind, die Mengen sich aber in der beobachteten Weise geändert haben? Es sind natürlich hier wieder die zwei den Formeln L und P entsprechenden Grundmöglichkeiten gegeben, daß entweder die Preise der Basiszeit oder die der gegebenen Zeit für beide Zeitpunkte als maßgebend genommen werden, und daneben noch die dritte Möglichkeit, daß fiktive Preise gewählt werden.

Wenn wir jetzt die entsprechenden Formeln ableiten, so wollen wir der Einfachheit halber hier von Summen ausgehen, die in jener oft erwähnten Weise aus Summanden bestehen, die in extensive und intensive Werte auflösbar sind. Die Formeln für Durchschnitte sind etwas unübersichtlicher, aber grundsätzlich nicht schwieriger aufgebaut, wie sich jeder Leser ohne große Mühe überzeugen kann. Da es sich um Summen handelt, können wir auch ohne weiteres statt a und α q und p setzen.

Für den Fall, daß die Preise des Basiszeitpunktes maßgebend sind, lautet die Formel (Analogon zur Preisindexformel L):

$$1. \quad I_{0,1} = \frac{\Sigma q_1 p_0}{\Sigma q_0 p_0} .$$

Für den Fall, daß die Preise des Vergleichszeitpunktes gewählt werden, erhalten wir die Formel (Analogon zur Preisindexformel P):

$$2. \quad I_{0,1} = \frac{\Sigma q_1 p_1}{\Sigma q_0 p_1} .$$

Und schließlich wird in dem Falle fiktiver Preise:

$$3. \quad I_{0,1} = \frac{\Sigma q_1 (p)}{\Sigma q_0 (p)} .$$

Bei der Formel 1. ist der Vergleichswert fiktiv, aber zusammengesetzt aus reellen Komponenten, bei Formel 2. ist der Basiswert fiktiv aber zusammengesetzt aus reellen Komponenten, und bei Formel 3. sind beide Werte fiktiv und zwar zusammengesetzt aus einer reellen und einer fiktiven Komponente.

Die Formel 1. entsteht aus der Formel L, die Formel 2. aus der Formel P und die Formel 3. aus dem entsprechenden Formeltypus mit fiktiven Mengen, in dem jeweils statt p q gesetzt wird. So weit hat also der Schematismus I. Fishers seine logische Berechtigung; wir werden weiter unten sehen, wo diese Berechtigung aufhört, wo er also versagt.

Soviel muß aber schon hier gesagt werden, daß diese drei Formeln keine Mengenindices im strengen Sinne sind, wie I. Fisher glaubt. Die einzige Form, die ein echter Mengenindex annehmen kann, haben wir oben abgeleitet. Sie sind vielmehr Indices, die die Veränderung einer Summe messen unter der Voraussetzung, daß die Preise dieselben bleiben; es wird also der Einfluß der Preisveränderungen eliminiert und der der Mengenveränderungen isoliert. Sie stellen also den Veränderungseffekt auf den Gesamtwert dar unter der abstrakten Annahme der Isolation einer Veränderungskomponente, entsprechend den analogen Formeln L, P und dem dritten Typus mit fiktiven Gewichten.

Diese letzteren Formeln kann man in einer doppelten Weise auffassen: entweder als Preisindices, als Indices von gewogenen Preisdurchschnitten (oder Summen) oder als Indices, die den Veränderungseffekt auf den Gesamtwert darstellen unter der abstrakten Annahme der Isolation der Mengenveränderung. Die eben abgeleiteten neuen Formeln aber kann man nicht entsprechend auch als Mengenindices auffassen, da sie nicht die Veränderung der Mengen messen (die, wie oben gesagt, ganz losgelöst von den Intensitäten zu betrachten sind, da man zwar Preise mit Mengen, nicht aber Mengen mit Preisen wägen kann), sondern nur den Einfluß der Veränderung der Mengen auf die Veränderung des Gesamtwertes. Aber immerhin wollen wir der Einfachheit halber und um uns schneller verständigen zu können, diese letzteren Indices uneigentliche Mengenindices oder Quasi-Mengenindices nennen.

Eigentlich müßten wir nun, nachdem wir jetzt zu unseren Formeln L, P und der Formel mit fiktiven Gewichten die entsprechenden Mengenformeln gefunden haben, für diese auch nachweisen, daß sie dem Umkehrbarkeits- und dem Interkalationskriterium entsprechen; den Nachweis, daß sie dem Multiplikationskriterium entsprechen, werden wir ja jetzt gleichzeitig mit dem für ihre Analoga L, P usw. führen. Den Nachweis der Erfüllung der übrigen Kriterien wollen wir uns aber ersparen, weil er nach dem Gesagten, wie sich der Leser überzeugen kann, leicht zu führen ist.

Ehe wir nun die wichtige Frage beantworten, welche Form das Multiplikationskriterium bei der oben als 1a) und 1b) bezeichneten Fragestellung annimmt, wollen wir die grundsätzliche Untersuchung einen Augenblick unterbrechen und das in abstracto Dargelegte durch einige Beispiele beleben.

Wenn wir die Entwicklung des Außenhandels indexmäßig verfolgen wollen, so können wir zunächst die Wertsummen desselben, getrennt für Ein- und Ausfuhr, in ihrer zeitlichen Entwicklung in Indexzahlen umwandeln. Das sind dann Indexzahlen für die uneliminierten Summen. Wenn wir aber wissen wollen, welchen Anteil an der Aenderung dieser Wertsummen die Preis- und welchen Anteil die Mengenänderungen haben, so können wir Indexziffern berechnen 1. unter der Voraussetzung, daß in den zu vergleichenden Zeitpunkten die Mengen der ein- und ausgeführten Waren identisch sind (wir gelangen dabei zu den Formeln L, P oder dem entsprechenden Typus mit fiktiven Gewichten) oder 2. unter der Voraussetzung, daß die Preise dieselben geblieben sind, aber die Mengen sich entsprechend geändert haben; wir müssen dabei die eben abgeleiteten neuen Formeln zu Rate ziehen.

Während die Fragestellung 1. uns beantwortet, wie das Preisniveau der Ein- oder Ausfuhrwaren sich verändert hat, wird die Fragestellung 2. gerade bei einem derartigen handelsstatistischen Index besonders aktuell; interessiert man sich doch hier besonders dafür, wie der Umfang des Handels rein mengenmäßig zu- oder abgenommen hat bei Ausschaltung der Preisverschiedenheiten.

Wenn wir dabei als Basiszeit die Vorkriegszeit nehmen, so gelangen wir unter Verwendung obiger Formel 1. (S. 137) zu einem Vergleich der Ein- und Ausfuhrsummen unter Zugrundelegung der Vorkriegspreise, einem Vergleiche, den das Statistische Reichsamt auch neben der Verwendung der Gegenwartspreise (uneliminierter Vergleich) durchführt; erwähnt werden mag noch, daß das Statistische Reichsamt hier von einem „gewogenen Mengenvergleich" spricht. Wir wissen, daß diese Bezeichnung nicht streng zutrifft; denn es werden nicht Mengen verglichen, was auch gar nicht angängig ist, weil es für Warenpreise keine gemeinsamen Einheiten gibt, sondern der Einfluß der Mengen auf den Gesamtwert wird verglichen, wobei eben natürlich die Preisverschiedenheiten ausgeschaltet werden müssen.

Aehnlich kann man die Veränderung der gesamten Produktion oder gewisser Teile (Produktion mineralischer Rohstoffe, landwirtschaftlicher oder gewerblicher Erzeugnisse) eines Landes in ihrer zeitlichen Entwicklung verfolgen und dabei die Veränderung des Gesamtwertes der Produktion (uneliminierter Vergleich) auflösen in eine solche, die eintreten würde bei Gleichbleiben der Mengen (Meßziffer für den Anteil der Preisveränderung oder, was dasselbe ist, für eine Veränderung des Preisniveaus der produzierten Güter, ein weniger gebräuchlicher Vergleich) und in eine solche, die eintreten würde bei Gleichbleiben der Preise (Meßziffer für den Anteil der mengenmäßigen Veränderung an der Gesamtveränderung).

(Die deutsche Produktionsstatistik ist ja viel zu rudimentär, als daß solche ins einzelne gehende Vergleiche von ihr angestellt werden könnten. Anders die amerikanische, die sich auf sehr viele Produktionszweige bezieht; in ihr werden auch Produktionsindices berechnet.)[26])

Ebenso ist es auch bei einer zeitlichen Entwicklung des Volksvermögens oder des Volkseinkommens wichtig, nicht oder nicht nur die uneliminierten Gesamtsummen zu vergleichen, sondern, namentlich in Zeiten starker Geldentwertung, den Einfluß, den die Preisveränderungen und jenen, den die Mengenverschiebungen auf die Veränderung der Gesamtsummen ausüben, voneinander zu trennen, wobei der den Einfluß der Preisveränderungen (unter der Fiktion gleichbleibender Mengen) ausdrückende Index natürlich gleichzeitig ein Index für das Preisniveau der das Volksvermögen oder Volkseinkommen zusammensetzenden Güter ist.

Aber auch hier ist wiederum die Ausschaltung der Preisverschiedenheiten wichtiger als die der Mengenverschiedenheiten, also die Frage: wie groß wäre heute das Volksvermögen oder das Volkseinkommen im Vergleich zu irgendeinem anderen Zeitpunkt, wenn heute dieselben Preise gelten würden wie damals oder umgekehrt damals dieselben Preise gegolten hätten wie heute, natürlich zwei verschiedene Vergleichsergebnisse, die beide nebeneinander sinnvoll sind und neben denen noch ein drittes möglich ist unter Zuhilfenahme irgendwelcher Preise, die weder mit der Basiszeit noch mit der gegebenen Zeit übereinstimmen.

Um schließlich noch ein letztes Beispiel zu geben, so spielt diese mehrfache Vergleichsmöglichkeit eine Rolle in der Verbrauchsstatistik. Wenn der Gesamtwert des verbrauchten Alkohols sich ändert, so kann das zusammenhängen mit einer Veränderung der Preise für Bier, Wein, Branntwein usw. oder mit einer Veränderung der Menge bzw. mengenmäßigen Zusammensetzung des Alkoholkonsums; auch hier ist der letztere Vergleichsgesichtspunkt besonders interessant.

Nach dieser Aufzählung von Anwendungsfällen unserer Vergleichsanalysen, die für uns eine Abschweifung bedeutete, zurück zu unserer eigentlichen Fragestellung, der Anwendung des Multiplikationskriteriums im Falle einer Aufspaltung eines Vergleichs zweier Summen oder Durchschnitte in die zwei fiktiven Grundvergleiche, die je einen Faktor, einmal den Mengen- und einmal den Preis-

[26]) Siehe auch den Aufsatz: Die Weltproduktion an wichtigen Grundstoffen vor und nach dem Kriege, bearbeitet im Statistischen Reichsamt, in Vierteljahreshefte zur Konjunkturforschung, 1. Jahrg. 1926, Ergänzungsheft 1, S. 35.

faktor isolieren. Wie wirkt sich hierbei der Multiplikationssatz und damit das Multiplikationskriterium aus?

Eine Besinnung auf die Bedeutung des Multiplikationssatzes einerseits und der einzelnen Formeln andererseits wird uns die Antwort finden lassen. Natürlich muß ein Produkt aus der Meßziffer der Preisveränderung bei Ausschaltung der Mengenverschiedenheiten und der Meßziffer der Mengenveränderung bei Ausschaltung der Preisverschiedenheiten die Meßziffer für die Veränderung des Gesamtwertes ergeben. Aber während es für die letztere Meßziffer nur eine Formel gibt, gibt es für die beiden anderen mehrere. Welche gehören nun als Faktoren eines Produktes zusammen?

Das werden wir sofort erkennen, wenn wir uns die gesamte Veränderung von einem Zeitpunkt zum anderen, die eben auf die beiden Faktoren der Mengen- und Preisveränderung zurückzuführen ist, zerlegen in zwei Veränderungsschritte. Und zwar können wir dabei auf eine doppelte Weise verfahren: wir können a) **zunächst** die Preise verändern und die Mengen beibehalten und **dann** die Mengen verändern oder b) umgekehrt **erst** die Mengen verändern und die Preise beibehalten und **dann** die Preise verändern.

Nach a) können die beiden Veränderungsschritte durch folgende Formeln dargestellt werden:

1. Veränderungsschritt: $\frac{\Sigma q_0 p_1}{\Sigma q_0 p_0}$.

Mit diesem Veränderungsschritt haben wir die Veränderung der Basis, $q\ p_0$, in den Wert, $q_0 p_1$, dargestellt, wobei, wie beabsichtigt, die q gleichbleiben. Wenn nun in dem zweiten Veränderungsschritt die Veränderung gerade der q gemessen werden soll, so müssen wir natürlich ausgehen von dem fiktiven Werte $q_0 p_1$. Wir erhalten dann als

2. Veränderungsschritt: $\frac{\Sigma q_1 p_1}{\Sigma q_0 p_1}$.

Nachdem wir so in logischer Weise die Gesamtveränderung in die beiden Veränderungskomponenten aufgelöst haben, können wir auch sicher sein, daß das Multiplikationskriterium erfüllt ist. Wenn wir die erste Formel mit dem oben schon eingeführten Symbol (I_p) bezeichnen und die zweite, obgleich sie keinen eigentlichen Mengenindex darstellt, aber doch dem Sinne nach ihm nahekommt (wir nannten ihn deshalb oben Quasi-Mengenindex), mit (I_q) und schließlich den Index des Gesamtwertes mit (I_w), so muß sein:

$$(I_w) = \frac{\Sigma q_1 p_1}{\Sigma q_0 p_0} = (I_p) \times (I_q).$$

In der Tat ist:

$$\frac{\Sigma q_0 p_1}{\Sigma q_0 p_0} \times \frac{\Sigma q_1 p_1}{\Sigma q_0 p_1} = \frac{\Sigma q_1 p_1}{\Sigma q_0 p_0}.$$
$$(I_p) \qquad (I_q) \qquad (I_w)$$

Damit wäre die Erfüllung des Multiplikationskriteriums im Falle unserer Formel L bewiesen: wir mußten sie paaren mit einer entsprechenden Quasi-Mengenindexzahl, die nach Analogie der Preisindexzahl P gebildet war.

Während wir in dem bis jetzt besprochenen Falle a) die beiden Veränderungsschrittte in der Weise aufeinander folgen ließen, daß wir zuerst die Preise (bei gleichen Mengen) veränderten und dann die Mengen (bei gleichen Preisen, deren Höhe natürlich durch den ersten Veränderungsschritt bestimmt ist), so können wir auch umgekehrt verfahren und erst die Mengen verändern (bei gleichbleibenden Preisen) und dann die Preise unter Beibehaltung der bei dem ersten Veränderungsschritt erhaltenen Mengen.

Es lautet dann der

1. Veränderungsschritt: $\frac{\Sigma q_1 p_0}{\Sigma q_0 p_0}$ und der

2. Veränderungsschritt: $\frac{\Sigma q_1 p_1}{\Sigma q_1 p_0}$.

Hier entspricht die erste Formel dem (I_q) und die zweite dem (I_p), das Produkt ergibt auch hier wieder (I_w); denn:

$$\frac{\Sigma q_1 p_0}{\Sigma q_0 p_0} \times \frac{\Sigma q_1 p_1}{\Sigma q_1 p_0} = \frac{\Sigma q_1 p_1}{\Sigma q_0 p_0}.$$
$$(I_q) \qquad (I_p) \qquad (I_w)$$

Damit ist die Erfüllung des Multiplikationskriteriums im Falle der Formel P bewiesen; wir mußten sie zusammenbringen mit einer Quasi-Mengenindexziffer, die nach dem Typus L konstruiert ist.

Bei der Wichtigkeit des ganzen Sachverhaltes sei es gestattet, das in diesem Abschnitte Erarbeitete noch einmal kurz zusammenzufassen: Wir können die Veränderung einer komplexen Größe, deren Komponenten Produkte aus je einem extensiven und einem intensiven Faktor sind, in doppelter Weise zerlegen, entweder 1. in die zwei realen, g l e i c h z e i t i g n e b e n e i n a n d e r herlaufenden Veränderungen (reine Veränderung der Mengen und Veränderung der Durchschnittsgröße der intensiven Werte) oder 2. in zwei Veränderungsschritte, die man sich als n a c h e i n a n d e r stattgefunden vorstellt, und zwar können wir wieder a) als ersten Veränderungsschritt die Veränderung der intensiven Werte bei gleichbleibenden Mengen und als zweiten Veränderungsschritt die Veränderung der Mengen bei gleichbleibenden intensiven Werten nehmen oder b) umgekehrt wie unter a) verfahren.

Der Fall 1. führt zu dem uneliminierten Durchschnitt (oder Summe); wir müssen ihn kombinieren und multiplizieren mit dem reinen, eigentlichen Mengenindex, der, wie wir wissen, ungewogen ist.

Der Fall 2. führt zu den beiden Grundformeln L und P und zwar 2a) zu Formel L und 2b) zu Formel P. Beide müssen mit einem uneigentlichen Mengenindex kombiniert und multipliziert werden (der aus den analogen Formeln L und P durch Umtauschen von p und q entsteht) und zwar Formel L mit dem Analogen zu P und umgekehrt.

Von dem dritten Formeltypus zur Messung des eliminierten Vergleiches gewogener Durchschnitte, der mit fiktiven Gewichten arbeitet und der in der Praxis eine große Rolle spielt, haben wir noch gar nicht gesprochen. Auf ihn ist aber das Multiplikationskriterium gar nicht sinnvoll anwendbar, da es sich ja eben um fiktive Gewichte handelt. Von ihm kann natürlich nicht erwartet werden, daß er durch Multiplikation mit irgendeiner Formel zu einem Index der Gesamtveränderung führt.

Es ist wichtig festzuhalten, daß in dem obigen Falle 2a) die Formel L kombiniert werden muß mit jener Quasi-Mengenformel, die durch Umtauschen von q und p aus Formel P entsteht, und umgekehrt in dem Falle 2b) P mit jener, die aus L durch Umtauschen der Faktoren entsteht. Denn damit haben wir, da die Notwendigkeit dieser Kombination von uns aus der Logik des Vergleiches entwickelt wurde, den unlogischen Schematismus I. Fishers widerlegt, der jeweils die beiden Formeln, die durch Umtauschen von p und q auseinander entstehen, miteinander kombiniert, also z. B. $\frac{\Sigma q_0 p_1}{\Sigma q_0 p_0}$ mit $\frac{\Sigma q_1 p_0}{\Sigma q_0 p_0}$ statt mit $\frac{\Sigma q_1 p_1}{\Sigma q_0 p_1}$. Daß dann das Multiplikationskriterium nicht zutreffen kann, ist selbstverständlich.

Weil die im Sinne dieses Testes zusammengehörigen Formeln nicht auf diese einfache Weise des Umtausches der Faktoren p und q entstehen, scheint uns auch die Bezeichnung factor reversal test nicht angemessen; wir sprachen deshalb vom Multiplikationskriterium.

3. Zusammenfassende Kritik der I. Fisherschen Kriterien.

In Anbetracht der großen Bedeutung, die I. Fisher in seinem Werk „The Making of Index Numbers" den Tests oder Kriterien zuschreibt — vergleicht er sie doch geradezu mit einer „goldenen Regel“ — und bei der großen Beachtung, die sie in der sich an I. Fisher anschließenden Diskussion – ich erinnere nur an die schon mehrfach erwähnten Arbeiten von Bortkiewicz — gefunden hat, ist es vielleicht gerechtfertigt, hier in knappen Worten die Hauptargumente, die wir wegen dieser Prüfungsmittel überhaupt und gegen die I. Fishers im besonderen vorzubringen haben, zusammenzustellen, dabei schon Gesagtes kurz wiederholend:

1. Tests oder Kriterien sind streng genommen überflüssig. Nicht eine auf irgendeine schematische Weise zustandegekommene Formel (z. B. durch Kreuzung, „crossing“ — wir kommen noch darauf zurück —) ist nachträglich an Hand von Tests zu prüfen, ob sie einwandfrei ist, sondern logische Gesichtspunkte, die der Logik des Vergleichs überhaupt und des statistischen Vergleichs im besonderen und zwar noch weiter im besonderen des statistischen Vergleichs komplexer statistischer Größen zu entnehmen sind, haben den Aufbau der Formeln zu bestimmen. Eine so konstruierte Formel wird und muß jenen Kriterien, soweit sie von der Logik gefordert werden, entsprechen.

2. Die Tests oder Kriterien wären auch gar nicht ausreichend, um die Richtigkeit einer Formel zu beweisen, da sie nur negativen Charakter haben. Sie können — immer vorausgesetzt, daß es sich um richtig verstandene und logisch begründete Tests handelt — Fehler aufzeigen, garantieren aber nicht Fehlerlosigkeit, denn entgegengesetzte Fehler können sich aufheben. Dafür finden wir oben ein Beispiel in der I. Fisherschen „Idealformel“ selbst, auf die die richtig verstandenen Kriterien z. T. passen, die aber von uns aus logischen Gründen abgelehnt werden mußte.

3. Es fehlt bei I. Fisher das wichtige Kriterium der Interkalierbarkeit, das eine Unabhängigkeit der Verhältnisse der einzelnen Indices zu den verschiedenen Zeitpunkten von dem gewählten Basiszeitpunkt anzeigt. Ueber Fishers unberechtigte Ablehnung dieses Kriteriums sprachen wir schon oben (siehe S. 58).

4. Fisher wendet seine Kriterien ganz schematisch an, ohne deren logischen Sinn zu Ende zu verfolgen, beim time reversal test durch Umtausch der die Zeit symbolisierenden Suffixe und beim factor reversal test durch Umtausch von p und q. Wir haben nachgewiesen, daß beim Umkehrbarkeitskriterium nur die Suffixe der p oder α umgetauscht werden müssen und daß durch Umtausch von p und q zwar neue sinnvolle Formeln entstehen, die aber nicht paarweise

als Faktoren zusammen gehören, sondern daß die Formel L mit der umgebildeten Formel P zusammengehört und umgekehrt.

5. Sämtliche richtig verstandenen Kriterien sind auf die von uns abgeleiteten Formeln, vor allem auf die Formel L und P anwendbar, während die Anwendung auf die „Idealformel" von Fisher zwar teilweise äußerlich und formal möglich ist, aber des inneren Sinns natürlich entbehren muß, da die Formel selbst ja keinen eindeutigen Sinn hat.

IV. Reihen von korrespondierenden Indexziffern.

A. Begriff und Arten der Reihen von korrespondierenden Indexziffern.

Reihen von zusammengehörigen Indexziffern entstehen auf eine doppelte Weise:[1])

Es bilden nämlich die für die Gesamtheit der aufeinander folgenden Stichtage (oder Vergleichsorte) gefundenen Werte der Einzelindices und der General- oder Gesamtindices solche (zeitliche oder räumliche) Reihen: die Reihe der auf die Basis 1913 bezogenen Preise für Steinkohle oder Weizen an den einzelnen Stichtagen eines Jahres, die Reihe der Lebenshaltungsindexziffern seit 1920 usw.

Diese Reihen bieten keine besonderen Probleme. Wir sahen früher schon, daß die Bewegung der Zahlenwerte dieser Reihen völlig der der ihnen zugrunde liegenden absoluten Werte entspricht, so daß beide Reihen einander proportionale Werte aufweisen und bei einer graphischen Darstellung die Kurve der einen der der anderen parallel laufen muß.

Wir wollen nun in dem zweiten Falle von Reihen zusammengehöriger Indexziffern, der uns in diesem Abschnitt eingehend beschäftigen soll, von korrespondierenden Indexziffern sprechen, weil die durch sie gebildeten Reihen für jeden Vergleichszeitpunkt oder Vergleichsort die entsprechenden Werte zusammenfassen. Im Gegensatz dazu wollen wir die oben genannte erste und ursprüngliche Art von Indexzifferreihen Vergleichsreihen nennen, besser Vergleichsreihen im engeren Sinne oder ursprüngliche Vergleichsreihen. Reihen korrespondierender Indexziffern haben zur Voraussetzung, daß es sich um komplexe statistische Größen handelt, während

---

[1]) Es bilden aber auch — wir wählen das Beispiel eines zeitlichen Vergleiches — die für jeden einzelnen Stichtag geltenden Werte der Indexziffern der einzelnen Komponenten einer komplexen statistischen Größe eine sachliche Reihe, ähnlich wie die den Indexziffern zugrunde liegenden absoluten Zahlenwerte.

es die andere problemlosere Art von Indexzifferreihen bei einfachen Erscheinungen und bei komplexen Erscheinungen gibt.

Während nun bei den von uns so genannten Vergleichsreihen ein Parallelismus bzw. eine Proportionalität zwischen absoluten Werten und Indexziffern bestand, trifft das nicht zu bei den Reihen korrespondierender Indexziffern: bei einer Lohnstatistik z. B. muß die Gruppe, deren Lohn am meisten gestiegen ist, deren Einzelindex also am höchsten liegt, nicht auch den höchsten Lohn haben, gerade das Umgekehrte wird sehr häufig der Fall sein.

Die Vergleichsreihe entsteht dadurch, daß — im Falle eines zeitlichen Vergleichs — die Werte der betreffenden Erscheinung für die einzelnen Zeitpunkte mit einem und demselben Basiswerte verglichen werden, die Reihe der korrespondierenden Indexziffern entsteht in der Weise, daß diese Vergleichsresultate für die verschiedenen sachlichen Komponenten und für jeweils einen Zeitpunkt zusammengefaßt werden. Reihen korrespondierender Indexziffern gibt es soviel wie Vergleichszeitpunkte vorliegen, Vergleichsreihen (im Falle komplexer Erscheinungen) soviel wie Teilerscheinungen vorhanden sind und außerdem eine für die Gesamterscheinung.

Das sachliche Bedürfnis zur Bildung und zur Analyse solcher Reihen korrespondierender Werte liegt auf der Hand. Wir wollen doch im Falle einer Lohnstatistik z. B. nicht nur wissen, wie sich der Lohndurchschnitt zeitlich verändert hat, sondern ebenso auch, wie sich die Löhne der einzelnen Berufszweige verändert haben, welche Gruppen besonders starke Veränderungen erfahren haben und welche geringe, ob die Veränderungen bei allen Gruppen einigermaßen gleichmäßig war oder ob das Gegenteil der Fall war (Maß der Streuung nicht der Lohnsätze, sondern der Veränderungen der Lohnsätze). Im einzelnen werden wir auf die Probleme, die hier auftauchen, nachher im Zusammenhang eingehen.

Zuvor noch ein Wort über die möglichen Arten der ursprünglichen Vergleichsreihen und der Reihen korrespondierender Indexziffern. Ursprüngliche Vergleichsreihen gibt es natürlich so viele als es Grundformen des statistischen Vergleichs gibt, also drei, nämlich zeitliche, räumliche und sachliche.

Von den Reihen korrespondierender Indexziffern gibt es soviel Arten, als es Grundformen komplexer statistischer Größen gibt, wobei hier nicht an die Einteilung derselben in Summen und Durchschnitte gedacht ist, sondern wiederum an jene Dreiteilung nach der räumlichen, zeitlichen oder sachlichen Gliederung der komplexen Größen.

Wie nun der häufigste Fall der ursprünglichen Vergleichsreihen, der Vergleichsreihen im engeren Sinne, die zeitliche Reihe war, so ist der häufigste Fall der Reihen korrespondierender

Indexziffern die sachliche Reihe; denken wir an einen Großhandelsindex mit den verschiedenen sachlichen Komponenten der Preise verschiedener Waren oder an einen Lebenshaltungsindex mit den Ausgabesummen für die verschiedenen sachlichen Glieder des gesamten Ausgabebudgets.

Wir wollen uns aber doch auch die übrigen möglichen Formen der Reihen korrespondierender Indexziffern vor Augen führen, gleichzeitig in Kombination mit den verschiedenen Formen der ursprünglichen Vergleichsreihen.

Die eben erwähnte häufigste Form ist eine Kombination sachlicher Reihen von korrespondierenden Indexziffern mit zeitlichen Vergleichsreihen. Wenn wir mit s'_0, s''_0 usw. die Werte der verschiedenen sachlichen Komponenten (Preise, Löhne, Kurse usw.) einer komplexen Größe zur Basiszeit, mit s'_1, s''_1 usw. bzw. s'_n, s''_n usw. die entsprechenden Werte zum Zeitpunkt 1 oder n und mit den entsprechenden σ die verschiedenen Einzelindices und mit S und Σ schließlich den absoluten Wert des Kollektivums und den Kollektivindex bezeichnen wollen, so ergibt sich folgendes Schema:

s'_0	1	s'_1	σ'_1	s'_2	σ'_2	. . . .	s'_n σ'_n
s''_0	1	s''_1	σ''_1	s''_2	σ''_2	. . . .	s''_n σ''_n
s'''_0	1	s'''_1	σ'''_1	s'''_2	σ'''_2	. . . .	s'''_n σ'''_n
.	.	.	.	.	.	. . . .	. .
.	.	.	.	.	.	. . . .	. .
.	.	.	.	.	.	. . . .	. .
.	.	.	.	.	.	. . . .	. .
.	.	.	.	.	.	. . . .	. .
S_0	1	S_1	Σ_1	S_2	Σ_2	. . . .	S_n Σ_n

In der horizontalen Richtung stellen die s und S die Reihen der absoluten Werte der verschiedenen sachlichen Komponenten und der Kollektivgröße zu den einzelnen Zeitpunkten dar und die σ und Σ die ursprünglichen Vergleichsreihen der Einzelindices und des Kollektivindex. In der vertikalen Richtung stellen die s die Reihen der absoluten Werte s ä m t l i c h e r Komponenten der Kollektivgröße zu e i n e m Zeitpunkte dar und die σ die Reihen der korrespondierenden Indexziffern, also der Einzelindices der verschiedenen Komponenten des Kollektivums zu je einem Zeitpunkt.

Dabei gehören die S oder Σ natürlich nicht zu dieser Reihe; die S sind die zusammenfassenden Ausdrücke der s und die Σ sind Relativzahlen, die aber nicht in demselben Sinne zusammenfassende Ausdrücke der Reihen σ sind; davon später.

Während die beiden horizontalen Reihengruppen, die Reihe der s und der σ bzw. S und Σ, einander proportionale Werte liefern, ihre Kurven also in der graphischen Darstellung parallel laufen, laufen die senkrechten Paare s und σ nicht parallel und bestehen nicht auf einander proportionalen Wertpaaren.

Deshalb ist der Aufschluß, den uns die beiden Indexzifferreihentypen liefern, auch ein ganz verschiedener. Während uns die horizontalen Reihen, sowohl die der absoluten als auch die der relativen Werte, Aufschluß geben über die Entwicklung der Einzelwerte, z. B. der Löhne der einzelnen Berufsgruppen, bzw. die unterste, über die Entwicklung des Lohnniveaus von Zeitpunkt zu Zeitpunkt, geben uns die verschiedenen vertikalen Reihen Aufschluß über die Verteilung und die Streuung und zwar die Reihen der s über die Streuung der absoluten Höhe der Lohnsätze in den einzelnen Zeitpunkten und die Reihe der σ über die Streuung der Lohnveränderungen in den einzelnen Zeitpunkten gegenüber dem Basiszeitpunkt.

Wenn wir also wissen wollen, wie groß die absolute Höhe der Lohnsätze zu einem bestimmten Zeitpunkt war, bei welcher Berufsgruppe er am höchsten und bei welcher er am niedrigsten war usw., so werden wir uns an die entsprechende senkrechte Reihe s zu wenden haben, und wenn wir wissen wollen, welche Berufsgruppe die größte relative Zunahme oder die größte relative Abnahme erfahren hat seit einem als Basis gewählten Zeitpunkt oder wieviel Gruppen zugenommen haben und wieviel abgenommen haben usw., so werden wir Aufschluß erhalten bei der entsprechenden senkrechten Reihe σ.

Für uns kommen natürlich im folgenden nur die vertikalen Reihen der σ in Betracht, eben unsere Reihen korrespondierender Indexziffern; die senkrechten Reihen der s bieten keine spezifischen Probleme, die zur Theorie der Indexzahlen gehören würden.

Wenn wir nun die Suffixe 1, 2 . . . . . n nicht verschiedene Zeitpunkte oder Zeiträume bedeuten lassen, sondern verschiedene Orte oder Gebiete, so stellen die horizontalen Reihen räumliche Vergleichsreihen dar. Beispiel: Vergleich der Löhne und des Lohndurchschnittes eines Zeitpunktes, aber verschiedener Orte.

Der Fall, daß nicht nur die vertikalen, sondern auch die horizontalen Reihen sachlicher Art sind, dürften selten verwirklicht sein. Nur der systematischen Vollständigkeit halber mag der Fall erwähnt sein, der logisch durchaus sinnvoll ist. Als Beispiel würde hierher gehören, daß die Löhne verschiedener Berufe, die selbst wieder aus den Lohnsätzen der verschiedenen Altersstufen zusammengesetzt sind, also sachliche Durchschnitte darstellen, zu sachlichen Vergleichsreihen zusammengestellt werden, wobei natürlich das räumliche und zeitliche Merkmal überall identisch ist.

Wenn wir nun mit r und ρ die absoluten und relativen Werte räumlicher Komponenten komplexer statistischer Größen verstehen, so erhalten wir folgendes, nach dem Gesagten ohne weiteres verständliche Schema:

$$
\begin{array}{l|lllll}
 & \longrightarrow & & & & \\
\downarrow & r'_0\ 1 & r'_1\ \varrho'_1 & r'_2\ \varrho'_2 & \ldots\ldots\ldots & r'_n\ \varrho'_n \\
 & r''_0\ 1 & r''_1\ \varrho''_1 & r''_2\ \varrho''_2 & \ldots\ldots\ldots & r''_n\ \varrho''_n \\
 & r'''_0\ 1 & r'''_1\ \varrho'''_1 & r'''_2\ \varrho'''_2 & \ldots\ldots\ldots & r'''_n\ \varrho'''_n \\
 & \cdot\ \cdot & \cdot\ \cdot & \cdot\ \cdot & \ldots\ldots\ldots & \cdot\ \cdot \\
 & \cdot\ \cdot & \cdot\ \cdot & \cdot\ \cdot & \ldots\ldots\ldots & \cdot\ \cdot \\
 & \cdot\ \cdot & \cdot\ \cdot & \cdot\ \cdot & \ldots\ldots\ldots & \cdot \\
 & \cdot\ \cdot & \cdot\ \cdot & \cdot\ \cdot & \ldots\ldots\ldots & \cdot\ \cdot \\
 & \cdot\ \cdot & \cdot\ \cdot & \cdot\ \cdot & \ldots\ldots\ldots & \cdot\ \cdot \\
\hline
 & R_0\ 1 & R_1\ P_1 & R_2\ P_2 & \ldots\ldots\ldots & R_n\ P_n
\end{array}
$$

Die vertikalen Reihen bedeuten hier also die absoluten und relativen Werte der räumlichen Komponenten einer komplexen statistischen Größe bzw. der Kollektivgröße, und zwar wiederum entweder, was meist der Fall sein wird, zu verschiedenen Zeitpunkten oder, seltener, an verschiedenen Orten oder, noch seltener, für verschiedene sachliche Unterarten, je nachdem ob die ursprüngliche Vergleichsreihe bzw. der Vergleich, zu dessen Zweck die Indexziffern berechnet wurden, zeitlicher, räumlicher oder sachlicher Art war.

Einige Beispiele: die Preisnotierungen für eine bestimmte Ware an einer größeren Zahl von Orten (r) und der aus ihnen gebildete (räumliche) Durchschnittspreis (R) können zu verschiedenen Zeitpunkten beobachtet werden. Wir können uns dann interessieren für die verschiedenen vertikalen Reihen r, die uns sagen, an welchen Orten die Ware zu den einzelnen Zeitpunkten am teuersten war, ob große Preisunterschiede bestanden usw. Wir können aber auch — und darauf ist im folgenden unser Interesse gerichtet — die vertikalen Reihen ρ ins Auge fassen, die uns sagen, wie groß an den einzelnen Orten die Preissteigerung gegenüber dem Basiszeitpunkt ist, wobei natürlich der teuerste Ort die geringste Preissteigerung erfahren haben kann und umgekehrt.

Handelte es sich in diesem Beispiel um den Fall, daß die ursprünglichen Vergleichsreihen, die horizontalen Reihen ρ, zeitliche Reihen waren, so können wir auch sachliche und räumliche annehmen. Ein Beispiel für eine Kombination von vertikalen räumlichen und horizontalen sachlichen Reihen ist in dem Falle gegeben, wo wir die Löhne verschiedener Berufe zu einem bestimmten Zeitpunkt untereinander vergleichen, wenn dabei die Löhne dieser Berufe selbst wieder für einzelne Orte und in ihrem räumlichen Durchschnitte gegeben sind.

Der Fall liegt hier gerade umgekehrt wie in dem obigen Beispiel (S. 149), wo eine sachlich vertikale Reihengruppe mit einer räumlichen horizontalen kombiniert war. Wie der Leser ohne weiteres sehen wird, sind in beiden Fällen die absoluten Werte dieselben, aber die relativen verschieden, da verschiedene Vergleichsabsichten vorliegen: dort war ein sachlicher Wert die Basis für einen räumlichen Vergleich, hier ein räumlicher Wert für einen sachlichen Vergleich.

Ein Beispiel für räumliche Vergleichsreihen von aus räumlichen Komponenten zusammengesetzten Größen, also für eine Kombination von ursprünglichen Vergleichsreihen räumlicher Art mit korrespondierenden Indexzifferreihen ebenfalls räumlicher Art wäre der räumliche Vergleich von Preisen einzelner Waren, z. B. irgendwelcher Lebensmittel, einzelner Länder, wobei aber die Preisangaben einzelner Länder selbst wieder räumliche Durchschnitte aus den Preisangaben einzelner Ortsgrößenklassen darstellen würden.

Nun zum Schluß noch ein paar Worte über den dritten Typus von Reihen korrespondierender Indexziffern, die eine aus zeitlichen Komponenten bestehende komplexe statistische Größe zur Voraussetzung haben. Man könnte etwa an die Ein- oder Ausführsummen (sämtlicher oder einzelner Warengattungen) einerseits für die einzelnen Monate (Komponenten) und andererseits für das ganze Jahr (Kollektivgröße) denken.

Das Schema der aus diesem Typus sich ergebenden Reihen ist den beiden oben dargestellten analog; wir brauchen nur statt s oder r z und statt σ oder ρ ζ zu setzen.

Auch hier können die horizontalen Reihen wieder zeitlicher, räumlicher oder sachlicher Art sein. Die nähere Ausführung dürfte dem Leser an Hand des bisher Dargelegten leicht fallen.

Auf das Gesagte zurückschauend, sehen wir also, daß es bei einem Vergleich komplexer statistischer Größen neun verschiedene Kombinationen von ursprünglichen Vergleichsreihen mit Reihen korrespondierender Indexziffern gibt: jede der drei Formen der Vergleichsreihen (die räumliche, zeitliche und sachliche) kann kombiniert sein mit einer der drei Formen der Reihen korrespondierender Indexziffern (ebenfalls wieder der räumlichen, zeitlichen oder sachlichen).

Die Notwendigkeit, auch die durch die Reihen von korrespondierenden Indexziffern aufgegebenen Probleme ins Auge zu fassen, hoffen wir dargetan zu haben; handelt es sich doch um Probleme, die einen anderen logischen Sinn haben als jene, die mit den ursprünglichen Vergleichsreihen gegeben sind.

Bis jetzt hatten wir immer die, allerdings auch meist in Betracht kommenden Fälle im Auge, wo für jeden Punkt des durch die horizontalen und vertikalen Reihen entstehenden Netzes je zwei Werte, ein absoluter und ein relativer, vorhanden waren.

Es kommen jedoch auch Fälle vor, wo nur ein relativer in Betracht kommt. Wenn wir z. B. die Lebenshaltungsindices verschiedener Länder in ihrer zeitlichen Entwicklung nebeneinander stellen, so hat es keinen Sinn, die Höhe der zugrunde liegenden absoluten Zahlen, der „Teuerungszahlen“, die zu einem bestimmten Zeitpunkte in den verschiedenen Ländern gelten, zu vergleichen, weil die Berechnungsgrundlagen in den einzelnen Ländern gänzlich verschiedene sind, vor allem, weil der Umkreis der in die Erhebung einbezogenen Lebensbedürfnisse ein ganz verschieden großer ist; ein zeitlicher Vergleich der absoluten Teuerungszahlen eines Landes hat aber natürlich Sinn.

Trotzdem aber können wir natürlich die zeitlichen Entwicklungen (horizontale Reihen) der Lebenshaltungsindices in den verschiedenen Ländern vergleichen, gleichen Basiszeitpunkt oder Basiszeitraum vorausgesetzt, und wir können außerdem die vertikalen Reihen ins Auge fassen, die uns über das Ausmaß der Veränderung der Lebenshaltungskosten gegenüber dem gemeinsamen Basiszeitraum Auskunft geben, aber nicht über die absolute Höhe derselben (siehe auch S. 54 f.).

B. Der Fall intensiver statistischer Größen.

1. Ueberblick über die sich ergebenden Probleme.

Welche besonderen Probleme ergeben sich nun aus diesen Reihen von korrespondierenden Indexziffern, vor allem für den theoretisch und praktisch wichtigsten Fall intensiver statistischer Größen? Zunächst alle diejenigen, die sich aus statistischen Reihen überhaupt ergeben, also vor allem die Probleme der zusammenfassenden Charakterisierung der Reihe durch einen einzigen Zahlenausdruck, ein Problem, das dem Bedürfnis nach schneller Beurteilung einer Reihe entspricht und dem das andere Problem der eingehenden Betrachtung der Einzelwerte, gegebenenfalls unter Bildung von Größenklassen entgegengesetzt ist. Die gedrängte, zusammenfassende Charakterisierung durch einen einzigen Zahlenwert kann nun, wenn wir uns der Ausdrucksweise Winklers (Statistik, Leipzig 1925, S. 58 f.) bedienen wollen, geschehen 1. mit Hinblick auf die Höhenlage der Zahlenreihe bzw. der sie darstellenden Kurve durch Angabe der Lage eines sie kennzeichnenden Punktes und 2. durch Hinblick auf die von der Reihe eingenommene Breite. — 1. führt zu den verschiedenen Mittelwerten und 2. zu den Verteilungs- oder Streuungsmassen.

Von den Mittelwerten wollen wir zunächst jene ins Auge fassen, die in ihrer zahlenmäßigen Höhe von sämtlichen Einzelwerten der Reihe beeinflußt werden; das sind — wenn wir von den in der Statistik weniger gebräuchlichen wie dem harmonischen und antiharmonischen Mittel absehen — das arithmetische und das geometrische Mittel. Aufgabe des nächsten Abschnittes wird es sein, zu entscheiden, ob in diesem Falle das arithmetische oder das geometrische Mittel oder vielleicht beide nebeneinander sinnvoll sind; denn wir sagten ja schon mehrmals, daß es in der Statistik und in der angewandten Mathematik nicht angeht, formal richtige Rechnungsweisen zu benutzen, ohne sich um deren Sinn und Bedeutung zu kümmern, daß es vielmehr notwendig sei, aus dem logischen Sinn der gestellten Aufgabe heraus die Entscheidung zu treffen, welche Formel im gegebenen Fall anzuwenden sei.

Ein von allen Einzelwerten beeinflußter Mittelwert — lassen wir es einstweilen unentschieden, ob das geometrische oder das arithmetische Mittel —, hat bei einer Reihe korrespondierender Indexziffern einen anderen logischen Sinn als bei der dieser Reihe zugrunde liegenden Reihe absoluter Werte. Der Durchschnitt der letzten Reihe bedeutet das Niveau der absoluten Zahlen, der Preise, Löhne, Aktienkurse, Frachtsätze usw. (Das Preis-, Lohn-, Aktienkurs- oder Frachtniveau ist bei einer gegebenen Zahl von Komponenten — Warensorten, Berufsgruppen usw. — eine für jeden Zeitpunkt eindeutig gegebene Größe.) Der Durchschnitt aus einer Reihe von korrespondierenden Indexziffern aber bedeutet den Durchschnitt von Veränderungsgrößen, die durchschnittliche Veränderung der Preise, Löhne, Kurse usw. Er ist natürlich nicht eine eindeutig mit dem Zeitpunkt gegebene Größe, sondern abhängig von dem Basiszeitpunkt, auf den die Veränderung bezogen wird.

Diese durchschnittliche Veränderung der Einzelgrößen ist aber auch nicht identisch mit der Veränderung des Durchschnittes dieser Größen, also des Durchschnittes aus der ursprünglichen Reihe der absoluten Werte. An diesen Gegensatz wird weiter unten anzuknüpfen sein (S. 158).

In anderer Weise als durch das arithmetische und geometrische Mittel kann man eine Reihe ihrer Höhenlage nach noch durch einen einzigen Wert charakterisieren, indem man den dichtesten oder häufigsten Wert oder den Medianwert berechnet.

Der dichteste oder häufigste Wert (auch Scheitelwert genannt) einer Reihe von korrespondierenden Indexziffern bedeutet natürlich diejenige Veränderungsgröße bzw.

— bei Zusammenfassung der Veränderungsgrößen nach Größenklassen — diejenige Veränderungsgrößenklasse, die am häufigsten auftritt. Dabei ist selbstverständlich Voraussetzung, daß die Gestaltung der Reihe überhaupt eine solche ist, bei der sich ein häufigster Wert erkennen läßt, daß also eine ausgesprochene Häufungsstelle vorhanden ist.

Es ist klar, daß der häufigste Wert einer Reihe von korrespondierenden Indexziffern von anderen Komponenten (Warengruppen, Berufsgruppen usw.) gebildet werden kann als der häufigste Wert der absoluten Reihe zu den beiden in Betracht kommenden Zeitpunkten: einmal kann der häufigste Preis zum Zeitpunkt 0 durch andere Komponenten vertreten sein als zum Zeitpunkt 1 und dann — und darauf kommt es hier an — können beide Gruppen von Komponenten verschieden sein von jener, die die am häufigsten vorkommende Veränderung aufweist.

Es soll hier nur kurz erwähnt werden, daß auch der häufigste Wert, wie jeder Mittelwert, ein gewogener und ein ungewogener sein kann und daß bei Vorhandensein der erforderlichen Gewichtszahlen natürlich immer der gewogene Wert zu berechnen ist. Wie der gewogene dichteste Wert zu berechnen ist, wird sofort klar, wenn man sich auf die Bedeutung des gewogenen Mittels überhaupt besinnt.

Es läßt sich ja jedes gewogene Mittel auf das entsprechende ungewogene zurückführen, indem man an Stelle jeder einzelnen Komponente so viele setzt, als die Gewichtszahl angibt, sie gewissermaßen auflöst in ihre Elemente. Wenn wir bei einer Statistik der Stundenlöhne z. B. statt einfach aus den Stundenlohnsätzen einen (ungewogenen) arithmetischen Durchschnitt zu berechnen, die Zahl der gearbeiteten Stunden als Gewichtszahlen benutzen, so tun wir nichts anderes, als daß wir auf die ursprünglichen Fälle zurückgreifen.

Genau so ist es, wenn es sich um die Berechnung eines häufigsten Wertes handelt. Nicht derjenige Wert ist der häufigste im strengen Sinne, der als Lohnsatz am häufigsten vorkommt, sondern zu dem — im Falle einer Statistik der Stundenlöhne — die meisten Stunden gearbeitet worden sind; das erste wäre der ungewogene, das zweite der gewogene häufigste Wert.

Das folgende schematische Beispiel möge das Gesagte klarmachen: wir wollen in der ersten Spalte mit I, II usw. verschiedene Gruppen (bei einer Lohnstatistik Berufsgruppen), in der zweiten Spalte mit a, b usw. die zugehörigen Werte (Stundenlohnsätze) bezeichnen, und in der dritten Spalte in konkreten Zahlen die Gewichte (Menge der gearbeiteten Stunden) angeben, und zwar in Prozenten der Gesamtzahl (relative Gewichtszahlen).

Gruppe	Wert	Gewichtszahlen
I	a	10
II	a	5
III	a	2
IV	b	30
V	a	4
VI	c	5
VII	b	20
VIII	b	15
IX	a	5
X	a	4

Der ungewogene häufigste Wert ist dann natürlich a; denn a kommt 6mal vor, b 3mal und c nur 1mal. Den gewogenen häufigsten Wert erhalten wir aber, indem wir jeden Wert so oft nehmen, als die Gewichtszahl angibt; wir erhalten dann für a die Häufigkeitszahl: $10 + 5 + 2 + 4 + 5 + 4 = 30$, für b: $30 + 20 + 15 = 65$ und für c: 5. Also der gewogene häufigste Wert ist nicht a, sondern b.

Wenn in diesem Beispiel die a, b usw. nicht Stundenlohnsätze, sondern Veränderungen der Stundenlohnsätze, also Einzelindices bedeuten würden, dann hätten wir den ungewogenen oder gewogenen häufigsten Wert einer Reihe korrespondierender Indexziffern berechnet.

Ueber den Medianwert sollen nur ein paar Worte gesagt werden. Es mag daran erinnert werden, daß er in der der Größe nach geordneten Reihe den in der Mitte stehenden Wert darstellt, der also ebenso viele Werte über sich wie unter sich hat, der, wenn die Zahl n der Glieder der Reihe eine ungerade Zahl ist mit dem $\frac{n+1}{2}$ ten Gliede zusammenfällt und, wenn n eine gerade Zahl ist, zwischen dem $\frac{n}{2}$ ten und dem $\frac{n}{2} + 1$ ten Gliede liegt.

Auch hier braucht weder der Medianwert der entsprechenden Reihe der absoluten Größen zum Zeitpunkt 0 sich auf dieselbe Waren- usw. gruppe zu beziehen wie der Medianwert der entsprechenden Reihen zum Zeitpunkt 1, 2 usw., noch braucht der Medianwert der Einzelindices, also der Größen, die die Veränderungen der einzelnen Löhne, Kurse usw. vom Zeitpunkt 0 zum Zeitpunkt 1, 2 usw. angeben, sich auf eine von jenen Warengruppen zu beziehen.

Auch hier hat natürlich das gewogene Mittel einen Sinn und muß bei Vorhandensein brauchbarer Gewichtszahlen berechnet werden. Seine Bildung erfolgt vollständig analog der des gewogenen häufigsten Wertes. Folgendes, dem eben gegebenen analog aufgebaute, schematische Zahlenbeispiel möge es veranschaulichen, wobei diesmal auch die intensiven Werte in konkreten Zahlen gegeben werden müssen, damit wir die Reihe der Größe nach ordnen können; wir verwenden wieder dieselben Gewichtszahlen, setzen aber $a = 70$, $b = 65$ und $c = 80$. Wir bekommen dann folgende Reihen:

Gruppen	Werte	Gewichtszahlen
I	70	10
II	70	5
III	70	2
IV	65	30
V	70	4
VI	80	5
VII	65	20
VIII	65	15
IX	70	5
X	70	4

Der Größe nach geordnet ergeben sich die Reihen:

Gruppen	Werte	Gewichtszahlen
1. (IV)	65	30
2. (VII)	65	20
3. (VIII)	65	15
4. (I)	70	10
5. (II	70	5
6. (III)	70	2
7. (V)	70	4
8. (IX)	70	5
9. (X)	70	4
10. (VI)	80	5

Der *ungewogene Medianwert* muß dann in der nach der Höhe der intensiven Werte geordneten Reihe zwischen der 5. und 6. Gruppe liegen, bzw. das arithmetische Mittel aus diesen beiden Gruppenwerten sein, er ist in unserem Falle also = 70. Da bei dem gewogenen Medianwert natürlich auf die einzelnen Fälle zurückgegangen werden muß, liegt der *gewogene Medianwert* zwischen dem 50. und 51. Fall, in unserem Beispiel also zwischen der 2. und 3. Gruppe, hat demnach die zahlenmäßige Höhe 65.

Wenn wir wieder die Werte Einzelindices bedeuten lassen, haben wir in dem Schema ein Beispiel der Berechnung eines Medians in einer Reihe korrespondierender Indexziffern durchgeführt.

Außer durch die verschiedenen Mittelwerte kann die Reihe der korrespondierenden Indexziffern wie jede andere Reihe auch charakterisiert werden durch die Maßzahlen ihrer Streuung, der Verteilung ihrer Einzelwerte auf einen schmaleren oder breiteren Raum zu beiden Seiten der Mittelwerte. Auf die einzelnen Methoden (Angabe der extremen Werte — in unserem Falle der größten Zu- und Abnahme —, Berechnung des einfachen und des quadratischen durchschnittlichen Abstandes usw.) wollen wir hier nicht eingehen,[2]) weil es für unser Indexproblem keine besonderen Aufschlüsse bieten würde.

Nur über ein Streuungsmaß wollen wir ein Wort sagen, das einerseits an einen Mittelwert, den Medianwert, anknüpft und andererseits überleitet zu einer anderen Art der Betrachtung statistischer Reihen überhaupt und so natürlich auch unserer Reihen korrespondierender Indexziffern, nämlich zu ihrer Zerlegung in Größenklassen; wir meinen die Berechnung der Quartile oder wie Winkler sagt, die Methode der Viertelwertabstände. Diese können wir noch ergänzen oder ersetzen durch Angabe der in der Mitte der Reihe gelegenen Oktile oder Dezile oder anderer Werte nach der Methode der perzentilen Grade.

Je nachdem die mittleren Gruppen (Dezile usw.) große oder geringe Spannweite haben, ist die Streuung — in unserem Falle der Reihen korrespondierender Indexziffern die Streuung der einzelnen Veränderungen, der einzelnen Indices — eine große oder geringe, scharen sich eine kleinere oder größere Zahl um die in der Mitte gelegenen Werte.

Diese Charakterisierung einer Reihe nach der Methode der perzentilen Grade können wir nun sofort erweitern durch Bildung von Größenklassen von ganz besonderem Typus, die eben als solche nach der Methode der perzentilen Grade oder der Galtonschen Methode bezeichnet werden. Natürlich können wir nun auch Größenklassen von dem anderen Typus bilden, nämlich „mit von vorneherein festgesetzten Grenzpunkten" (siehe Zizek, Grundriß der Statistik, II. Aufl., München und Leipzig 1923, S. 112). Je nachdem die einzelnen Größenklassen dieser Art, sofern sie gleiche Spannweite haben, gleichmäßig oder ungleichmäßig besetzt sind, ist die Verteilung der Werte über die ganze Reihe eine gleichmäßige oder ungleichmäßige und je nachdem z. B. die mittleren oder die peripheren Gruppen stärker besetzt sind, ergibt sich ein bestimmtes charakteristisches Verteilungsbild.

---

[2]) Es sei außer auf die bekannten Lehrbücher der Statistik vor allem auf F. Zizek, Die statistischen Mittelwerte, Leipzig 1908, verwiesen. Klar und gut ist auch, was Winkler in seiner Statistik, Leipzig 1925, hierüber sagt.

Auch hier ist es wieder klar, daß die Verteilung der einzelnen Positionen einer komplexen Größe (z. B. Berufsgruppen bei einer Lohnstatistik) auf die zu bildenden Größenklassen ganz verschieden ausfallen kann und wird, je nachdem wir sie nach ihren absoluten Werten oder nach ihren Indices ordnen. Gerade die auf letztere Weise entstehende Reihe der korrespondierenden Indexziffern ist es ja, die uns in ihrer Abweichung von der Reihe der hier zugrunde liegenden absoluten Werte hier interessiert.

Wir können nun aber bei Reihen korrespondierender Indexziffern außer der Berechnung von Mittelwerten und Streuungsmaßen und außer der Berechnung ihrer Verteilung auf Größenklassen noch den Verlauf der Reihe selbst in allen ihren Einzelheiten ins Auge fassen; wir können die Werte miteinander vergleichen, sie alle auf einen Wert als Basis beziehen und an ihm messen. Mit anderen Worten, wir können Indexziffern von Indexziffern berechnen. (Siehe oben S. 47 f.). Auf die Einzelheiten werden wir im übernächsten Abschnitt etwas ausführlicher eingehen, weil sich hierbei besondere Schwierigkeiten ergeben.

Zunächst jedoch soll im folgenden Abschnitte vom Durchschnitte der Werte einer Reihe korrespondierender Indexziffern, also der Einzelindices eines bestimmten Zeitpunktes oder Ortes die Rede sein, sofern es sich um einen Mittelwert, der von sämtlichen Einzelwerten der Reihe in seiner Größe bestimmt wird, praktisch also um das arithmetische oder geometrische Mittel handelt. Für alle übrigen Probleme mögen die in diesem Abschnitte gegebenen Andeutungen genügen.

2. Unterschied zwischen der Veränderung eines Durchschnittes mehrerer Größen und der durchschnittlichen Veränderung dieser Größen.

Um den Zugang zu dem in der Ueberschrift angedeuteten Problem zu finden, das unseres Erachtens für die Lehre von den Indexzahlen von grundlegender Bedeutung ist, wollen wir ausgehen von unserer Formel für den (eliminierten) Vergleich. Sie lautete ganz allgemein:

$$I_{0,1} = \frac{\Sigma q p_1}{\Sigma q p_0} \text{ bzw. } I_{0,1} = \frac{\Sigma a \alpha_1}{\Sigma a \alpha_0},$$

wobei q bzw. a gleich sein konnte q_1 bzw. a_1 oder q_0 bzw. a_0 oder irgendeinem anderen Werte (q) bzw. (a), vorausgesetzt nur, daß Zähler und Nenner dieselben Werte von q oder a enthielten.

In dem Falle nun, daß genaue Gewichte nicht bekannt sind und man gezwungen ist, einen ungewogenen Durchschnitt zu verwenden, gelangt man zu der Formel:

$$I_{0,1} = \frac{\Sigma a_1}{\Sigma a_0} .$$

Da es nun aber im Falle eines Preisindex nicht statthaft ist die analoge Gleichung: $I_{0,1} = \frac{\Sigma p_1}{\Sigma p_0}$ zu bilden, weil es für Preise keine vergleichbaren Einheiten gibt (siehe oben S. 72 f.), so hat man — worauf auch schon hingewiesen wurde — den Ausweg gewählt, eine solche Formel aufzustellen:

$$(I_{0,1}) = \frac{\Sigma \frac{p_1}{p_0}}{n} .$$

Wir müssen diese Formel ablehnen, weil sie nicht, was eine Indexziffer soll, eine Meßziffer darstellt für die Veränderung eines Durchschnittes, eines Niveaus, sondern den Durchschnitt von Einzelveränderungen, von Einzelindices ausdrückt. Eine echte Generalindexziffer ist eben nicht — im Gegensatz zur Meinung vieler Autoren, so auch von I. Fisher — ein Durchschnitt von Einzelindices, sondern der Index eines Durchschnitts.

Aber wenn nun auch solche Durchschnitte von Einzelindices keine echten Generalindices sind, von uns vielmehr als Pseudoindexziffern bezeichnet werden mußten (sie setzen wohl Indices, und zwar Einzelindices voraus, sind selbst aber keine), so hat doch die Berechnung eines Durchschnitts von Einzelindices, also von Veränderungsgrößen, ihre Berechtigung, wobei es an dieser Stelle noch unentschieden bleiben soll, ob das arithmetische Mittel überhaupt die logisch richtige mathematische Form dafür ist. Nur dürfen wir den unterschiedlichen Sinn einer solchen durchschnittlichen Veränderung im Gegensatz zur Veränderung des Durchschnittes nicht übersehen.

Es kann nicht nachdrücklich genug betont werden, daß ein solcher Durchschnitt von Veränderungsgrößen, also Einzelindices logisch keine Vergleichsgröße darstellt, sondern eben einen Durchschnitt: bei einem zeitlichen Vergleich bezieht er sich auf einen Zeitpunkt (kann also gar keine Vergleichsgröße sein, die sich bei einem zeitlichen Vergleich immer auf zwei Zeitpunkte beziehen muß), während sich die Komponenten als echte Vergleichsgrößen auf zwei Zeitpunkte beziehen. (Natürlich können wir die durchschnittlichen Veränderungen mehrerer Zeitpunkte miteinander vergleichen und sie in echte Indexzahlen umwandeln, eine Operation, die man wohl kaum ausgeführt hat, die aber durchaus sinnvoll ist. Sie kann z. B. in folgender Weise durchgeführt werden: die durchschnittliche Veränderung mehrerer Größen zum Zeitpunkt 1 gegenüber Zeitpunkt 0 wird gleich 1 oder 100 gesetzt (die Basis bezieht sich hier also auf zwei Zeitpunkte) und zu ihr in Beziehung gesetzt, d. h. mit ihr verglichen entweder die durchschnittlichen Veränderungen von 0 auf 2, 0 auf 3 usw. oder die Veränderungen 1 auf 2, 2 auf 3 usw.).

Im allgemeinen wollen wir, wenn wir Generalindices berechnen, die Veränderung eines Niveaus, eines Durchschnitts verfolgen.[3]) Es kann aber auch vorkommen, daß wir uns interessieren für die durchschnittliche Veränderungswucht, für die durchschnittliche Größe der relativen Veränderungsschritte.

Der Begriff des Veränderungsschrittes oder der Veränderungswucht oder der Veränderungsintensität ist der einer dynamischen Größe. Wenn es sich um Preise handelt, können wir auch von preissteigender Kraft reden. Die Berechtigung eines solchen Begriffes wird sofort klar, wenn wir uns erinnern, daß der relative Veränderungsschritt von 10 auf 11 genau so groß ist, wie der von 100 auf 110 oder von 50 auf 55 usw. Für die Veränderung des Durchschnittes oder der Summe kommt es aber, wie später noch eingehender dargelegt werden soll, nur auf die absolute Zunahme oder Abnahme an, gleichgültig, ob sie mit einer großen oder geringen relativen Zu- oder Abnahme verknüpft ist. Bei einer kleineren durchschnittlichen Veränderung im einen Falle kann ein größerer Veränderungseffekt, also eine größere Gesamtveränderung des Durchschnittes bewirkt werden, als bei einer viel größeren durchschnittlichen Veränderung im anderen Falle, nämlich dann, wenn im ersteren Falle besonders die absolut höheren Werte, im zweiten die absolut niederen Werte betroffen werden.

Die Veränderung eines Durchschnitts und die durchschnittliche Veränderung sind also logisch ganz verschiedene Begriffe. Und ebenso sind ihre rechnerischen Ergebnisse verschieden, nur in Ausnahmefällen stimmen sie überein. Wenn wir auf das Ausmaß der Abweichung der rechnerischen Ergebnisse dieser beiden Begriffe

---

[3]) Z. B. wenn wir Großhandelsindices berechnen, um die Schwankungen der Kaufkraft des Geldes zu beobachten. Man kann vielleicht ganz allgemein sagen, daß die Fragestellung nach der Veränderung eines Niveaus die sachlich-ökonomisch aufschlußreichere ist, während die andere logisch ebenso berechtigte nach der durchschnittlichen Veränderungswucht viel seltener einem sachlichen Problem entspricht.

auch noch zurückkommen werden, wollen wir doch hier schon diese Ungleichung in unserer Formelsprache ausdrücken:

$$\frac{\Sigma a_1}{\Sigma a_0} \lessgtr \frac{\Sigma \frac{a_1}{a_0}}{n}$$

oder im Falle von Gewichten:

$$\frac{\Sigma \mathrm{a} a_1}{\Sigma \mathrm{a} a_0} \lessgtr \frac{\Sigma \mathrm{a} \frac{a_1}{a_0}}{\Sigma \mathrm{a}}.$$

Wenn wir hierbei das arithmetische Mittel angewendet haben, ohne bis jetzt überhaupt in die Prüfung der Frage, ob es hier oder nicht vielleicht an seiner Stelle das geometrische Mittel anzuwenden ist, so deshalb, weil praktisch die Formel mit dem arithmetischen Mittel an Stelle eines echten Generalindex verwendet wird, z. B. bei verschiedenen deutschen Großhandelsindices.

Ehe wir die Frage nach der richtigen Form des Durchschnitts von Veränderungen, also von Reihen korrespondierender Indexziffern erörtern, noch ein paar Beispiele, die uns die Eigenart und den Sinn der hier zugrunde liegenden Fragestellung veranschaulichen sollen.

Eine bestimmte Zunahme der durchschnittlichen Bevölkerungsdichte (die natürlich als „isolierter Mittelwert" berechnet werden kann) kann verbunden sein mit einer größeren oder kleineren durchschnittlichen Zunahme der Bevölkerungsdichte in den einzelnen Gebietsteilen, je nachdem sie sich mehr auf die kleineren oder größeren Gebietsteile erstreckt. Aber nur die durchschnittliche Bevölkerungszunahme ist ein Maß der in den Gebietsteilen vorhandenen, auf Bevölkerungsvermehrung hinwirkenden Kräfte. Diese ins Auge zu fassen, ist doch ein logisch eindeutiges und sehr interessantes Problem. Zu ihrer Berechnung aber brauchen wir den Durchschnitt von Einzelveränderungen oder Einzelindices.

Oder denken wir an eine Lohnstatistik: im allgemeinen werden wir uns da interessieren für die Veränderung des Lohndurchschnittes, des Lohnniveaus, also für den echten Generalindex, der hier, weil Gewichtszahlen besser bekannt sind, als in einer Preisstatistik, auch leichter zu berechnen ist.

Aber daneben können wir uns doch auch interessieren für das ganz konkrete logisch völlig eindeutige Problem, wie groß die durchschnittliche Veränderung der Löhne bei den einzelnen Berufsgruppen ist: wenn die n i e d r i g b e z a h l t e n Berufsgruppen eine verhältnismäßig größere Steigerung ihrer Löhne erfahren haben als die höher bezahlten, die Spannung zwischen den Löhnen der einzelnen Gruppen sich also vermindert hat, so wird eine größere durchschnittliche Veränderung verbunden sein mit einer bestimmten Veränderung des Lohnniveaus als wenn umgekehrt die Löhne der hochbezahlten Berufsgruppen prozentual mehr gestiegen sind als die der niedrig bezahlten.

Aber gerade das festzustellen, ist doch eine sachlich und psychologisch interessante Fragestellung, die gewissermaßen die subjektive Bedeutung der Aufbesserung bzw. Verminderung für den einzelnen mißt; denn für einen Lohnempfänger, der bisher wöchentlich 25 M. empfangen hat, bedeutet eine Erhöhung um 5 M. mehr als für einen solchen, der bisher wöchentlich 50 M. erhalten hat, nämlich zweimal so viel, während für die Veränderung des Niveaus der eine Fall dasselbe bedeutet wie der andere.

(Ehe wir weitergehen, noch eine sachliche und eine formelle Zwischenbemerkung: bis jetzt sprachen wir immer von Veränderung eines Durchschnittes bzw. von durchschnittlicher Veränderung. Da wir es bei der Anwendung von Indexziffern gewöhnlich mit zeitlichen Vergleichen zu tun haben, war das auch am Platze. Wenn wir jedoch den Gesamtbereich des statistischen Vergleichs im Auge haben, müssen wir statt von Veränderung von Unterschied reden; wir können z. B. sprechen von dem Unterschied des Lohnniveaus in einem Gebiet A gegenüber dem in einem anderen B bzw. von dem durchschnittlichen Lohnunterschied zwischen A und B. Unterschied ist der allgemeinere Begriff und Veränderung ein Unterschied in zeitlicher Beziehung. Wenn wir aber im folgenden — in Würdigung des Umstandes, daß die meisten Indexziffern sich auf zeitliche Vergleiche beziehen — vorwiegend von Veränderungen reden, so sei hier ausgesprochen, daß das Gesagte auch für räumliche und sachliche Unterschiede, also für Unterschiede überhaupt gilt.

Und noch eine formelle Zwischenbemerkung: wie wir wissen, können wir die Veränderung einer Größe und zwar die relative Veränderung — denn für diese interessieren wir uns bei den Indexzahlen ausschließlich — messen durch Angabe des Ausmaßes der Zu- oder Abnahme in Bruchteilen bzw. in Prozenten der ursprünglichen Größe oder aber durch Angabe des Wertes der veränderten Größe in Einheiten der ursprünglichen, wobei die letztere gleich 1 oder 100 gesetzt wird. Das letztere ist der übliche Weg in der Indexzifferberechnung und den wollen wir auch anwenden, wenn wir von der durchschnittlichen Veränderung sprechen: eine durchschnittliche Veränderung vom Werte 1 oder 100 bedeutet also, daß der durchschnittliche Wert der veränderten Einzelgrößen bezogen auf ihren ursprünglichen Wert gleich 1 oder 100 ist, daß also die ursprünglichen Größen im Durchschnitt unverändert geblieben sind oder daß sich Zunahmen und Abnahmen gegenseitig aufgehoben haben.)

Die Verkennung des grundlegenden logischen Unterschiedes zwischen der Veränderung eines Durchschnittes von einzelnen Größen und der durchschnittlichen Veränderung derselben ist eine Folge des schon mehrmals festgestellten Mangels der theoretischen Statistik, mathematisch zwar einwandfreie Formeln zu verwenden, ohne sich aber ihres sachlich-logischen Sinnes bewußt zu werden. Es ist zwar als ein Verdienst Weigels zu betrachten, daß er in seinem Aufsatz über „Indexziffern" (Jahrb. f. Nat. u. Stat., N. F. 62. Bd., 1921, II, S. 128) diesen logischen Unterschied erkannt hat;[4]) aber einerseits unterschätzt er die Bedeutung des Begriffes einer durchschnittlichen Veränderung und glaubt, daß einzig und allein die Veränderung des Durchschnittes von Interesse sei und andererseits unterläßt er es ganz, überhaupt die Frage zu stellen, ob denn das arithmetische Mittel der ädäquate Ausdruck für diesen Veränderungsdurchschnitt ist.

Denn unseres Erachtens ist es eine sehr wichtige und notwendige Folgerung aus der eben wiederholten Forderung (bei Anwendung jeder Formel ihren Sinn zu prüfen und sich Rechenschaft zu geben, ob er auf den gegebenen Sachverhalt paßt), sich zu fragen, welches von den zwei hier in erster Linie in Betracht kommenden Mittelwerten, das arithmetische oder geometrische Mittel, hier angewendet werden muß oder ob vielleicht die Verwendung beider richtig ist. Bis jetzt haben wir unbesehen das in solchen Fällen — von ganz wenigen Ausnahmen abgesehen — fast immer angewendete arithmetische Mittel genommen.

Es sei nur kurz daran erinnert, daß das arithmetische Mittel aus n Größen (a, b, c usw.) der n-te Teil ihrer Summe ist $\frac{(a+b+c\ldots)}{n}$ und das geometrische Mittel aus denselben n Größen die n-te Wurzel aus ihrem Produkt ($\sqrt[n]{a \cdot b \cdot c \ldots}$)

Eine Besinnung auf den logischen Sinn wird uns nun aber zeigen, daß hier gerade das geometrische Mittel in Frage kommt. Ich betrachte es als ein Verdienst Paul Hermbergs, in seinem Aufsatz „Die richtige Form der Indexziffer"[5]) nach

[4]) Befremdend ist es andererseits, daß ein, an so hervorragender Stelle stehender Aufsatz über „Indexziffern", wie der von Morgenroth in der 4. Aufl. des Handwörterbuches der Staatswissenschaften von diesem Unterschiede überhaupt nicht spricht, wie er überhaupt für die Theorie der Indexzahlen sehr wenig bietet, im Gegensatz zu beachtlichen Einzelheiten über die materiell-technische Seite dieses Gebietes.

[5]) Weltwirtschaftliches Archiv, 19. Bd., 1923, S. 585; siehe auch eine Antwort auf diesen Aufsatz von Paul Mommer, ebenda, 20. Bd., 1924, S. 247 und Hermberg „Erwiderung" darauf im selben Bd. S. 248.

dem Vorgang von Flux, Walsh u. a. den logischen Sinn und Unterschied dieser beiden Mittelwerte klar herausgearbeitet zu haben. Seine Formulierung dieses Gegenstandes sollte allgemeiner Besitz der statistischen Methodologie werden, wenn wir auch nicht alles, was sonst in jenem Aufsatz gesagt ist, annehmen können.

Es muß als ein Zeichen einer unentwickelten Methodologie betrachtet werden, wenn die in ihren Resultaten je nach den Größenverhältnissen der einzelnen Werte mehr oder weniger stark voneinander abweichenden Mittelwerte (wobei das geometrische Mittel immer niedriger ist als das arithmetische) wahllos nebeneinander gebraucht werden, es dem Benutzer also ohne jede Richtlinie überlassen bleibt, nach Gutdünken oder Bequemlichkeit den einen oder anderen zu wählen, bzw. in der Praxis das geometrische Mittel meist ausgeschaltet wird, aber meist nur deshalb, weil seine Resultate rechnerisch schwieriger zu gewinnen sind, weil man, wie Bortkiewicz sagt, den Gebrauch von Logarithmentafeln, die zu seiner Auffindung praktisch nötig sind, scheut.

Aber verschiedene Formeln mit verschiedenem zahlenmäßigen Ergebnis haben einen verschiedenen logisch-sachlichen Sinn. Wie kann nun der logische Unterschied des arithmetischen und des geometrischen Mittels begründet werden?

Wir könnten — in Uebereinstimmung mit Hermberg — sagen, daß der Durchschnitt aus Größen von statischem Charakter durch das arithmetische Mittel und der Durchschnitt aus Größen von dynamischem Charakter durch das geometrische Mittel ausgedrückt werden muß. Wörtlich sagt Hermberg (W. W. A., 20. Bd., S. 249): „In der Statistik dient das arithmetische Mittel zur Bestimmung eines mittleren Zustandes, das geometrische Mittel zur Bestimmung einer mittleren Bewegung.“ Mit der Veränderung des arithmetischen Mittels aus einzelnen Werten wollen wir das „Ergebnis der Veränderung“ erfassen, mit dem geometrischen Mittel aus den Einzelveränderungen den „Vorgang des Sich-änderns“. (A. a. O., 19. Bd., S. 589.)

Wollen wir Preise verschiedener Orte oder Löhne verschiedener Berufsgruppen zu einem Durchschnitt zusammenfassen, so haben wir das arithmetische Mittel zu wählen; denn es handelt sich um statische Größen, um Werte, die einen Zustand charakterisieren. Wenn wir aber die durchschnittliche Veränderung mehrerer Größen bilden wollen, so haben wir das geometrische Mittel zu wählen, denn es handelt sich hierbei um Größen, die eine Bewegung, eine Veränderung, etwas Dynamisches ausdrücken.

Ein Beispiel wird das noch deutlicher machen. Wenn von Weizen 10 Tonnen zu 180 M. und 10 Tonnen zu 200 M. verkauft worden sind, so ist selbstverständlich der Durchschnittspreis 190 M.; denn ob 10 Tonnen zu 180 M. und 10 Tonnen zu 200 M. verkauft werden oder 20 Tonnen zu 190 M., der Gesamtwert des Umsatzes bleibt derselbe: $10 \times 180 + 10 \times 200 = 20 \times 190$.

Anders aber, wenn sich eine Größe, z. B. der Preis einer bestimmten Ware, in einer Zeitspanne verdoppelt hat und eine andere Größe, Preis für eine andere Ware also, sich verachtfacht hat, so ist die mittlere Veränderung der beiden Preise 4 $(= \sqrt{2 \cdot 8})$ und nicht 5 $\left(= \frac{2+8}{2}\right)$. Denn es ist — nicht für den Veränderungseffekt, die Veränderung des Durchschnittes also, wohl aber für die durchschnittliche Veränderung — gleichgültig, ob sich eine Größe verdoppelt und die andere verachtfacht oder ob sich beide Größen vervierfachen. Die durchschnittliche Veränderungskraft eines Veränderungsschrittes, der in einer Verdoppelung, und eines solchen, der in einer Verachtfachung besteht, ist eben eine Vervierfachung.

Diesen logisch-sachlichen Unterschied zwischen dem arithmetischen und geometrischen Mittel wollen wir festhalten: das arithmetische Mittel ist die Maßgröße des Niveaus statistischer Größen, der mittleren Höhe von zuständlichen Werten. Hier wäre das geometrische Mittel sinnlos und falsch. (Man denke nur an das anschauliche Beispiel des mittleren Wasserniveaus verschiedener Seen, deren Gefälle vielleicht energetisch ausgenutzt werden soll; hier ist das arithmetische Mittel der verschiedenen Seehöhen — allerdings der mit den Wassermengen gewogenen — eine konkrete Größe, die die Wasserkräfte der Seengesamtheit mißt.)

Und andererseits ist das geometrische Mittel die Maßgröße für Veränderungen, Unterschiede, Beziehungen; denn die Mitte zwischen 2 und 8 als statischen Größen, als Maßzahlen eines Zustandes ist zwar 5, also gleich dem arithmetischen Mittel, die halbe Veränderung von 2 auf 8 ist aber eben 4. Denn der Veränderungsschritt von 1 auf 2 ist genau so groß wie der von 2 auf 4 und von 4 auf 8.

(Nur anhangsweise sei hier gefordert, eine solche Untersuchung über die logisch-sachliche Bedeutung auch der anderen Mittelwerte wie des harmonischen und des antiharmonischen Mittels anzustellen oder, falls ihnen überhaupt kein im Gebiete der Statistik anzutreffender Sinn entspricht, sie aus der Reihe der statistischen Mittelwerte zu streichen.)

Haben wir jetzt gewissermaßen **logisch** und **direkt** bewiesen, daß das **geometrische** Mittel[6]) ,das **adäquate Meßinstrument für die durchschnittliche Veränderung** ist, also der adäquate Mittelwert für unsere Reihen korrespondierender Indexziffern (sofern es sich jedenfalls um einen Mittelwert handelt, dessen Höhe von allen Einzelwerten beeinflußt wird, so wird dies noch klarer, wenn wir uns gewisse Folgerungen vor Augen halten, zu denen wir bei Anwendung des arithmetischen Mittels in solchen Fällen kommen würden. Wir zeigen so **indirekt** an der Sinnlosigkeit dieser Ergebnisse die Unrichtigkeit der Methode, zur Messung der mittleren

---

[6]) Anmerkungsweise soll hier nur erwähnt werden, was in den Lehrbüchern gewöhnlich übergangen wird, daß es nämlich, wie es neben dem ungewogenen ein gewogenes arithmetisches Mittel gibt, genau so gut auch neben dem ungewogenen geometrischen ein **gewogenes geometrisches** Mittel gibt. (Daß dasselbe auch für den häufigsten Wert und für den Medianwert gilt, wurde schon gesagt.)

Wie das gewogene geometrische Mittel zu bilden ist, zeigt wieder eine Besinnung auf die Bedeutung der Gewichtszahlen überhaupt. Wie jedes gewogene Mittel können wir auch das gewogene geometrische Mittel auf das entsprechende ungewogene zurückführen, indem wir einfach auf den ursprünglichen Sinn des gewogenen Mittelwertes zurückgehen und jeden einzelnen Wert so oft setzen, als die Gewichtszahl angibt.

Beim geometrischen Mittel heißt das natürlich, jeden einzelnen Wert, jede einzelne Komponente (Preis, Lohn usw.) entsprechend oft als Faktor setzen oder — was dasselbe ist — den sich wiederholenden Faktor mit der Zahl der Fälle, also der Gewichtszahl potenzieren und dann das Produkt dieser einzelnen Potenzen radizieren mit der Zahl der Faktoren, was in diesem Fall identisch ist mit der Summe der Gewichte.

Zur Verdeutlichung diene folgende Reihe von Werten mit den zugehörigen Gewichten a:

$$\begin{matrix} \mathrm{a}' & a' \\ \mathrm{a}'' & a'' \\ \mathrm{a}''' & a''' \\ & \cdot \\ & \cdot \\ & \cdot \end{matrix}$$

wir können dann statt $\mathrm{a}'a'$ setzen: $a'a'a' \ldots$ (a′ mal) und entsprechend statt $\mathrm{a}'' a''$. $a'' a'' a'' \ldots$ (a″ mal). Die ursprüngliche Reihe kann dann also so geschrieben werden:

$$\left.\begin{matrix} a' \\ a' \\ a' \\ \cdot \\ \cdot \\ \cdot \end{matrix}\right\} \mathrm{a}' \text{ mal} \qquad \left.\begin{matrix} a'' \\ a'' \\ a'' \\ \cdot \\ \cdot \\ \cdot \end{matrix}\right\} \mathrm{a}'' \text{ mal} \qquad \left.\begin{matrix} a''' \\ a''' \\ a''' \\ \cdot \\ \cdot \\ \cdot \end{matrix}\right\} \mathrm{a}''' \text{ mal.}$$

Wir haben somit die ursprüngliche Reihe von gewogenen Werten umgewandelt in eine solche von n ungewogenen Werten, aus der

Veränderung das arithmetische Mittel zu bilden und werden dieses Ergebnis gleichzeitig mit dem Nachweis verbinden, daß das geometrische Mittel in solchen Fällen zu sinnvollen Resultaten führt.

Vier Paradoxa sind es, die wir so behandeln wollen.

I.

Wenn von einer Anzahl Größen von einem Zeitpunkt zum anderen die eine Hälfte zugenommen und die andere Hälfte abgenommen hat, und zwar so, daß je einer Zunahme eine Abnahme in genau dem gleichen relativen Ausmaße entspricht, die einzelnen Zunahmen und Abnahmen sich also in Paare reziproker Werte zusammenfassen lassen, so müssen wir a priori erwarten — das erfordert die Logik des Sachverhaltes —, daß die durchschnittliche Veränderung gleich Null ist, die durchschnittliche Größe der veränderten Werte, gemessen an dem gleich 1 oder 100 gesetzten ursprünglichen Werten, also gleich 1 oder 100 ist.

Bei der Anwendung des arithmetischen Mittels gelangen wir aber nicht zu diesem von vornherein zu erwartenden Ergebnis. Das dabei erhaltene Ergebnis ist also sinnlos. Um das zu beweisen, gehen wir von einem einzigen Paare von Werten aus, von denen der eine im Vergleichszeitpunkt relativ um ebensoviel zugenommen hat, wie der andere abgenommen. Das würde, zunächst in einem konkreten Zahlenbeispiel, so aussehen:

	Zeitpunkt 1		
Basiswert	abs.	0 = 100	0 = 1
10	15	150	$^3/_2$
30	20	$66\,^2/_3$	$^2/_3$

Die Veränderung auf $^3/_2$ ist natürlich, von ihrer Richtung abgesehen, genau so groß, wie die in der umgekehrten Richtung

---

das geometrische Mittel nach der ursprünglichen Formel berechnet werden kann, also als:

$$\sqrt[n]{\underbrace{a'\,a'\,a'\,\ldots}_{a' \text{ mal}}\;\underbrace{a''\,a''\,a''\,\ldots}_{a'' \text{ mal}}\;\underbrace{a'''\,a'''\,a'''\,\ldots}_{a''' \text{ mal}}}$$

Da nun n = (a' + a'' + a''' + ...) = Σa ist, können wir die Formel einfacher auch so schreiben:

$$\sqrt[\Sigma a]{(\alpha')^{a'} \cdot (\alpha'')^{a''} \cdot \ldots}\,.$$

Entsprechend gilt natürlich auch die Formel:

$$\sqrt[\Sigma q]{(p')^{q'}\;(p'')^{q''}\;\ldots}\,.$$

erfolgende Veränderung auf $^2/_3$; beide müßten also als Mittelwert 1 ergeben. Das arithmetische Mittel aber ist größer als 1; denn $\frac{^3/_2 + ^2/_3}{2} = {}^{13}/_{12}$. Bei Anwendung des geometrischen Mittels erhalten wir aber das logisch zu erwartende Ergebnis 1; denn $\sqrt{^2/_3 \cdot ^3/_2} = 1$.

Die durchschnittliche Veränderung, ausgedrückt durch den Wert der durchschnittlichen veränderten Größe, der seinerseits an der ursprünglichen Größe als Einheit gemessen wird, ist also = 1 bezw. = 100. Wie groß die Veränderung des Durchschnittes ist, hängt ab von der absoluten Höhe der einzelnen Werte. In unserem Falle ist der Durchschnitt zum Zeitpunkt 0: $\frac{10 + 30}{2} = 20$ und zum Zeitpunkt 1: $\frac{15 + 20}{2} = 17{,}5$; der Gesamtindex also, der die Veränderung des Durchschnittes mißt, wäre = 87,5.

Sachlich bedeutet das, daß das Niveau, der Durchschnitt sich von 100 auf 87,5 gesenkt hat, während die durchschnittliche Veränderung = 0 war. Das ist natürlich kein Widerspruch und rührt daher, daß die durchschnittliche Veränderung das Ergebnis einer Zunahme und einer gleich starken Abnahme war, die Zunahme aber den kleineren absoluten Wert und die Abnahme den größeren absoluten Wert betraf. E i n e g l e i c h g r o ß e r e l a t i v e V e r ä n d e r u n g b e d e u t e t a b e r b e i e i n e r k l e i n e r e n Z a h l w e n i g e r a l s b e i e i n e r g r ö ß e r e n.

Wenn es umgekehrt ist, wie in dem folgenden Beispiel, findet bei derselben durchschnittlichen Veränderung, nämlich gleich Null bzw. 1 oder 100, eine Vergrößerung des Durchschnittes statt:

	Zeitpunkt 1		
Basiswert	**abs.**	**0 = 100**	**0 = 1**
20	30	150	$^3/_2$
15	10	66 $^2/_3$	$^2/_3$

Der Durchschnitt zum Zeitpunkt 0 ist: $\frac{20 + 15}{2} = 17{,}5$, der Durchschnitt zum Zeitpunkt 1 dagegen: $\frac{30 + 10}{2} = 20$, der Generalindex also: $\frac{20 \cdot 100}{17{,}5} = 114{,}3$.

Hier ist der Durchschnitt also g e s t i e g e n bei gleichbleibender durchschnittlicher Größe der Einzelwerte. Das kommt natürlich daher, daß diesmal der größere Wert zugenommen hat und der kleinere abgenommen; e i n e g l e i c h - g r o ß e r e l a t i v e V e r ä n d e r u n g b e d e u t e t a b e r natürlich bei einer größeren Zahl mehr als bei einer kleineren.

Und schließlich können wir das Beispiel so konstruieren, daß die Meßziffer sowohl für die durchschnittliche Veränderung als auch für die Veränderung des Durchschnittes gleich 1 bzw. 100 wird; das geschieht nämlich dann, wenn der kleinere absolute Wert des ersten Zeitpunktes übereinstimmt mit dem kleineren absoluten Werte des zweiten Zeitpunktes, die Zahlen also wie folgt lauten:

	Zeitpunkt 1		
Basiswert	**abs.**	0 = 100	0 = 1
10	15	150	$^3/_2$
15	10	$66\,^2/_3$	$^2/_3$

Der Durchschnitt zum Zeitpunkt 0 und zum Zeitpunkt 1 ist dann: $\frac{10 + 15}{2} = 12{,}5$, der Generalindex also gleich 1 oder 100.

Diese Beispiele werden noch einmal den gewaltigen logischen und sachlichen Unterschied zwischen der Veränderung eines Durchschnittes und der durchschnittlichen Veränderung klargemacht haben.

(Es läßt sich nun mathematisch beweisen, daß in allen solchen Fällen, in denen einer relativen Zunahme eine gleichgroße relative Abnahme gegenübersteht, das geometrische Mittel zwar immer und notwendig gleich 1 ist, das arithmetische aber notwendigerweise davon abweicht, und zwar immer größer als 1 ist, also ein Spezialfall des allgemeinen Satzes, daß das geometrische Mittel immer kleiner als das arithmetische ist.

Der Beweis des Satzes, der sich so formulieren läßt, daß das arithmetische Mittel aus zwei einander reziproken Größen immer und notwendig größer als 1 sein muß, läßt sich so führen:

wenn a die Maßzahl der relativen Zunahme sein soll (Zunahme auf das afache), so ist die Maßzahl für die gleichgroße relative Abnahme 1/a. Die Maßzahl für die durchschnittliche Veränderung muß dann logisch, wie wir wissen, 1 sein; das ergibt sich auch, wenn wir das geometrische Mittel anwenden; denn: $\sqrt{a \cdot {}^1/_a} = 1$.

Wollen wir nun — im Anschluß an I. Fisher — beweisen, daß $\frac{a + {}^1/_a}{2} > 1$ sein muß, so zerlegen wir zunächst a, das nach unserer Voraussetzung größer als 1 ist, in zwei Summanden, so daß $a = 1 + k$ und setzen entsprechend $^1/_a = \frac{1}{1 + k}$

Dann ist:

$$\frac{a + {}^1/_a}{2} = \frac{1 + k + {}^1/_{(1 + k)}}{2}$$

Durch Umformung erhalten wir:

$$\frac{(1 + k)^2 + 1}{2 + 2k} \text{ oder } \frac{2 + 2k + k^2}{2 + 2k}$$

Wenn wir diesen Bruch in der Form

$$1 + \frac{k^2}{2 + 2k}$$

schreiben, so ist ohne weiteres ersichtlich, daß er, der seinerseits gleich $\frac{a + {}^1/_a}{2}$ ist, größer als 1 ist, womit bewiesen ist, daß:

$$\frac{a + {}^1/_a}{2} > 1.)$$

II.

Ein weiterer Fall, in dem das arithmetische Mittel als Ausdruck der durchschnittlichen Veränderung zu einem Paradoxon führt, ist folgender: wenn die durchschnittliche Veränderung vom Zeitpunkt 0 auf den Zeitpunkt 1 den Wert V hat, so erwarten wir — wiederum aus logischen Erwägungen — daß der durchschnittliche Unterschied der Werte des Zeitpunktes 0 gegenüber denen des Zeitpunktes 1 — von Veränderung können wir hier nicht sprechen, da von ihr ja nur in der Richtung der fortschreitenden Zeit gesprochen werden kann — den Wert 1/V hat. Oder wenn wir in diesem Falle — wegen der Nichtumkehrbarkeit der Zeitrichtung — das Beispiel eines örtlichen Vergleiches wählen wollen: wenn die Löhne in A durchschnittlich Vmal so hoch sind wie in B, so erwarten wir, daß sie in B 1/V-mal so hoch sind wie in A.

Es handelt sich hier also um eine Umkehrbarkeitseigenschaft, die wir ganz in gleicher Weise auch bei der Veränderung des Durchschnittes gefunden hatten, um die Eigenschaft, daß bei einer Umkehrung der Vergleichsrichtung sich reziproke Werte ergeben müssen bzw. daß das Produkt der beiden Meßziffern, die wir bei dem Vergleiche in der einen und in der umgekehrten Richtung erhalten, gleich 1 ist: $V_{0,1} \times V_{1,0} = 1$.

Daß diese Umkehrbarkeitseigenschaft bei einem Vergleiche der Durchschnitte, der Niveaus vorhanden, das Kriterium, der Test also erfüllt ist, sahen wir schon oben. Wir werden auch ohne weiteres sehen, daß er erfüllt ist, wenn wir bei der Bildung des durchschnittlichen Unterschiedes in richtiger Weise verfahren und das geometrische Mittel nehmen.

Ein schematisches Beispiel wird das wieder klarmachen. Die Reihe I stellt die Werte irgendeiner Erscheinung zum Zeitpunkte 1 oder am Orte 1 dar, die Reihe II die entsprechenden Werte zum Zeitpunkte 2 oder am Orte 2, die Reihe I, II die relative Größe der einzelnen Werte der Reihe II bezogen auf die Reihe I und umgekehrt die Reihe II, I die relative Größe der einzelnen Werte der Reihe I bezogen auf die Werte der Reihe II:

I	II	I, II	II, I
p'_1	p'_2	p'_2/p'_1	p'_1/p'_2
p''_1	p''_2	p''_2/p''_1	p''_1/p''_2
p'''_1	p'''_2	p'''_2/p'''_1	p'''_1/p'''_2
.	.	.	.
.	.	.	.
.	.	.	.

Es ist ohne weiteres ersichtlich, daß die mittlere Veränderung oder der mittlere Unterschied in der Richtung 1 auf 2 — wir wollen diese Größe mit $V_{1,2}$ bezeichnen — gleich dem geometrischen Mittel aus den Werten der Reihe I, II sein muß und die mittlere Veränderung in der umgekehrten Richtung, $V_{2,1}$, gleich dem geometrischen Mittel aus der Reihe II, I, also:

$$V_{1,2} = \sqrt[n]{\frac{p'_2}{p'_1} \cdot \frac{p''_2}{p''_1} \cdot \ldots\ldots} \quad \text{und}$$

$$V_{2,1} = \sqrt[n]{\frac{p'_1}{p'_2} \cdot \frac{p''_1}{p''_2} \cdot \ldots\ldots}$$

Also $V_{1,2} \cdot V_{2,1} = 1$ oder $V_{1,2} = \frac{1}{V_{2,1}}$.

Daß diese Umkehrbarkeit übrigens auch bei gewogenen Mittelwerten gilt, ist a priori zu erwarten und ergibt sich auch ohne weiteres aus den entsprechenden Formeln:

$$V_{1,2} = \sqrt[\Sigma q]{\left(\frac{p'_2}{p'_1}\right)^{q'} \times \left(\frac{p''_2}{p''_1}\right)^{q''} \times \ldots} \quad \text{u.} \quad V_{2,1} = \sqrt[\Sigma q]{\left(\frac{p'_1}{p'_2}\right)^{q'} \times \left(\frac{p''_1}{p''_2}\right)^{q''} \times \ldots}$$

Auch hier ist:

$$V_{1,2} \times V_{2,1} = 1 \text{ oder } V_{1,2} = \frac{1}{V_{2,1}}.$$

Es läßt sich nun mathematisch beweisen, daß bei Anwendung des arithmetischen Mittels das Produkt aus den entsprechenden zwei durch Umkehrung miteinander verbundenen Mittelwerten stets größer ist als 1, das Ergebnis also sinnlos ist.

(Nur in dem einen Sonderfalle, daß alle Einzelindices gleichgroß sind, sich also alle einzelnen Komponenten um gleichviel verändert haben, ist die Umkehrung auch bei Anwendung des arithmetischen Mittels möglich: die Formel $\frac{\Sigma \frac{p_2}{p_1}}{n}$ wird dann zu $\frac{n \cdot \frac{p_2}{p_1}}{n}$ oder $\frac{p_2}{p_1}$.)

Der Nachweis ist etwas schwieriger zu führen, soll aber hier doch gegeben werden, und zwar im Anschluß an I. Fisher, der auf solche rechnerischen Zusammenhänge sehr ausführlich eingeht. Wir haben also zu beweisen, daß:

$$\frac{\frac{p'_2}{p'_1} + \frac{p''_2}{p''_1} + \frac{p'''_2}{p'''_1} + \ldots\ldots}{n} \quad \text{und} \quad \frac{\frac{p'_1}{p'_2} + \frac{p''_1}{p''_2} + \frac{p'''_1}{p'''_2} + \ldots\ldots}{n}$$

nicht nur keine reziproken Werte sind, sondern ihr Produkt immer größer als 1 ist, also daß:

$$\left(\frac{p'_2}{p'_1} + \frac{p''_2}{p''_1} + \frac{p'''_2}{p'''_1} + \ldots\ldots\right) \times \left(\frac{p'_1}{p'_2} + \frac{p''_1}{p''_2} + \frac{p'''_1}{p'''_2} + \ldots\ldots\right) > n^2$$

Da in jeder Klammer n Summanden stehen, erhalten wir ein Produkt aus n^2 Summanden. Wenn wir nun die beiden Faktoren des Produktes, wie folgt, untereinander schreiben:

$$\frac{p'_2}{p'_1} + \frac{p''_2}{p''_1} + \frac{p'''_2}{p'''_1} + \ldots\ldots$$

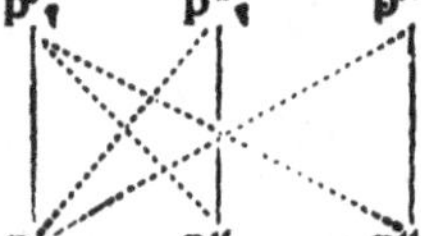

$$\frac{p'_1}{p'_2} + \frac{p''_1}{p''_2} + \frac{p'''_1}{p'''_2} + \ldots\ldots,$$

so sehen wir sofort, daß von den n^2 Summanden n den Wert 1 haben, nämlich alle durch Multiplikation der untereinander stehenden Glieder entstehenden. Von den übrigen Summanden bilden immer 2 ein paar reziproker Werte: $\frac{p'_1}{p'_2} \times \frac{p''_2}{p''_1}$ und $\frac{p'_2}{p'_1} \times \frac{p''_1}{p''_2}$ usw. Das gilt für alle oben durch schräge, gestrichelte Linien gekennzeichneten Teilprodukte.

Wir wissen nun, daß das arithmetische Mittel aus zwei reziproken Zahlen immer größer als 1, die Summe also (die ja das Doppelte des arithmetischen Mittels ist) größer als 2 ist. Also besteht das obige Produkt aus den beiden in der Klammer stehenden Ausdrücken aus n^2 Summanden, von denen n den Wert

1 haben und die übrigen paarweise größer als 2 sind, die Summe von allen zusammen muß also größer sein als n^2. Und das sollte bewiesen werden.

III.

Das eben gekennzeichnete, bei der Anwendung des arithmetischen Mittels eintretende Paradoxon kann sogar in bestimmten Fällen eine ganz besonders groteske Form annehmen, nämlich die, daß — wenn wir bei dem hier anschaulicheren zwischenörtlichen Vergleiche bleiben wollen — der durchschnittliche Unterschied der Preise, Löhne usw. im Orte B, gemessen an denen im Orte A, nicht nur nicht den reziproken Wert darstellt von dem durchschnittlichen Unterschied der Preise usw. im Orte B, gemessen an denen im Orte A — daß das nicht der Fall ist, sahen wir schon eben —, sondern daß die Preise in A durchschnittlich höher sind als in B und in B *ebenfalls* durchschnittlich höher als in A.

Daß die Preise in A durchschnittlich *niedriger* erscheinen als in B und ebenso in B *niedriger* als in A, kann auch bei fälschlicher Anwendung des arithmetischen Mittels nicht eintreten, weil, wie wir wissen (siehe oben S. 172),

$$\frac{a + b + c + \;\ldots}{n} \times \frac{1/a + 1/b + 1/c + \ldots}{n} > 1,$$

eine Ungleichung, die natürlich nicht erfüllt sein kann, wenn beide Faktoren dieses Produktes kleiner als 1 sind.

Den Fall aber, daß bei Anwendung des arithmetischen Mittels die Preise, Löhne usw. sowohl in A durchschnittlich höher erscheinen als in B, als auch in B durchschnittlich höher als in A — Entsprechendes würde natürlich von zwei Zeitpunkten gelten —, wollen wir wieder an einem einfachen Zahlenbeispiel klarmachen: wir gehen dabei wieder von dem einfachen Fall einer komplexen Größe aus, die aus nur zwei Komponenten besteht und setzen für die Unterschiede dieser Komponenten an den beiden Orten 1 und 2 bzw. zu den Zeitpunkten 1 und 2 die nachstehend angegebenen konkreten Zahlenwerte:

2 bez. auf 1:	1 bez. auf 2:
$^3/_5$	$^5/_3$
$^3/_2$	$^2/_3$

Der durchschnittliche Unterschied in der Richtung 1,2 ($V_{1,2}$) würde bei Anwendung des arithmetischen Mittels betragen:

$$V_{1,2} = \frac{^3/_5 + {}^3/_2}{2} = \frac{6 + 15}{20} = \underline{^{21}/_{20}}.$$

Entsprechend wäre der durchschnittliche Unterschied in der umgekehrten Richtung:

$$V_{2,1} = \frac{5/_8 + 2/_8}{2} = 7/_6.$$

Beide Werte ($V_{1,2}$ und $V_{2,1}$) sind also größer als 1.

Ein anderes Beispiel wäre das folgende:

2 bez. auf 1:	1 bez. auf 2:
$4/_9$	$9/_4$
$7/_4$	$4/_7$

$$V_{1,2} = \frac{4/_9 + 7/_4}{2} = \frac{63 + 16}{72} = \underline{79/_{72}}.$$

$$V_{2,1} = \frac{9/_4 + 4/_7}{2} + \frac{63 + 16}{56} = \underline{79/_{56}}.$$

Es ist nicht allzu schwer, die mathematischen Bedingungen zu formulieren, unter denen dieses extrem paradoxe Resultat entsteht:

Zunächst ist natürlich klar, daß — wenn wir bei dem einfachen Beispiel von zwei Werten bleiben — der eine über, der andere unter 1 liegen muß; denn liegen sie beide unter oder über 1, so muß entweder das arithmetische Mittel aus diesen beiden Zahlen selbst oder das aus ihren reziproken Werten unter 1 liegen; und wir interessierten uns ja gerade für Fälle, in denen beide Werte über 1 liegen.

Um die mathematischen Voraussetzungen für das Auftreten des in Rede stehenden Ergebnisses zu erkennen, wollen wir den Wert unter 1 mit $\frac{a - c}{a}$ und den Wert über 1 mit $\frac{b + d}{b}$ bezeichnen, wobei a, b, c und d positive Größen sind und $c < a$.

Das erwähnte Paradoxon wird dann durch folgende zwei Ungleichungen ausgedrückt, die beide nebeneinander bestehen müssen:

$$V_{1,2} = \frac{\frac{a - c}{a} + \frac{b + d}{b}}{2} > 1 \text{ und}$$

$$V_{2,1} = \frac{\frac{a}{a - c} + \frac{b}{b + d}}{2} > 1.$$

Es muß dann sein $\frac{a - c}{a} < 1$ und $\frac{b + d}{b} > 1$; das ist jene Voraussetzung, von der wir eben schon sprachen. (Erste Voraussetzung).

Wenn wir die erste Ungleichung umformen, erhalten wir:

$$\begin{aligned} (a-c)\,b + (b+d)\,a &> 2ab \\ ab - bc + ab + ad &> 2ab \\ ad &> bc \\ \frac{c}{a} &< \frac{d}{b}. \end{aligned}$$

Das wäre die 2. Voraussetzung, die also besagt, daß der kleinere Wert weniger unter 1 liegen müsse als der größere Wert über 1.

Wenn wir schließlich die zweite der obigen Ungleichungen umformen, erhalten wir:

$$\begin{aligned} a(b+d) + b(a-c) &> 2(a-c)(b+d) \\ ab + ad + ab - bc &> 2ab - 2bc + 2ad - 2cd \\ 0 &> ad - bc - 2cd \\ ad &< bc + 2cd \quad \text{(3. Voraussetzung.)} \end{aligned}$$

Es lassen sich hiernach unter Berücksichtigung jener drei Voraussetzungen beliebig viele Zahlenpaare zusammenstellen, bei denen sowohl das arithmetische Mittel dieser Zahlen selbst, als auch das ihrer reziproken Werte größer als 1 ist.

Daß bei Anwendung des geometrischen Mittels im Falle unserer Reihen korrespondierender Indexziffern die Sinnlosigkeit dieses Ergebnisses verschwindet, erhellt von selbst, da das unter III. dargestellte Paradoxon ja überhaupt nur ein Sonderfall von dem unter II. dargestellten ist. Es lohnte sich aber, diesen Sonderfall besonders herauszuheben, da er besonders kraß die Sinnlosigkeit des arithmetischen Mittels als Meßziffer des durchschnittlichen Unterschiedes mehrerer Größen aufzeigt. Denn daß die Preise in A teurer als in B sein sollen und gleichzeitig in B teurer als in A, ist doch eine zu deutlich absurde Folgerung.

IV.

Eine weitere logische Sinnlosigkeit ergibt sich bei der Anwendung des arithmetischen Mittels aus Reihen korrespondierender Indexziffern, wenn wir die Interkalierbarkeit untersuchen. Wir erwarten rein logisch, daß die Meßziffern für die durchschnittliche Veränderung oder den durchschnittlichen Unterschied interkalierbar sind, d. h. daß, wenn der durchschnittliche Unterschied zwischen dem Zeitpunkt 0 und dem Zeitpunkt 1 gleich $V_{0,1}$ und der zwischen dem Zeitpunkt 1 und dem Zeitpunkt 2 $V_{1,2}$ ist, dann derjenige zwischen dem Zeitpunkt 0 und dem Zeitpunkt 2 gleich dem Produkte jener beiden anderen sein muß, also:

$$V_{0,2} = V_{0,1} \times V_{1,2}\,.$$

Daß das geometrische Mittel diesen Forderungen entspricht, zeigen folgende Formeln:

$$V_{0,1} = \sqrt[n]{\frac{p'_1}{p'_0} \cdot \frac{p''_1}{p''_0} \cdots\cdots}$$

$$V_{1,2} = \sqrt[n]{\frac{p'_2}{p'_1} \cdot \frac{p''_2}{p''_1} \cdots\cdots},$$

also:

$$V_{0,2} = V_{0,1} \times V_{1,2} = \sqrt[n]{\frac{p'_2}{p'_0} \cdot \frac{p''_2}{p''_0} \cdots\cdots}.$$

Entsprechendes gilt für das gewogene geometrische Mittel

$$V_{0.1} = \sqrt[\Sigma q]{\left(\frac{p'_1}{p'_0}\right)^{q'} \cdot \left(\frac{p''_1}{p''_0}\right)^{q''} \cdots\cdots}$$

$$V_{1,2} = \sqrt[\Sigma q]{\left(\frac{p'_2}{p'_1}\right)^{q'} \cdot \left(\frac{p''_2}{p''_1}\right)^{q''} \cdots\cdots}$$

$$V_{0,2} = \sqrt[\Sigma q]{\left(\frac{p'_2}{p'_0}\right)^{q'} \cdot \left(\frac{p''_2}{p''_0}\right)^{q''} \cdots\cdots}$$

Daß die Interkalierbarkeit aber bei Anwendung des arithmetischen Mittels nicht gegeben ist, sieht man sofort, wenn man folgende Ungleichung ins Auge faßt:

$$\frac{\frac{p'_1}{p'_0} + \frac{p''_1}{p''_0} + \frac{p'''_1}{p'''_0} \cdots}{n} \times \frac{\frac{p'_2}{p'_1} + \frac{p''_2}{p''_1} + \frac{p'''_2}{p'''_1} \cdots}{n} \lessgtr \frac{\frac{p'_2}{p'_0} + \frac{p''_2}{p''_0} + \frac{p'''_2}{p'''_0} \cdots}{n}$$

Bis jetzt hatten wir uns im wesentlichen nur mit dem logischen Unterschied der durchschnittlichen Veränderung von einzelnen Größen und der Veränderung ihres Durchschnittes und mit den zur Berechnung dieser Werte erforderlichen Formeln beschäftigt. Wir sprachen aber kaum noch davon, wie weit die Ergebnisse zahlenmäßig voneinander abweichen können. Gewöhnlich werden ja feinere Untersuchungen auf dem Gebiete der Indexberechnung mit dem Einwande abgelehnt, daß die verschiedenen zahlenmäßigen Ergebnisse, die bei der Anwendung verschiedener Formeln gewonnen werden, viel zu wenig voneinander abwichen, und daß viel wichtiger als genaue Formeln genaue Unterlagen (Preisnotierungen, Lohnangaben usw.) seien.

Daß es mit den letzteren sehr oft äußerst mangelhaft bestellt ist, kann natürlich nicht bestritten werden. Aber abgesehen davon, daß bei Verbesserung der Ausgangswerte der Einfluß der Formel ein immer größerer wird, ganz abgesehen ferner davon, daß es ein logisches Bedürfnis ist, mit einwandfreien Formeln sinngemäß vorzugehen und es oft ebenso leicht ist, mit richtigen wie mit falschen Formeln zu operieren, ist der Unterschied im Ergebnis doch oft groß genug.

Wenn wir uns nun im folgenden in einem kurzen Ueberblick mit der Frage beschäftigen wollen, wie weit die zahlenmäßigen Ergebnisse der Veränderung des Durchschnittes und der durchschnittlichen Veränderung voneinander abweichen können, bzw. wovon die größere oder geringere Differenz beider Ergebnisse abhängt, so wollen wir damit gleich verknüpfen, ja sogar ausgehen von einer Gegenüberstellung der Formeln für die Veränderung des Durchschnittes und dem a r i t h m e t i s c h e n M i t t e l aus den Einzelveränderungen, obgleich wir wissen, daß das letztere weder ein echtes Maß für die durchschnittliche Veränderung, noch ein Maß für die Veränderung des Durchschnittes ist. Aber in der Praxis kommen diese beiden Formeln am häufigsten vor, und die Erörterung der Frage nach der Größe der Abweichungen in ihren Ergebnissen ist besonders dringend.

Wir vergleichen also im folgenden nachstehende 3 Formeln miteinander:

1. $$\frac{p'_1 q' + p''_1 q'' + p'''_1 q''' + \ldots\ldots}{p'_0 q' + p''_0 q'' + p'''_0 q''' + \ldots\ldots}$$

2. $$\frac{\frac{p'_1}{p'_0} q' + \frac{p''_1}{p''_0} q'' + \frac{p'''_1}{p'''_0} q''' + \ldots\ldots}{q' + q'' + q''' \ldots\ldots\ldots}$$

3. $$\sqrt[\Sigma q]{\left(\frac{p'_1}{p'_0}\right)^{q'} \times \left(\frac{p''_1}{p''_0}\right)^{q''} \times \left(\frac{p'''_1}{p'''_0}\right)^{q'''} \ldots\ldots\ldots}$$

Von diesen drei Formeln haben nur 1. und 3. eine von uns nun ausführlich erörterte logische Bedeutung, während 2. eigentlich ohne jeden logischen Sinn ist, aber wegen ihrer häufigen Anwendung von uns mitberücksichtigt werden soll.

Daß diese drei Formeln in ihren Ergebnissen im allgemeinen voneinander abweichen müssen, ist klar; inwieweit sie es tun, soll jetzt von uns untersucht werden. Diese Untersuchung wollen wir aber einleiten mit dem seltenen Ausnahmefall, daß alle drei Formeln zu demselben zahlenmäßigen Ergebnis führen, was logisch bedeutet, daß die Veränderung des Durchschnittes und die durchschnittliche Veränderung gleichgroß sind.

Dieser Fall tritt dann ein, wenn die Einzelindices alle denselben Wert haben, wenn also alle einzelnen Komponenten in demselben Maße zu- oder abgenommen haben. Dann wird nämlich auch die Veränderung des Durchschnittes und die durchschnittliche Veränderung gleich der Veränderung aller Einzelgrößen.

Das wird sofort klar, wenn wir den Wert der Einzelindices gleich c setzen, so daß also $c = \frac{p'_1}{p'_0} = \frac{p''_1}{p''_0} = \frac{p'''_1}{p'''_0} = \ldots\ldots;$ dann wird nämlich aus Formel 1:

$$\frac{cp'_0 q' + cp''_0 q'' + cp'''_0 q''' \ldots\ldots\ldots}{p'_0 q' + q''_0 q'' + p'''_0 q''' \ldots\ldots\ldots} = \underline{c},$$

aus Formel 2:

$$\frac{cq' + cq'' + cq''' + \ldots\ldots}{q' + q'' + q''' + \ldots\ldots} = \underline{c}$$

und aus Formel 3:

$$\sqrt[\Sigma q]{\left(\frac{cp'_0}{p'_0}\right)^{q'} \cdot \left(\frac{cp''_0}{p''_0}\right)^{q''} \cdot \left(\frac{cp'''_0}{p'''_0}\right)^{q'''} \ldots \times} \; \sqrt[\Sigma q]{c^{\Sigma q}} = \underline{c}\,.$$

Obgleich der eben besprochene Sonderfall natürlich kaum je verwirklicht ist, können wir immerhin aus ihm den Satz entnehmen, daß *die Veränderung des Durchschnittes und die durchschnittliche Veränderung um so weniger voneinander abweichen, je weniger die Veränderungsgrößen der einzelnen Komponenten voneinander abweichen.*

Um nun einen tieferen Einblick in die Ursachen der mehr oder weniger starken Abweichung der beiden Werte zu bekommen, wollen wir von fingierten Zahlen ausgehen, die irgendwelche intensiven statistischen Größen (Preise, Löhne, Aktienkurse, Frachten usw.) bzw. ihre Veränderungen darstellen sollen. Der Einfachheit halber nehmen wir den Fall gleicher Gewichte an. Wir vergleichen zunächst die Ergebnisse von Formel 1 und 2, die, wie gesagt, nebeneinander in der Indexzifferberechnung eine große Rolle spielen:

Basis	Beispiel 1		Beispiel 2		Beispiel 3		Beispiel 4	
	abs.	rel.	abs.	rel.	abs.	rel.	abs.	rel.
70	80	114,3	60	85,7	77	110	63	90
90	100	111,1	80	88,9	99	110	81	90
190	180	94,7	200	105,3	171	90	209	110
210	200	95,2	220	104,8	189	90	231	110
140 100	140 100	103,8*)	140 100	96,2*)	134 95,7	100*)	146 104,3	100*)

*) Arithmetisches Mittel der Einzelindices.

Wenn wir von obigen 4 Basiswerten in Beispiel 1 sowohl als auch in Beispiel 2 2 um 10 Punkte erhöhen und 2 um ebensoviel Punkte erniedrigen, so bleibt natürlich in beiden Fällen das Niveau unverändert, der Generalindex, die Meßziffer für die Veränderung des Durchschnittes also, gleich 100. Aber der arithmetische Durchschnitt der Einzelindices liegt in Beispiel 1 über 100 (ist = 103,8) und in Beispiel 2 unter 100 (= 96,2).

Das kommt daher, daß die Zunahme um 10 Punkte sich in Beispiel 1 erstreckt auf die kleineren absoluten Werte und die Abnahme auf die größeren, so daß die relative Zunahme die relative Abnahme überwiegen muß; denn der absolute Wert 10 bedeutet von 70 und 90 natürlich einen größeren Prozentsatz als von 190 und 210. Umgekehrt liegt der Fall in Beispiel 2.

Wie in Beispiel 1 und 2 das Niveau unverändert blieb, aber das arithmetische Mittel der Einzelindices, also die Ergebnisse unserer Formel 2 (siehe S. 177) nach oben und unten von ihm abwichen, ist in Beispiel 3 und 4 gerade der arithmetische Durchschnitt der Einzelindices derselbe, aber die Veränderungsgröße des Niveaus, der Generalindex, weicht einmal nach unten und einmal nach oben von ihm ab. Auch hier ist der Grund leicht einzusehen: in beiden Fällen sind je 2 Werte um 10% gestiegen und 2 um ebensoviel gefallen; der arithmetische Durchschnitt muß also in beiden Fällen eine Aufhebung der Veränderung bewirken, während das Niveau sich senkt oder hebt, je nachdem die Vergrößerung die kleineren und die Verkleinerung die größeren Werte betrifft oder umgekehrt.

Die Veränderungen des Niveaus, die Ergebnisse der Formel 1 also, hängen eben nur ab, von den absoluten Differenzen zwischen den ursprünglichen und den veränderten Werten, gleichgültig, ob sich diese Differenzen auf große oder kleine absolute Werte beziehen, die Ergebnisse der Formel 2 aber von dem Quotienten der beiden Werte, also von den relativen Veränderungen, wiederum gleichgültig, ob sie sich auf große oder kleine absolute Werte beziehen; gleichgroße absolute Differenzen können aber mit größeren oder kleineren entsprechenden Quotienten verbunden sein, je nachdem sie sich auf kleinere oder größere absolute ursprüngliche Werte beziehen, und umgekehrt können gleichgroße Quotienten verbunden sein mit größeren oder kleineren absoluten Einzeldifferenzen, je nachdem sie sich auf größere oder kleinere ursprüngliche absolute Werte beziehen.

Die nach Formel 2 berechneten Ziffern haben nun nach unseren Ueberlegungen überhaupt keine logisch-sachliche Bedeutung, sie werden aber berechnet in der Annahme, daß sie echte Generalindexziffern, also Meßziffern für Niveauveränderungen seien. Wenn wir von dieser Annahme ausgehen, so erkennen wir, daß nach der Formel 1 berechnete Generalindexziffern in dem einen Falle (Beispiel 1 und 2) ein Gleichbleiben des Niveaus anzeigen, während nach der Formel 2 berechnete einmal ein Steigen und das andere Mal ein Fallen anzeigen. In Beispiel 3 und 4 ist es gerade umgekehrt. Hieraus wird es besonders offensichtlich, daß nicht beide Formeln nebeneinander einwandfreie Hilfsmittel zur Indexzifferberechnung sein können.

Wenn wir nun noch die Ergebnisse nach Formel 3, der von uns als einwandfrei befundenen Formel für die durchschnittliche Veränderung, damit vergleichen wollen, so brauchen wir uns nur zu erinnern, daß das geometrische Mittel stets kleiner ist als das arithmetische, daß also in Beispiel 1 und 3 der Unterschied von Formel 1 und 3 kleiner wird als der von Formel 1 und 2, in Beispiel 2 und 4 aber größer. Wovon aber seinerseits der Unterschied von Formel 2 und 3 abhängt, ist oben schon gestreift worden: je größer die Unterschiede zwischen den Werten, aus denen das Mittel gebildet werden soll, sind, um so größer ist die Abweichung des geometrischen Mittels von dem arithmetischen.

Daß der Unterschied zwischen Formel 1 und 2, die beide als Generalindices bezeichnet werden, von denen aber nur eine diesen Namen verdient, auch bei Verwendung von Gewichtszahlen nicht geringer werden muß, wird der mathematisch Geschulte ohne weiteres erkennen. Der Unterschied kann größer oder geringer werden.

Bei Verwendung der Gewichte darf aber nicht übersehen werden, daß als Gewichte nur die Mengen in Betracht kommen (die Faktoren a bzw. q), nicht aber — wie man bisweilen meint — die Produkte $a\alpha$ bzw. qp, bei einer Preisstatistik also die umgesetzten Mengen, nicht die umgesetzten Werte. Das geht einfach aus dem Begriff der Gewichte hervor, demzufolge diese die Zahl bedeuten, die angibt, wie oft, in welchem Umfange der betreffende Preis, Lohn usw. berücksichtigt werden muß.

Wenn I. Fisher sagt, bei einem Preisindex könnten die umgesetzten Mengen nicht als statistische Gewichte genommen werden, weil es für Preise nicht eine vergleichbare Einheit gäbe, so hat er recht. Er ist aber völlig im Unrecht, wenn er nun an Stelle der umgesetzten Mengen die umgesetzten Werte setzt (also die Produkte aus Menge und Preis, die pq).

Diese zu verwenden, ist in den meisten Fällen unlogisch. Die Folgerung aus dem Sachverhalt ist aber die, daß streng genommen — wenigstens im allgemeinen — kein gewogener Durchschnitt von Preisveränderungen berechnet werden kann, abgesehen von jenen Fällen, wo es gelingt, eine vergleichbare Einheit zu finden, z. B. bei gleichartigen Waren oder bei Zurückführung der Mengenangaben von Nahrungsmitteln und Heizstoffen auf Kalorien (siehe oben S. 73 f.).

Die Unrichtigkeit der Produkte als Gewichtszahlen wird auch dadurch nicht entkräftet, daß bei Verwendung dieser Gewichte die Formel 2 unter bestimmten Bedingungen mit der Formel 1 zusammenfällt, vorausgesetzt, daß bei letzterer die Mengen und nicht die Werte als Gewichte genommen werden. Aus Formel 2, die bei Verwendung von q_0 so lautet:

$$\frac{q'_0 \frac{p'_1}{p'_0} + q''_0 \frac{p''_1}{p''_0} + q'''_0 \frac{p'''_1}{q'''_0} + \ldots\ldots}{q'_0 + q''_0 + q'''_0 \ldots\ldots},$$

wird dann:

$$\frac{q'_0 p'_0 \frac{p'_1}{p'_0} + q''_0 p''_0 \frac{p''_1}{p''_0} + q'''_0 p'''_0 \frac{p'''_1}{p'''_0} + \ldots\ldots}{q'_0 p'_0 + q''_0 p''_0 + q'''_0 p'''_0 + \ldots\ldots}$$

oder:

$$\frac{q'_0 p'_1 + q''_0 p''_1 + q'''_0 p'''_1 + \ldots\ldots}{q'_0 p'_0 + q''_0 p''_0 + q'''_0 p'''_0 + \ldots\ldots},$$

also eine Formel, die identisch ist mit unserer Formel 1.

Gegen die Meinung nun, die aus diesem Zusammenfallen der beiden Formeln den Schluß zieht, daß die Umsatzwerte als Gewichte zu verwenden seien und daß es auch keinen Unterschied gäbe zwischen Veränderung des Durchschnittes und durchschnittlicher Veränderung, ist aber folgendes einzuwenden:

1. Das Zusammenfallen der beiden Formeln findet überhaupt nur statt, wenn wir die Umsatzwerte der Basiszeit benutzen, aber natürlich nicht, wenn wir die des verglichenen Zeitpunktes $(q_1 p_1)$ oder irgendwelche anderen Durchschnitts-$\left(\frac{q_0 p_0 + q_1 p_1}{2}\right)$ oder Normalwerte einsetzen, was doch, wie wir wissen, logisch berechtigt und sinnvoll ist.

2. Das Zusammenfallen der beiden Formeln findet ferner nur statt, wenn bei der Berechnung der durchschnittlichen Veränderung das arithmetische, statt des einzig und allein richtigen geometrischen Mittels verwendet wird.

3. Davon abgesehen, würde das Zusammenfallen nur bedeuten können, daß die Veränderung des richtig mit den Mengen gewogenen Durchschnittes oder der entsprechenden Summe rechnerisch zusammenfalle mit der mit den Umsatzwerten gewogenen durchschnittlichen Veränderung, aber gerade nicht, daß schlechthin Veränderung des Durchschnittes und durchschnittliche Veränderung identisch seien.

In allen Fällen, wo die scheinbare Notwendigkeit, bei dem arithmetischen Durchschnitt von Veränderungen die Produkte qp als Gewichte zu verwenden, nicht vorliegt, z. B. bei einem Lohnindex, wird es ja sofort ersichtlich, daß Formel 1 und 2 nichts weniger als zusammenfallen.[7])

Wenn also auch durch die eben angeführten Argumente das rechnerische Zusammenfallen der Ergebnisse der oben nebeneinandergestellten Formeln bzw. die Möglichkeit, den Index einer Summe oder eines Durchschnittes in die Form eines (allerdings immer arithmetischen) Durchschnittes von Einzelindices überzuführen, nicht zu einer Aufhebung des grundlegenden Unterschiedes zwischen Veränderung eines Durchschnittes und durchschnittlicher Veränderung führt, so ist doch die formal-mathematische Eigentümlichkeit dieser Umwandlungsfähigkeit sehr interessant, und es verdient hier erwähnt zu werden, das Bortkiewicz in seinem oben erwähnten Aufsatz (s. S. 185[1]) in diesem Zusammenhang geradezu von einem „Zweiförmigkeitskriterium" spricht: jede echte Indexzahl soll in dieser doppelten Weise darstellbar sein.

Wir können nicht umhin, dieses Kriterium als ein völlig willkürlich und formal konstruiertes, also nicht aus der Logik des Vergleiches abgeleitetes zu bezeichnen und den ihm zugrunde liegenden Gedanken als sehr bedenklich abzulehnen, weil er geeignet ist, den so bedeutsamen Unterschied zwischen Veränderung eines Durchschnittes und durchschnittlicher Veränderung zu verwischen.

Wenn dieses Buch sich auch bewußt auf die Theorie der Indexzahlen beschränkt und die systematische Darstellung der Anwendung dieser Meßziffern auf allen statistischen Teilgebieten nicht bieten will, so dürfen wir doch diesen Abschnitt nicht verlassen, ohne einen Blick auf den so wichtigen Großhandelsindex des Statistischen Reichsamtes zu werfen, von dem wir schon mehrmals gesagt haben, daß er in seiner bisherigen Form unseren, aus der Logik des statistischen Vergleichs abgeleiteten Gesichtspunkten nicht entspricht. Zunächst das Wichtigste von seinem Aufbau, der in „Wirtschaft und Statistik", 1921, Jahrg. 1, Nr. 7 ausführlich beschrieben ist.

---

[7]) Diese Zusammenhänge sind auch von Winkler übersehen worden; vergleiche seinen Aufsatz: „Die beste Indexformel" in den Jahrb. f. Nat. u. Stat., 1923, Dezemberheft, die Bemerkungen über dieses Problem in seiner Statistik, Leipzig 1925, S. 97 f und den Aufsatz: Ein neuer Beitrag zum Preisindexproblem in der Ztschr. f. Volkswirtschaft u. Sozialpolitik, N. F. 5. Bd., 1926, H. 4/6, S. 381.

Siehe auch meine Aufsätze „Bemerkungen zum Indexproblem", Allg. Stat.-Arch., 16. Bd., 4. H. u. „Der Sinn der Indexzahlen", ebda. 18. Bd., 1. H.; in dem letzten setze ich mich mit dem Buch gleichen Titels von Haberler, Tübingen 1927, auseinander.

Er berücksichtigte die Preisnotierungen von 38 Waren, die in 7 Gruppen zusammengefaßt sind. Die Zahl der Waren muß als eine recht bescheidene betrachtet werden, wenn man bedenkt, daß der Großhandelsindex des amerikanischen Bureau of Labor Statistics die Preise von 404 Waren verwertet. Für jede Ware wurde nun der (wöchentliche) Stichtagspreis in Beziehung gebracht zu dem Basiswert (1913=100), und aus diesen Verhältniszahlen oder Einzelindices wird dann für jede Gruppe ein „Gruppenindex" berechnet, aus dem dann wieder der „Gesamtindex" als gewogenes Mittel berechnet wurde. Die für die einzelnen Gruppen verwendeten Gewichtszahlen sind:

1.	Getreide und Kartoffeln	30
2.	Fette, Zucker, Fleisch und Fisch	10
3.	Kolonialwaren, Hopfen	3
4.	Häute und Leder	1
5.	Textilien	4
6.	Metalle und Mineralöle	3
7.	Kohle und Eisen	15
		66

Die Gewichtszahlen selbst sind geschätzt und zwar nach dem volkswirtschaftlichen Verbrauche der Jahre 1908 bis 1912. Mit Recht tadelt Meerwarth (Nationalökonomie und Statistik, Berlin und Leipzig 1925, S. 419), daß nur für die Gruppen Gewichtszahlen gewählt sind, nicht aber bereits für die einzelnen Positionen, da die Schätzung des Verbrauches einer ganzen Gruppe die der einzelnen Komponenten voraussetze.

Aber davon abgesehen, sind natürlich gegen diesen „Index" alle die in diesem Buche an verschiedenen Stellen angeführten Bedenken zu erheben. Kurz zusammengefaßt können wir sagen, daß dieser „Index" weder die Veränderung des Preisniveaus, noch die durchschnittliche Veränderung mißt. Die letztere nicht, weil dazu das geometrische Mittel gewählt werden müßte, und das erstere nicht, weil dazu unsere Formeln L oder P die entsprechende dritte mit den fiktiven Gewichten genommen werden müßte; praktisch käme ja vor allem Formel L in Betracht.

Die Folge davon ist natürlich, was auch schon betont wurde, daß dieser „Index" weder der Forderung der Umkehrbarkeit noch der Interkalierbarkeit entspricht. Das gilt übrigens auch von den übrigen in Deutschland von privater Seite berechneten Großhandelsindices, vor allem von dem der Frankfurter Zeitung, welch letztere übrigens einen gänzlich ungewogenen arithmetischen Durchschnitt der Einzelindices darstellt, allerdings wesentlich mehr Komponenten, 100 Waren, berücksichtigt.

Wie müßte aber ein richtiger Großhandelsindex aussehen? Er müßte ausgehen — analog wie ein Lebenshaltungsindex — von einer bestimmt begrenzten Warengesamtheit, deren Wert zu verschiedenen Zeitpunkten miteinander verglichen wird.[8]) Nach diesem Schema ist der Großhandelsindex des amerikanischen Bureau of Labor Statistics aufgebaut. Voraussetzung für einen solchen einzig und allein richtigen, gegen theoretische Einwände gesicherten Index ist aber natürlich das Vorhandensein einer guten Produktionsstatistik, die die Unterlagen für die Gewichtsziffern bietet. Eine solche Produktionsstatistik auszubauen, ist ein dringendes Bedürfnis der deutschen Wirtschafts- und Konjunkturstatistik.

Noch stärkeren Einwänden als der deutsche Großhandelsindex ist natürlich der sogenannte Wohlstandsindex des Dawes-Gutachtens ausgesetzt. Auf die von vielen Seiten geübte, nur allzu berechtigte sachliche Kritik[9]) wollen wir hier nicht weiter eingehen und nur aussprechen, daß auch er als arithmetisches Mittel von Einzelveränderungen weder eine Veränderung des Niveaus noch eine durchschnittliche Veränderung darstellt; das erstere würde bei der stark heterogenen Natur der einzelnen Komponenten nicht in Frage kommen. Als geometrisches Mittel berechnet, könnte er bestenfalls — von allen sachlichen Einwänden über die Brauchbarkeit der verwendeten Wohlstandssymptome völlig abgesehen — die durchschnittliche Veränderung der ausgewählten Wohlstandskomponenten messen.

---

[8]) Die erst nach Abschluß dieses Buches veröffentlichte Umänderung der Grundlagen des amtlichen deutschen Großhandelsindex entspricht im wesentlichen diesen Forderungen. Auch ist er auf eine weitaus breitere Basis aufgebaut als der bisherige; er berücksichtigt 800 Preise für 400 verschiedene Waren, darunter auch Fertigwaren. Wertvoll ist auch die Untergliederung in 18 Untergruppen. Siehe über ihn die amtliche Einstellung in Wirtschafts-Statistik, 1926, H. 23 und die Aufsätze von Jacobs im Dt. Stat. Zentralbl., 1927, Nr. 1/2 u. im Allg. Stat. Arch., 16. Bd., H. 4, 1927.

[9]) Siehe u. a.: E. Schuster, Wohlstandsindex und Finanzreform, Tübingen 1924.

Sven Helander, Kritische Glossen zum Wohlstandsindex, in Wirtschaftsdienst, 1924, Nr. 22.

Derselbe, Zum Problem des Wohlstandsindex, in Soziale Praxis, 1925, Nr. 12 u. 13.

F. Zahn, Der Wohlstandsindex im Dawesgutachten (Anh. zu „Die Finanzstatistik in der Theorie", Allg. Stat. Arch., 9. Bd., 1923/24, S. 355).

Die gegen den Wohlstandsindex zu erhebenden Einwände sucht durch Berechnung einer anders aufgebauten Meßziffer Elsas zu vermeiden; siehe M. Elsas, Entwurf eines sozialen Wohlstandsindex, in Wirtschaftsdienst, 1924, Nr. 36.

3. Vergleich der einzelnen Glieder der Reihen der korrespondierenden Indexziffern.

Wir sagten oben (S. 152 ff.), als wir uns einen Ueberblick über die mit dem Begriff der Reihen korrespondierender Indexziffern auftretenden Probleme verschafften, daß neben der Bildung der verschiedenen Mittelwerte und der Meßziffern der Streuung und neben der Bildung von Größenklassen auch der Vergleich der einzelnen Werte der Reihe untereinander bzw. mit einem außerhalb der Reihe gelegenen Werte in Betracht komme, ein Problem, das mit jeder beliebigen Reihe überhaupt gegeben ist.

Wir können dabei als Ausgangspunkt eines derartigen Vergleiches, der natürlich wie üblich gleich 1 oder 100 gesetzt wird, nehmen:

1. den niedrigsten Wert
2. den höchsten Wert
3. den durchschnittlichen Wert (geometrisches Mittel)

} der Einzelindices.

Während sich diese drei Ausgangspunkte eines Vergleiches der Glieder einer Reihe bei jeder räumlichen und sachlichen Reihe überhaupt ergeben — bei einer zeitlichen Reihe wird im allgemeinen wohl die Ordnung nach der zeitlichen Aufeinanderfolge leitender Gesichtspunkt sein —, haben wir bei einer Reihe korrespondierender Indexziffern noch einen vierten Ausgangspunkt, der streng genommen von außen an die Reihe herankommt, aber doch in einem engen logischen Zusammnhange mit ihr steht. Wir können als Ausgangspunkt nehmen

4. den Generalindex.

Die Größen 3 und 4 dürfen nicht miteinander verwechselt werden; denn einmal vergleichen wir die Einzelveränderungen mit der durchschnittlichen Veränderung aller einzelnen Komponenten, das andere Mal mit der Veränderung des Durchschnittes.

Wir haben es hier also mit Indexziffern von Indexziffern zu tun. Der Sinn dieser Meßziffern dürfte klar sein. Wir interessieren uns bei jeder einzelnen Komponente (Waren- oder Berufsgruppe bei einer Preis- oder Lohnstatistik) nicht nur für die absolute Höhe des Wertes einer Komponente im Vergleich zu den anderen zu einem bestimmten Zeitpunkte, sondern ebenso für den konkreten Zahlenwert des betreffenden, die Veränderung dieses Wertes gegenüber einem Basiswerte angebenden Index im Vergleich zu denen der anderen Komponenten. Wir wollen nicht bloß wissen, um wieviel der Lohn einer Berufsgruppe niedriger oder höher ist als der einer anderen, sondern auch um wieviel er bei ihr mehr oder weniger gestiegen oder gesunken ist als bei der anderen.

Hierbei ergibt sich allerdings eine Schwierigkeit gegenüber sonstigen Reihen, die darin besteht, daß wir es bei Indexziffern nicht mit absoluten Größen, sondern mit Beziehungsgrößen, relativen Größen zu tun haben. Wir wissen nun aber von unseren Erörterungen über die allgemeine Logik des statistischen Vergleiches, daß z. B. die Veränderung von 1 auf 8 nicht 4 mal so groß ist, wie die von 1 auf 2, sondern nur 3 mal so groß.

Ein praktischer Anwendungsfall ist z. B. ein Vergleich der Preisveränderung von Rohstoff, Halbfabrikat und Fertigfabrikat (Häute, Leder und Schuhe); man setzt dabei gleich 100 nicht den Preis, sondern die jeweilige relative Preisveränderung der Rohstoffe gegenüber der Basiszeit und sieht zu, um wieviel die Preisveränderung der Halb- und Fertigfabrikate darüber oder darunter liegt; denn es kann ja sein, daß die Preise der Fertigfabrikate relativ mehr oder auch weniger gestiegen sind als die der Rohstoffe.

C. Der Fall extensiver statistischer Größen.

Wir haben bisher von Reihen korrespondierender Indexziffern nur gesprochen, so weit es sich um den Vergleich intensiver Erscheinungen handelt. Das ist ja auch einerseits der in der Praxis häufigste und andererseits der theoretisch kompliziertere Fall. Mit ein paar Worten müssen wir aber noch die Problematik der Reihen korrespondierender Indexziffern andeuten, die sich bei Veränderungen von komplexen Größen ergibt, deren Komponenten rein extensiven Charakters sind.

Als von uns in anderem Zusammenhang schon behandelte Beispiele von derartigen komplexen statistischen Größen rufen wir uns ins Gedächtnis zurück die Gesamtzahl der an allen deutschen Universitäten studierenden Personen, gegliedert in einzelne Summanden nach den einzelnen Universitäten, nach Studienfächern usw., oder: die Gesamtsumme der Weltproduktion an Blei, Zink usw. zerlegt nach einzelnen Produktionsgebieten.

Es kann zweifellos auch hier von Interesse sein, die Veränderungsintensität der einzelnen Komponenten miteinander zu vergleichen, Mittelwerte aus den Reihen der entsprechenden Einzelindices zu bilden, Streuungsmaße zu berechnen, Größenklassen der Veränderungsintensität zu bilden usw.

Auch hier ist es wieder klar, daß die Aufeinanderfolge der einzelnen Untergruppen in der Reihe der korrespondierenden Indexziffern nicht übereinzustimmen braucht und nur selten übereinstimmen wird mit der Reihenfolge, in der sie in der jener

Reihe zugrunde liegenden Reihe der absoluten Werte erscheinen: weder die Universität, die zum Zeitpunkt 0, noch die, die zum Zeitpunkt 1 die größte Besucherzahl hat, braucht diejenige zu sein, die in diesem Zeitraume die stärkste Zunahme erfahren hat. Weder diejenige Universität, deren Besucherzahl im Zeitpunkt 0 oder im Zeitpunkt 1 die Rolle eines Medianwertes spielte, braucht in der zum Zeitpunkt 1 gehörigen Reihe korrespondierender Indexziffern dieselbe Rolle zu spielen, also für diesen Zeitraum eine Veränderungsgröße aufzuweisen, die ebensoviele Veränderungsgrößen unter sich wie über sich hat. Usw.

Nur ein Punkt bietet besondere Schwierigkeiten und rechtfertigt es, daß wir der Erörterung der Reihen korrespondierender Indexziffern im Falle extensiver Größen einen besonderen Abschnitt widmen. Wir sagten oben schon (siehe S. 44), daß die adäquate und auch einzig mögliche Form der Zusammenfassung intensiver Größen der Durchschnitt sei, die adäquate Form der Zusammenfassung extensiver Größen aber die Summe, wenn auch bei letzterer Art von Größen gelegentlich auch der Durchschnitt Sinn haben kann (durchschnittliche Größe eines Verwaltungsbezirkes, durchschnittliche Besucherzahl einer Universität usw.). Aber diese Durchschnitte sind natürlich immer ungewogen. Wie werden nun im Falle extensiver Größen Mittelwerte aus Reihen korrespondierender Indexziffern gebildet?

Hier hat zweifellos ein Durchschnitt, und zwar sogar ein gewogener Durchschnitt einen Sinn; denn Veränderungsgrößen auch extensiver Werte sind ja keine extensiven statistischen Größen mehr, sondern intensive; sie geben den Grad einer Eigenschaft, der Veränderungswucht an. Da es sich hierbei um dynamische Größen handelt, kommt natürlich das gewogene geometrische Mittel in Frage.

Welche Gewichtszahlen aber können oder müssen da nun verwendet werden? Eine Besinnung auf die Bedeutung der Gewichte läßt uns erkennen, daß hier im wesentlichen zwei Möglichkeiten vorliegen. Wir können die Veränderungsgrößen der einzelnen Komponenten wägen mit dem Umfang der extensiven Größen zum Basiszeitpunkt oder zum gegebenen Zeitpunkt. Wir können uns fragen: wie groß ist die durchschnittliche Veränderung der einzelnen Komponenten, wenn wir ihren Umfang zum Basiszeitpunkt als Maß ihrer Bedeutung nehmen oder: wie groß ist sie, wenn wir ihren Umfang zum gegebenen Zeitpunkt als Maß ihrer Bedeutung nehmen?

Wenn nun a'_0, a''_0, a'''_0 .... die Werte der Komponenten (Summanden) einer komplexen Erscheinung von rein extensivem Charakter zur Basiszeit und a'_1, a''_1, a'''_1 .... zum Zeitpunkt 1 bedeuten sollen, so kann die durchschnittliche Veränderung dieser Komponenten vom Zeitpunkt 0 zum Zeitpunkt 1 ausgedrückt werden, entweder, bei Verwendung der absoluten Werte der Basiszeit als Gewichte, durch die Formel:

$$V_{1,1} = \sqrt[\Sigma a_0]{\left(\frac{a'_1}{a'_0}\right)^{a'_0} \times \left(\frac{a''_1}{a''_0}\right)^{a''_0} \times \left(\frac{a'''_1}{a'''_0}\right)^{a'''_0} \cdots\cdots}$$

oder bei Verwendung der absoluten Werte des Zeitpunktes 1 als Gewichte durch die Formel:

$$V_{0,1} = \sqrt[\Sigma a_1]{\left(\frac{a'_1}{a'_0}\right)^{a'_1} \times \left(\frac{a''_1}{a''_0}\right)^{a''_1} \times \left(\frac{a'''_1}{a'''_0}\right)^{a'''_1} \cdots\cdots} .$$

Wenn auch selten das Bedürfnis vorliegt, solche durchschnittlichen Veränderungen auszurechnen, so ist es doch wichtig, sich die logisch einwandfreie Formel dafür klarzumachen und auch hier das arithmetische Mittel zu vermeiden, was sinnlos wäre und zu den oben beschriebenen Paradoxien führen würde.[10])

Für das gewogene arithmetische Mittel darf auch nicht sprechen, daß bei Verwendung der absoluten Werte der Basiszeit als Gewichte die als durchschnittliche Veränderung angesprochene Ziffer mit der Veränderung des Durchschnittes zusammenfällt, wie folgende Formel zeigt:

$$\frac{a'_0 \frac{a'_1}{a'_0} + a''_0 \frac{a''_1}{a''_0} + a'''_0 \frac{a'''_1}{a'''_0} + \cdots\cdots}{a'_0 + a''_0 + a'''_0 \cdots\cdots\cdots} = \frac{a'_1 + a''_1 + a'''_1 \cdots\cdots}{a'_0 + a''_0 + a'''_0 \cdots\cdots} .$$

Denn auch hier haben wir ähnliche Argumente vorzubringen, wie oben in einem analogen Falle (S. 181): das Zusammenfallen beider Formeln tritt überhaupt nur ein 1. wenn die Gewichte der B a s i s z e i t, aber nicht, wenn, was doch ebenso zulässig ist, die Gewichte (absoluten Werte) des späteren Zeitpunktes genommen werden und 2. wenn fälschlicherweise das arithmetische Mittel an Stelle des geometrischen verwendet wird.

---

[10]) Daß daneben auch der h ä u f i g s t e Wert und der M e d i a n w e r t sinnvoll angewendet werden kann, bedarf keines näheren Beweises.

Anhang.

Kritische Würdigung von I. Fishers Werk „The Making of Index Numbers“

(A Study of their Varieties, Tests and Reliability).

Bei der großen Rolle, die das Fishersche Werk über Indexziffern (2. Auflage, Boston und New York 1923) gespielt hat und noch spielt, scheint es uns unerläßlich, hier als Abschluß des vorliegenden Buches und auf dem Hintergrunde der in ihm entwickelten Anschauungen über das Indexproblem eine zusammenfassende kritische Würdigung dieses viel zitierten Werkes zu bieten. Auf das, was an einigen Stellen schon darüber gesagt wurde, können wir hier verweisen.

Wenn wir nun auch im wesentlichen zu einer Ablehnung der Fisherschen Lösung des Indexproblems kommen, so ist es uns doch ein Bedürfnis, auch die positiven Seiten dieser Arbeit gebührend hervorzuheben. Ohne die große zusammenfassende Leistung I. Fishers wäre die Erörterung der Theorie der Indexzahlen nicht in dem tatsächlich eingetretenen Maße ins Rollen gekommen und wäre vermutlich auch das vorliegende Buch nicht geschrieben worden.

Nicht geringe formale und sachliche Vorzüge sind es, die die Lektüre des Fisherschen Werkes zu einem großen intellektuellen Genuß machen. Zu den formalen Vorzügen rechne ich vor allem die überaus große Klarheit und Anschaulichkeit der Darstellung; geradezu bewundernswert ist sein didaktisches Geschick, mit dem er den Stoff von den einfachsten Gedankengängen bis zu schwierigeren mathematischen Ableitungen entwickelt, dabei durch Verteilung desselben auf groß und klein gedruckten Text und auf Anmerkungen und durch sonstige Gliederung es dem Leser überläßt, wie weit er in die Tiefe der Materie eindringen will. Auch wer sich nur einen Ueberblick über die Probleme verschaffen will, ist dazu imstande, indem er nur bestimmte Teile des Textes, die Fisher genau bezeichnet, liest und andere überschlägt; auch er wird eine zusammenhängende und in sich geschlossene Darstellung finden.

Zu den weiteren großen, gar nicht zu unterschätzenden Vorzügen rechne ich die reichen Literaturangaben, die allerdings im wesentlichen nur englische und amerikanische Autoren berücksichtigen, hierfür aber für jeden Spezialisten auf dem Gebiete der Indexzahlen unentbehrlich sind, besonders weil sie auch zeitlich sehr weit zurückgehen. Auch der Leser des vorliegenden Buches sei nachdrücklichst auf sie hingewiesen. Ebenso sind die an jedes Kapitel angehängten, kleinen historischen Abschnitte von besonderem Werte, in denen jeweils nachgewiesen ist, wann und von wem zuerst das Problem des betreffenden Kapitels überhaupt gesehen worden ist.

Und um schließlich noch einen dritten formalen Vorzug des Buches hervorzuheben, so erwähnen wir die glänzende und übersichtliche Art, die große Zahl der von ihm zusammengestellten und geprüften Indexformeln, von denen gleich noch näher geredet werden soll, so zu ordnen und mit einer bestimmten Nummer zu versehen, daß aus ihr gleich die mathematische Grundform erkennbar ist. (Seine „Idealformel" trägt z. B. die Nummer 353.)

Neben diesen reichen formalen Vorzügen, die das Werk zu einer hervorragenden wissenschaftlichen Leistung machen, steht aber auch eine überaus große Fülle sachlich wertvoller Einsichten, verstreut im Text und in den Anmerkungen, wodurch das Buch zu einer wichtigen Fundgrube für den statistischen Forscher wird.

Trotz alledem aber müssen wir zu einer Ablehnung der Fisherschen Lösung des Indexproblems kommen, und wir müssen Yule zustimmen, wenn er sagt (Maiheft 1923 des Journ. of the Royal Stat. Soc., S. 48): „Das Werk wird als brauchbare Encyklopädie von Formeln und als Sammlung arithmetischer Nachprüfungen solcher Formeln seine Dienste leisten. Vom prinzipiellen Standpunkt aus enttäuscht es vollständig."

Und zwar müssen wir als den großen Mangel des Buches die formalistische Art betrachten, mit der der Autor das Problem, die Suche nach der richtigen oder der besten Indexformel, zu lösen trachtet. Diesen Mangel wollen wir hier nachweisen, indem wir einige Hauptetappen des Fisherschen Gedankenganges wiedergeben.

Am Beginne seiner Ausführungen steht die Definition einer Indexzahl, wobei unter letzterer das verstanden ist, was wir Generalindexziffer nennen. Einzelindices kennt er nicht, er spricht dabei nur von price relatives oder relative prices. Unter einer Indexzahl versteht er nun stets einen Durchschnitt von solchen price relatives, oder, in unserer Sprache, unter einer Generalindexziffer einen Durchschnitt von Einzelindices. Auch in deutschen Lehrbüchern findet sich ja diese Definition, die wir aber in dem vorliegenden Buche ablehnen mußten, da wir zu einer Unterscheidung von einer Meßziffer für die Veränderung eines Durchschnittes (Generalindexziffer) und einer Meßziffer für die durchschnittliche Veränderung (Durchschnitt von Einzelindices) gekommen waren.

Diesen für uns so wichtigen Unterschied von Veränderung eines Durchschnittes und durchschnittlicher Veränderung, auf den wir großes Gewicht legen, kennt I. Fisher nicht; denn während er einerseits die Indexziffern als Durchschnitte von Einzelindices bezeichnet, sagt er doch andererseits an mehr als einer Stelle, daß ihre Aufgabe sei, die Veränderung eines Niveaus zu verfolgen. Diese beiden Angaben widersprechen sich aber.

Andererseits aber paßt, wie wir gleich sehen werden, seine Definition einer Generalindexziffer als Durchschnitt von Einzelindices gar nicht auf seine sämtlichen Grundtypen von Indexformeln, von denen er ausgeht. Er unterscheidet nämlich 6 solcher Typen: 1. das arithmetische, 2. das harmonische, 3. das geometrische Mittel, 4. den Medianwert, 5. den dichtesten Wert der Reihe der Einzelindices und schließlich 6. den als „aggregative“ bezeichneten Typus. Dieser letztere spielt nun bei I. Fischer eine besondere Rolle; sein Aufbau wird durch folgende Formel ausgedrückt:

$$\frac{p'_1 + p''_1 + p'''_1 + \ldots\ldots\ldots}{p'_0 + p''_0 + p'''_0 + \ldots\ldots\ldots}.$$

Diese Formel — wir wollen die Fishersche Bezeichnung mit Aggregatformel übersetzen — ist aber in Wirklichkeit kein Mittelwert in unserem Sinne aus den Einzelindices, den einzelnen $\frac{p_1}{p_0}$ also, da bei ihrer Bildung diese Komponenten gar keine Rolle spielen. Und Mittelwerte sind doch, mag man sie im einzelnen definieren, wie man will, charakteristische, zusammenfassende Ausdrücke für die Einzelwerte einer Reihe.

Die Eigenart dieser Formel gegenüber den anderen fünf sieht natürlich I. Fisher auch und konstruiert dafür eine Definition, derzufolge eben jene Formel auch als Durchschnitt oder Mittelwert betrachtet werden kann. Er sagt: „Ein Durchschnitt x irgendeiner Reihe von Ausdrücken, a, b, c usw. ist jede Funktion dieser Ausdrücke, die so beschaffen ist, daß, wenn jene alle einander gleich werden, x ihnen ebenfalls gleich wird.“ (a. a. O., S. 373). Wie Fisher nachweist, trifft diese Definition auch auf die Aggregatformel zu; wir müssen jene aber als eine ad hoc konstruierte ablehnen.

Während aber einerseits die Aggregatformel kein echter Durchschnitt von Einzelindices ist, ist sie andererseits — gerade im Gegensatz zu den fünf anderen Formeln — eine Meßziffer für die Veränderung des Durchschnittes, abgesehen allerdings, wie in unserem Buche hinlänglich dargetan, von den meisten Anwendungsfällen in der Preisstatistik, wo es ja einen Durchschnittspreis, wenigstens verschiedener Waren — von seltenen Ausnahmefällen, für die wir Beispiele anführten, abgesehen — nicht gibt. (In solchen Fällen, wo ein Durchschnitt nicht berechnet werden kann, kann aber bei Vorhandensein von Mengenangaben an die Stelle einer Meßziffer für einen Durchschnitt eine solche für eine analog gebaute Summe treten.)

I. Fisher hat also an Hand einer von uns abzulehnenden, willkürlichen Definition eines Mittelwertes in gänzlich formalistischer Weise Formeln zusammengestellt, die ganz Verschiedenes bedeuten. Und hiermit berühren wir den Grundmangel seines Buches, der ihn die echte Lösung des Indexproblems verfehlen ließ. Er übersieht gleich vielen Statistikern jene Forderung, die wir zu den wichtigsten methodologischen Postulaten der Statistik rechnen möchten, nämlich die, Formeln nicht willkürlich zu gebrauchen, sondern sich stets ihres Sinnes bewußt zu werden.

Dieser methodologisch einzig und allein richtigen Anwendung von Formeln, die ständig nach ihrem Sinn und ihrer Bedeutung fragt, steht gegenüber die formalistisch-schematische, die Formeln willkürlich anwendet und mit ihnen probiert. Andererseits aber kann man nicht leugnen, daß Fishers Formalismus einer gewissen Gründlichkeit und Großzügigkeit nicht entbehrt, wie es bei einem scharfsinnigen Forscher vom Range eines I. Fisher nicht anders zu erwarten ist. Wir werden gleich noch Proben dieses vielseitigen, systematischen Arbeitens mit Formeln kennenlernen.

Bei aller Anerkennung des großzügigen und geistvollen Arbeitens mit Formeln können wir aber doch sein ganzes schematisches Vorgehen nicht anders als in verhängnisvoller Weise irreführend bezeichnen. Ein Besinnen auf die logische Bedeutung der Formeln hätte ihm sonst nicht nur den wesentlichen Bedeutungsunterschied der ersten fünf Formeln von seiner sechsten, der Aggregatformel, gezeigt, sondern auch gar nicht auf den Gedanken kommen lassen, den Medianwert oder den dichtesten Wert der Einzelindices als Meßziffer für die Veränderung des Niveaus zu verwenden. Wenn er auch in seinem Buche bald zu einer Ablehnung dieser Werte als wenig brauchbarer Meßziffern für die Veränderung des Niveaus gelangt, so übersieht er doch, daß diese beiden Mittelwerte einen ganz bestimmten, eindeutigen Sinn haben. Sie haben überhaupt nichts zu tun mit einer Veränderung des Durchschnittes, sondern gehören zu der Reihe der Einzelveränderungen und beantworten die Frage nach dem in dieser, der Größe nach geordneten Reihe in der Mitte stehenden

Werte der Veränderungsgrößen bzw. nach dem am häufigsten vorkommenden Werte der Veränderungsgrößen, eine Antwort also auf eine ebenso sinnvolle Frage wie die nach der Veränderung des Durchschnittes oder der durchschnittlichen Veränderung.

Ebenso hätte I. Fisher bei logischer Fragestellung zu einer Unterscheidung des Sinnes eines geometrischen und eines arithmetischen Mittels gelangen müssen; auch davon sprachen wir ausführlich.

Irreführend ist auch seine Stellung gegenüber dem Probleme der Gewichte. Daß man bei einem Preisindex die umgesetzten Mengen, an die man bei der Suche nach Gewichten zunächst denkt, im allgemeinen nicht nehmen kann, da es für die einzelnen Waren meist keine vergleichbare Einheit gibt, für die die Preise angegeben werden könnten, hat er natürlich richtig gesehen. Wenn er aber nun die umgesetzten Werte — wenigstens bei Formel 1 bis 5 — anwendet, so geht er völlig willkürlich vor. Denn bei einem Lohnindex oder irgendeinem anderen Index, dem vergleichbare Einheiten zugrunde liegen, können ja ohne weiteres die Mengen eingesetzt werden, und andererseits haben die Wertsummen als Gewichte zwar auch einen Sinn (siehe weiter unten), aber eben einen anderen.

Aus dem Umstande, daß bei Preisen im allgemeinen keine vergleichbare Einheit vorhanden ist, ist nur zu schließen, daß es eben keinen in richtiger Weise mit den Mengen gewogenen Durchschnitt von Preisen oder auch von Preisveränderungen gibt.

Auf das Willkürliche, statt Mengen Werte zu nehmen, hätte Fisher stoßen müssen bei der Formel 6, bei der Aggregatformel, die ja überhaupt immer eine Sonderstellung einnimmt.[1]) Bei der Aggregatformel verwendet er nämlich die Mengen, weil es sinnlos sei, die Preise mit Produkten aus Preisen und Mengen zu wägen.

Daß hier die Verwendung von den Mengen auch bei einer Preisstatistik berechtigt ist, haben wir oben nachgewiesen (S. 75 ff.), ohne daß wir diese Mengen als echte Gewichte hätten bezeichnen können. Sofern es sich aber um Veränderung des Niveaus bei gleichbleibenden Gewichten handelt — und das ist der typische Fall — treten an Stelle der $a\alpha$ ohne weiteres die pq. Durchschnitte, die nicht berechenbar wären, werden ersetzt durch Summen.

---

[1]) Diese Ausnahmestellung der Formel 6 bedingt einen wesentlichen Schönheitsfehler in dem konstruktiven Aufbau seines Formelkataloges; schon dieser Aufbaumangel hätte ihn auf die Willkür seiner oben angeführten Definition eines Mittelwertes hinweisen und ihm sagen müssen, daß es sich hier gar nicht um einen Mittelwert von Einzelindices handelt.

Ist Fisher so bei der Aggregatformel auf dem richtigen Wege, so um so weniger bei den übrigen, da er hier nicht nur Wertprodukte nimmt, sondern auch ganz willkürlich 4 verschiedene Methoden des Wägens aufstellt, und zwar verwendet er folgende 4 Gewichtstypen, deren Sinn auf Grund der auch von uns angewendeten Buchstabensymbolik ohne weiteres verständlich ist

$$\begin{aligned} \text{I.}\ & p'_0 q'_0,\ p''_0 q''_0, \\ \text{II.}\ & p'_0 q'_1,\ p''_0 q''_1, \\ \text{III.}\ & p'_1 q'_0,\ p''_1 q''_0, \\ \text{IV.}\ & p'_1 q'_1,\ p''_1 q''_1. \end{aligned}$$

Davon sind I und IV reelle Größen, die als Gewichte zu verwenden einen Sinn hat. Ihre Bedeutung bei Anwendung des geometrischen Mittels der Einzelindices z. B. würde die Antwort auf die Frage sein: wie groß ist die durchschnittliche Veränderung der umgesetzten Werte, wenn die einzelnen Waren in dem Verhältnis berücksichtigt werden, das der Basiszeit entspricht (Methode I) oder das der gegebenen Zeit entspricht (Methode IV).

(Hierbei sehen wir auch gleichzeitig, daß umgesetzte Werte als Gewichte nur sinnvoll sind bei einem Durchschnitt von Einzelindices, die sich nicht auf Preise, sondern auf umgesetzte Werte beziehen; bei einem Durchschnitt von Einzelindices, die sich auf Preise oder andere intensive Werte beziehen oder auch bei einem Durchschnitt von einzelnen intensiven Werten und entsprechend einem darauf aufgebauten Generalindex kommen nur die Mengen als Gewichte in Betracht.)

Bei den obigen Gewichtstypen II und III ist aber I. Fisher durch seinen konstruktiven Formalismus zu Gewichten geführt worden, die eines eindeutigen Sinnes entbehren.

Bei Formel 6, also bei der Aggregatformel kann es nach Fisher natürlich nur zwei Gewichtstypen geben, nämlich; da hier, wie oben schon erwähnt, nur die Mengen in Betracht kommen, nur q_0 und q_1. Aber da hier nach unserer Auffassung gar kein echter Durchschnitt von Einzelindices vorliegt, kann man hier eigentlich gar nicht davon sprechen, daß wirklich die Einzelindices gewogen werden, die „Gewichte" werden ja nicht an die $\frac{p_1}{p_0}$, sondern an die p_1 und an die p_0 angehängt:

$$\frac{\Sigma q_0 p_1}{\Sigma q_0 p_0} \text{ oder } \frac{\Sigma q_1 p_1}{\Sigma q_1 p_0}.$$

Wie wir ausführlich erörtert haben, handelt es sich bei diesen, von uns mit L und P bezeichneten Grundformeln um den eliminierten Vergleich von Durchschnitten oder Summen, zu dem dann der Fall des Vergleichs der uneliminierten Summen und Durchschnitte hinzukommt, ein Fall, der bei Summen durch die Formel $\frac{\Sigma q_1 p_1}{\Sigma q_0 p_0}$ ausgedrückt wird.

Daß I. Fisher diesen letzteren logisch so eindeutigen und naheliegenden Vergleichsfall nicht weiter ins Auge faßt, hängt wiederum zusammen — auf die Gefahr zu ermüden, müssen wir es immer wieder sagen, da wir hier den Angelpunkt für das Verständnis des Fisherschen Irrweges sehen — mit seinem konstruktiven, unlogischen Schematismus: nachdem er ganz dogmatisch den Generalindex als Durchschnitt von Einzelindices aufgefaßt hat, kommt er natürlich notwendigerweise in die Lage, für die Zusammengehörigen p_1 und p_0 ein und dasselbe Gewicht zu verwenden, wobei es allerdings verwunderlich ist, daß ihn die zweimalige Verwendung der Gewichtszahl bei jeder Position im Falle der Aggregatformel (im Zähler und Nenner) nicht nachdenklich gemacht hat.

Doch gehen wir jetzt weiter in der Skizzierung der wichtigsten Gedankenschritte I. Fishers. Nachdem er mit Hilfe der s e c h s G r u n d t y p e n und bei jeder von ihnen der v i e r (bzw. bei Formel 6 zwei) M e t h o d e n d e r W ä g u n g bereits zu 28 I n d e x f o r m e l n (allerdings mit einigen Wiederholungen) gelangt ist, tritt an ihn die Notwendigkeit heran, zwischen ihnen zu wählen. Da er von vornherein darauf verzichtet hat, aus der Logik des statistischen Vergleichs die Formeln zu entwickeln, um so in der richtigen, einwandfreien A b l e i t u n g die Gewähr für ihre Richtigkeit zu haben, sucht er jetzt angesichts der schon bis hierin nicht unbeträchtlichen Zahl von Formeln (die später noch viel weiter anwächst) nach äußeren K r i t e r i e n für die Richtigkeit und Brauchbarkeit der einzelnen Formeln und gelangt so zur Aufstellung seiner „tests".

Da wir von den Fisherschen Tests oder Kriterien in diesem Buche schon ausführlich gesprochen haben (siehe oben S. 143 ff.), können wir uns an dieser Stelle damit begnügen, auf das Gesagte zu verweisen, und erinnern nur daran, daß unseres Erachtens jene Tests w e d e r n o t w e n d i g n o c h h i n r e i c h e n d sind, um ein Urteil über eine Formel zu fällen, die vorgibt, eine Indexformel zu sein.

Das Ergebnis der Anwendung der Tests auf die Formeln, deren Ableitung wir bis jetzt andeuteten (6 Grundtypen mit je 4 bzw. 2 Arten der Wägung) ist nun ein sehr negatives: Test 2 (factor reversal test) wird von k e i n e r, Test 1 (time reversal test) f a s t v o n k e i n e r F o r m e l erfüllt. Allerdings gilt dieses negative Resultat in diesem weiten Ausmaße nur bei einer fälschlichen, schematischen Anwendung der Tests (s. oben S. 130 f. und 133 ff.).

Interessant und anregend ist nun wieder, wie Fisher sich nicht mit der Feststellung dieses Ergebnisses begnügt, sondern die einzelnen Formeln auch daraufhin untersucht, ob sie immer in einer bestimmten Richtung liegende Fehler aufweisen; so weist er z. B. nach, daß das arithmetische Mittel bei Anwendung des time reversal test immer eine Aufwärtstendenz (upward bias) hat, d. h. daß das Produkt aus dem vorwärts und rückwärts berechneten Index immer und notwendig größer als 1 ist.

Aber die Tests dienen Fisher nicht nur dazu, fehlerhafte Formeln aufzudecken, sondern auch dazu, fehlerhafte Formeln in richtige zu verwandeln, in solche, die den Tests entsprechen, die Formeln also zu „rektifizieren". Das geschieht auf folgende originelle Weise, die der konstruktiven Veranlagung des Autors ein schönes Zeugnis ausstellt und die man in viel höherem Maße bewundern könnte, wenn sie nicht einen Irrweg zur Lösung des Indexproblemes darstellen würde. Dieser Irrweg aber ist die Konsequenz des formalistischen Ausgangspunktes I. Fishers.

Er bildet nämlich zu jeder Formel, die dem Test 1 nicht entspricht, eine Gegenformel, eine antithesische Formel, in der Weise, daß er den reziproken Wert der in der gleichen Weise berechneten Formel für die umgekehrte Vergleichsrichtung nimmt. Diese beiden Formeln, die ursprüngliche und die „time antithesis", die bei Erfüllung des Test 1 identisch sein müßten, verschmilzt er nun in der Weise miteinander, daß er aus beiden das geometrische Mittel bildet, wodurch, wie leicht bewiesen werden kann, erreicht wird, daß diese neue Formel dem Test 1 entspricht.

In ähnlicher Weise bildet er zu jeder Formel eine factor antithesis-Formel, indem er den Index der Wertveränderung dividiert durch den Index der Mengenveränderung. Die so gewonnene Formel müßte natürlich bei Erfüllung des Test 2 mit der ursprünglichen Preisindexformel übereinstimmen. Da sie es aber bei den obigen, zuerst gefundenen Formeln nie tut, verschmilzt er die neue und die ursprüngliche Formel wiederum durch das geometrische Mittel zu einer einzigen, die, wie sich beweisen läßt, dem factor reversal test entspricht.

Daß ein derartiges Kreuzen von Formeln — Fisher spricht selbst von „crossing" — zwar zu Formeln führen muß, die den beiden Tests entsprechen, von denen aber noch gar nicht sicher ist, ob sie sinnvolle Meßziffern für Niveauveränderungen sind, ist nach unserer Anschauung klar. So mußten wir ja auch die berühmt gewordene „Idealformel" Fishers, die durch ein derartiges Kreuzen zustande gekommen ist, als ein logisches Bastardprodukt, das keinem logisch eindeutigem Sachverhalte entspricht, ablehnen.

Sie lautet: $\sqrt{\frac{\Sigma q_0 p_1}{\Sigma q_0 p_0} \cdot \frac{\Sigma q_1 p_1}{\Sigma q_1 p_0}}$ und ist die Verschmelzung von zwei sinnreichen Formeln, die aber von Fisher auf Grund seiner mißverständlich und schematisch angewendeten Tests nicht anerkannt werden, der Formeln L und P nämlich. Gerade die Bestandteile sind echte Indexziffern, die Verschmelzung aber ein unlogischer Zwitter.

Immer wieder, wenn ich die konstruktive Seite des Fisherschen Werkes betrachte und besonders wenn ich sein „Kreuzen" von Formeln überdenke, drängt sich mir der Vergleich auf mit einem Biologen, der, um die durch Bastardierung erzeugbare Variabilität einer Pflanzen- oder Tierart zu studieren, möglichst vollständig und systematisch alle in Betracht kommenden Rassen oder Unterarten miteinander kreuzt, also alle Kombinationen, die überhaupt in Frage kommen, herstellt. So berechtigt, ja sogar wissenschaftlich gefordert hierbei ein derartiges, die Individualität der einzelnen zu kreuzenden Rassen bewußt übersehendes Vorgehen ist — wir sehen hierbei natürlich ab von dem Falle eines praktischen Pflanzen- oder Tierzüchters, dem ein ganz bestimmtes Zuchtresultat vorschwebt —, so unwissenschaftlich ist es doch in unserem Falle: nicht durch Kreuzen von irgendwelchen Formeln hat man neue Formeln zu kombinieren und aus ihnen an Hand von Tests — mögen sie, was von den Fisherschen nicht gilt, noch so einwandfrei sein — die richtigen auszusuchen, sondern das Primäre ist die Analyse des Sachverhaltes, und aus ihm sind dann die Formeln abzuleiten.

Dabei würde sich auch ergeben, daß die unitarische Auffassung Fishers, daß es nur eine einzige Indexformel gibt, bzw. daß die verschiedenen, von ihm außer der Idealformel zugelassenen, von denen gleich noch ein Wort gesagt werden soll, nur Annäherungswerte darstellen, nicht zutreffend ist. Die Analyse des logischen Sachverhaltes ergibt, wie wir wissen, daß zunächst zu unterscheiden ist zwischen einer Veränderung eines Durchschnittes und einer durchschnittlichen Veränderung. Sie ergibt weiter, daß auch die Veränderung eines Durchschnittes unelimiiniert und eliminiert geschehen kann, d. h. daß die Frage: um wieviel hat sich der Durchschnitt (Lohndurchschnitt z. B.) von einem Stichtag zum anderen geändert (ganz gleichgültig, ob diese Veränderung durch eine Aenderung der intensiven Werte oder ihrer mengenmäßigen Zusammensetzung oder durch eine Aenderung beider Faktoren bedingt ist)? ebenso sinnvoll ist wie die Frage: wie hätte sich der Durchschnitt geändert bei gleichbleibenden Mengen bzw. bei gleichbleibenden Löhnen usw.? (eliminierter Vergleich). Beide Fragen lassen sich wiederum in dreifacher Weise unterteilen, je nachdem ob wir die Mengen bzw. Löhne usw. der Basiszeit, der gegebenen Zeit oder irgendwelche fiktiven Werte nehmen. Doch wir wollen ausführlich Dargelegtes hier nicht wiederholen.

Es dürfte vielleicht interessieren, daß I. Fisher zu der Zahl von 134 Formeln gelangt, die aber von logischem Standpunkte aus ein Sammelsurium darstellen; weder der Ausgangspunkt dieses Formelkataloges (jene eingangs erwähnten 6 Indextypen), noch die Methoden der Kreuzung von Formeln und — was ergänzend gesagt werden mag — von Gewichten rechtfertigen die Bemerkung von Bortkiewicz, der in einer Besprechung von I. Fishers Werk (in: Arch. f. Sozialw. u. Sozialpol., 51. Bd., 1924, S. 848) sagt: daß dieser Autor eine Systematik der Indexformeln böte: eine Systematik bedarf eines logischen Gesichtspunktes und eines logischen Gliederungsprinzipes. Fishers Zusammenstellung aber ist eine formalistisch-schematische Ableitung von Formeln aus einigen logisch gar nicht zusammengehörigen Grundtypen.

Schließlich möge — um den kurzen kritischen Bericht zu vervollständigen und abzuschließen — noch erwähnt sein, daß Fisher neben seiner Idealformel noch eine ganze Reihe von Annäherungsformeln gelten läßt, die praktisch zu kaum abweichenden Resultaten führen, die man auch immer dann anwenden muß, wenn die Mengen des gegebenen Zeitpunktes mangels neuer Erhebungen gar nicht bekannt sind.

Die Zeit, die man zum Ausrechnen der verschiedenen Formeln benötigt, hat I. Fisher ebenfalls festgestellt und diesen Gesichtspunkt bei der Auswahl der praktisch brauchbaren Formeln mitberücksichtigt, ein überaus origineller Gedanke, den man eine Taylorisierung der Indexzifferberechnung nennen könnte.

Wenn wir jetzt diese kritische Betrachtung und damit unser eigenes Buch abschließen, so möchten wir noch einmal betonen, daß wir bei aller grundsätzlichen Ablehnung der Fisherschen Lösung des Indexproblemes doch nicht ohne Achtung auf dieses Werk schauen können und nicht ohne Dank für die reichen, fruchtbaren Anregungen, die es enthält. Auch ein Irrtum kann fördern: wenn er konsequent zu Ende gegangen ist, so macht er es dem kritischen Betrachter leicht, den richtigen Weg zu finden. Vielleicht ist es auch dem Verfasser des vorliegenden Werkes gelungen, in bescheidenem Umfange an der Lösung des Problems der Indexzahlen mitzuarbeiten.

Autorenregister.

Sachregister.

FSC
www.fsc.org
MIX
Papier | Fördert
gute Waldnutzung
FSC® C083411

Zeitfracht Medien GmbH
Ferdinand-Jühlke-Straße 7
99095 Erfurt, Deutschland
produktsicherheit@kolibri360.de